河合塾
SERIES

チョイス新標準問題集

数学 B+ベクトル

六訂版　河合塾講師 沖田一雄[著]

CHOICE

河合出版

━━━━━━は じ め に━━━━━━

　本書では，「数学 B，C」の中から

"数列"，"統計的な推測"，"ベクトル"

を学習します．この分野の，標準的なレベルの大学入試問題を確実に解ける実力を養成することが，本書の目的です．

　数学の学習では，とくに

概念を正しく理解していること，公式を正しく使えること

が重要です．

　新しい概念は，その定義を何度読み返してみてもなかなか理解できないことがよくあります．そこで，公式や定理を証明してみたり，問題の演習を行うことが必要となります．問題が解けなかったり，答えを間違えたりしたときに，その原因は，概念が正しく理解できていないから，あるいは，公式が正しく使えていないからではないか，と反省してみるのです．つまり，概念が正しく理解できているかどうか，公式が正しく使えているかどうかのチェックのために問題演習を行うのであり，このことが入試問題攻略に必要な実力を身につけることにもつながるのです．

　数学のほとんどの問題は，概念が理解できていて，公式が正しく使えれば解けるはずですが，実際の入試問題に対応するためにはやはり，個々の問題に応じて

解法の技術を修得する

ことが必要です．問題解法の技術を身につけることにより，さらに概念の理解が深まるはずです．

　別冊における 解答 は，とくに，以下の点に注意して書きました．

○議論の展開が自然で，かつ，明解であること

○特殊なアイディアや知識を用いないこと

○計算は，自明な式変形を除いて，できる限り途中の計算も書くこと

○図形問題では，理解しやすいように，可能な限り多くの図を入れること

4

構成と使い方

●問題編

基本のまとめ

各節のはじめに設け，その項目に関する定義や公式を整理した．

問題演習

過去に出題された大学入試問題を中心に，各分野の標準的で頻出の問題を150題に厳選した．とくに，問題の選定にあたっては解き進むうちに達成感，満足感が得られるよう問題のレベル設定に注意し，問題の分量を定めた．冠名「チョイス新標準問題集」はこの意味あいを込めて命名したのである．

[問題A] 大学入試で出題された問題中心に基本的・基礎的問題を収録．

[問題B] 問題Aと同じ分野で，問題Aよりやや程度の高い問題を，問題Aと問題Bの難易が自然につながるよう収録．

出題大学名の右上に＊のついた問題は，一部に手が加えられていることを示す．

[ヒント] 解法の手がかりとなるように，巻末の「答えとヒント」の中で設けた．

この問題集の進め方には，問題Aを一通り終えてから問題Bにとり組む方法と，問題Aと問題Bをセットにして順番に解いていく方法がある．また，本格的に実力を試したい人は，問題Bだけを解いてもよい．

●解答・解説編

[考え方] 解き方の指針を示した．

[解答] 標準的な解法による解答である．ただし，標準的な解法が複数にわたる場合には，[解答1]，[解答2]というように，それぞれの解法による解答を与えることにした．なお，空欄補充式の問題については，記述式に準じた解答をとった．

[別解] 別の視点でとらえた解答である．

[注] 解答の際に注意すべき点や補足事項を示した．

[解説] 解答や解答に関連する概念について，やや詳しく説明した．

━━━━ も く じ ━━━━

第1章　数　列（数学B）

1　等差数列と等比数列

━━━●　基本のまとめ　●━━━

1　定　義

数列

$$a_1,\ a_2,\ a_3,\ \cdots,\ a_n,\ \cdots \qquad \text{あるいは} \quad \{a_n\}$$

において，a_1 を**初項**（または第1項），a_2 を第2項，a_3 を第3項，…，a_n を**第 n 項**という．a_n を n の式で表したものを**一般項**という．

項の個数が有限である数列を**有限数列**といい，その項の個数を**項数**，最後の項を**末項**という．

2　等差数列

(1)　数列 $\{a_n\}$ と定数 d について，

$$a_{n+1}=a_n+d \quad (n=1,\ 2,\ 3,\ \cdots)$$

が成り立つとき，$\{a_n\}$ を**等差数列**といい，d をその**公差**という．

(2)　初項 a，公差 d の等差数列 $\{a_n\}$ の一般項（第 n 項）a_n は，

$$a_n=a+(n-1)d$$

(3)　等差数列 $\{a_n\}$ の初項から第 n 項までの和を S_n とすると，

$$S_n=\frac{1}{2}n(a_1+a_n)$$

であり，初項を a，公差を d とすると

$$S_n=\frac{1}{2}n\{2a+(n-1)d\}$$

(4)　3つの数 $a,\ b,\ c$ について，

$$\text{「数列 } a,\ b,\ c \text{ が等差数列」} \Longleftrightarrow 2b=a+c$$

③ **等比数列**

(1) 数列 $\{a_n\}$ と定数 r について,

$$a_{n+1} = a_n r \quad (n = 1,\ 2,\ 3,\ \cdots)$$

が成り立つとき,$\{a_n\}$ を **等比数列** といい,r をその **公比** という.

(2) 初項 a,公比 r の等比数列 $\{a_n\}$ の一般項(第 n 項)a_n は,

$$a_n = ar^{n-1}$$

(3) 初項 a,公比 r の等比数列の初項から第 n 項までの和を S_n とすると,

$$r \neq 1 \text{ のとき} \quad S_n = \frac{a(1 - r^n)}{1 - r} \left(= \frac{a(r^n - 1)}{r - 1} \right)$$

$$r = 1 \text{ のとき} \quad S_n = na$$

(4) 0 でない 3 つの数 a,b,c について,

$$\text{「数列 } a,\ b,\ c \text{ が等比数列」} \iff b^2 = ac$$

④ **和の記号 $\sum$**

数列 $\{a_n\}$ の初項から第 n 項までの和を,$\displaystyle\sum_{k=1}^{n} a_k$ と書く.

$$\sum_{k=1}^{n} a_k = a_1 + a_2 + a_3 + \cdots + a_n$$

[例] $\displaystyle\sum_{k=1}^{n} c = nc$ (ただし,c は定数)

(初項 c,公差 0,項数 n の等差数列の和)

$$\sum_{k=1}^{n} k = \frac{1}{2} n(n+1)$$

(初項 1,公差 1,項数 n の等差数列の和)

$$\sum_{k=1}^{n} r^{k-1} = \frac{1 - r^n}{1 - r} \quad \text{(ただし,} r \text{ は } r \neq 1 \text{ をみたす定数)}$$

(初項 1,公比 r,項数 n の等比数列の和)

⑤ **$\sum$ の計算法則**

(1) $\displaystyle\sum_{k=1}^{n} (a_k + b_k) = \sum_{k=1}^{n} a_k + \sum_{k=1}^{n} b_k$

(2) $\displaystyle\sum_{k=1}^{n} ca_k = c \sum_{k=1}^{n} a_k$ (ただし,c は定数)

8

問題A

1　初項から第 12 項までの和が -12，初項から第 23 項までの和が 115 である等差数列の初項は $^{ア}\boxed{}$ であり，第 23 項は $^{イ}\boxed{}$ である．

（成蹊大　理工）

2　公比が正の数である等比数列について，初めの 3 項の和が 21 であり，次の 6 項の和が 1512 であるという．この数列の初項は $^{ア}\boxed{}$ であり，初めの 5 項の和は $^{イ}\boxed{}$ である．

（成蹊大　理工）

3　$-1<a<0<b$ のとき，3 つの数 -1，a，b を適当に並べると等差数列となり，また，適当に並べると等比数列となる．このとき，$a=^{ア}\boxed{}$，$b=^{イ}\boxed{}$ である．

（鳥取環境大，足利工業大）

問題B

4　等差数列 $\{a_n\}$ の初項 a，公差 d はともに整数とする．$\{a_n\}$ の初項から第 n 項までの和 S_n は，$n=8$ のとき最大となり，そのときの値は 136 であるという．このとき，a，d を求めよ．

（岡山理科大）

5　初項 3，末項 $24\sqrt{2}$ の等比数列において，初項から末項までの和が $45(\sqrt{2}+1)$ であるとする．このとき，公比は $^{ア}\boxed{}$ であり，項数は $^{イ}\boxed{}$ である．

（東海大　医）

6 初項 3，公差 5 である等差数列 $\{a_n\}$ と，一般項が $b_n=2\cdot 3^n$ の等比数列 $\{b_n\}$ の共通項を，小さい順に並べた数列を $\{c_n\}$ とする．$\{a_n\}$ の各項は一の位の数が ⁷□ または ⁸□（ただし ⁷□ < ⁸□）であり，$\{b_n\}$ の各項は偶数であるので，$c_1=a_{⁹□}=b_{ᵀ□}=$ ᵒ□ である．b_k が $\{a_n\}$ の中に見つかるとき，b_{k+1}，b_{k+2}，b_{k+3}，$\cdots$ の一の位の数はそれぞれ ᴷ□，ᶄ□，ᵏ□，$\cdots$ であり，次に一の位の数が ⁸□ となるのは $b_{k+ᵗ□}$ である．一の位の数が ⁸□ の自然数はすべて $\{a_n\}$ の中に見つかるので，$\{c_n\}$ は公比 ᵃ□ の等比数列である．

（大阪産業大*）

7 数列
$$1,\ 11,\ 111,\ 1111,\ \cdots$$
の第 n 項を求めよ．また，初項から第 n 項までの和 S_n を求めよ．

（共立女子大 家政，東京電機大 工）

2　いろいろな数列

● 基本のまとめ ●

1 **自然数の累乗の和**

(1) $\displaystyle\sum_{k=1}^{n} 1 = n$

(2) $\displaystyle\sum_{k=1}^{n} k = \frac{1}{2}n(n+1)$

(3) $\displaystyle\sum_{k=1}^{n} k^2 = \frac{1}{6}n(n+1)(2n+1)$

(4) $\displaystyle\sum_{k=1}^{n} k^3 = \frac{1}{4}n^2(n+1)^2 \quad \left(=\left\{\frac{1}{2}n(n+1)\right\}^2\right)$

2 **階差数列**

(1) 数列 $\{a_n\}$ に対して，

$$b_n = a_{n+1} - a_n \quad (n = 1, \ 2, \ 3, \ \cdots)$$

で定められる数列 $\{b_n\}$ を，$\{a_n\}$ の **階差数列** という．

$$a_1, \ a_2, \ a_3, \ \cdots, \ a_{n-1}, \ a_n, \ \cdots$$
$$+ b_1 + b_2 \qquad\qquad + b_{n-1}$$

(2) 数列 $\{a_n\}$ の階差数列を $\{b_n\}$ とすると

$$a_n = a_1 + \sum_{k=1}^{n-1} b_k \quad (n \geqq 2)$$

3 **和を求める工夫**

(1) 階差数列を利用

数列 $\{a_n\}$ について，その一般項が n の式 $f(n)$ を用いて

$$a_n = f(n+1) - f(n)$$

（つまり，数列 $\{f(n)\}$ の階差数列が $\{a_n\}$）

と表されるとき，

$$\sum_{k=1}^{n} a_k = \sum_{k=1}^{n} \{f(k+1) - f(k)\}$$
$$= \{f(2) - f(1)\} + \{f(3) - f(2)\} + \cdots + \{f(n+1) - f(n)\}$$
$$= f(n+1) - f(1)$$

例 $a_n=\dfrac{1}{n(n+1)}$ に対して, $f(n)=-\dfrac{1}{n}$ とすると

$$a_n=\dfrac{1}{n}-\dfrac{1}{n+1}=f(n+1)-f(n)$$

$$\sum_{k=1}^{n}\dfrac{1}{k(k+1)}\ \left(=\sum_{k=1}^{n}a_k\right)$$

$$=\sum_{k=1}^{n}\left(\dfrac{1}{k}-\dfrac{1}{k+1}\right)\ \left(=\sum_{k=1}^{n}\{f(k+1)-f(k)\}\right)$$

$$=\left(1-\dfrac{1}{2}\right)+\left(\dfrac{1}{2}-\dfrac{1}{3}\right)+\cdots+\left(\dfrac{1}{n}-\dfrac{1}{n+1}\right)$$

$$=1-\dfrac{1}{n+1}(=f(n+1)-f(1))$$

(2) $\displaystyle\sum_{k=1}^{n}a_kb_k$ ($\{a_n\}$：等差数列, $\{b_n\}$：等比数列)

$\{b_n\}$ の公比 r が $r\neq 1$ をみたすとき, $S_n=\displaystyle\sum_{k=1}^{n}a_kb_k$ として,

S_n-rS_n を計算すると, S_n が求まる.

例 $S_n=\displaystyle\sum_{k=1}^{n}kx^{k-1}$ $(x\neq 1)$ とする.

$$S_n=1+2x+3x^2+\cdots+\qquad nx^{n-1}$$

$$xS_n=\qquad x+2x^2+\cdots+(n-1)x^{n-1}+nx^{n}$$

辺々引くと

$$(1-x)S_n=1+x+x^2+\cdots+x^{n-1}-nx^{n}$$

$$=\dfrac{1-x^n}{1-x}-nx^n=\dfrac{1-(n+1)x^n+nx^{n+1}}{1-x}$$

よって, $S_n=\dfrac{1-(n+1)x^n+nx^{n+1}}{(1-x)^2}$

④ 数列の和と一般項

数列 $\{a_n\}$ に対して, $S_n=\displaystyle\sum_{k=1}^{n}a_k$ とすると

$$a_1=S_1,\quad a_n=S_n-S_{n-1}\quad(n\geqq 2)$$

12

問題A

8 $1 \cdot 2 \cdot 3 + 2 \cdot 3 \cdot 4 + \cdots + n(n+1)(n+2)$ を計算し簡単な形で表せ.

（創価大　経）

9 次の数列 $\{a_n\}$ の一般項を以下の手順で求めよ.

$$1,\ 2,\ 4,\ 10,\ 23,\ 46,\ 82,\ 134,\ \cdots$$

(1) 数列 $\{a_n\}$ の階差数列を $\{b_n\}$ とする. $b_1,\ b_2,\ b_3,\ b_4,\ b_5$ を求めよ.

(2) 数列 $\{b_n\}$ の階差数列は等差数列である. 数列 $\{b_n\}$ の一般項を求めよ.

(3) (2)の結果を用いて, 数列 $\{a_n\}$ の一般項を求めよ.

（佐賀大　農）

10 次の和を求めよ.

(1) $\displaystyle\sum_{k=1}^{99} \frac{1}{k(k+1)}$　　　　　　　　　　　（近畿大）

(2) $\displaystyle\sum_{k=1}^{n} \frac{1}{k(k+2)}$　　　　　　　　　　　（創価大　法）

11 $\displaystyle\sum_{k=1}^{n} \frac{2k-1}{3^k}$ を n で表せ.

（東京電機大　工）

12 自然数 n が n 項続いて並ぶ数列

$$1,\ 2,\ 2,\ 3,\ 3,\ 3,\ 4,\ 4,\ 4,\ 4,\ 5,\ 5,\ 5,\ 5,\ 5,\ \cdots$$

がある. 次の問に答えよ.

(1) 第 2003 項を求めよ.

(2) 初項から第 2003 項までの和を求めよ.

（大阪工業大）

13 奇数の列を，次のように第1群，第2群，第3群，… に分ける．

$$1, \ |3, \ 5, \ 7, \ |9, \ 11, \ 13, \ 15, \ 17, \ |\cdots$$

このとき，2013 を第 n 群の m 番目の奇数とすると，$(n, m)={}^{ア}\boxed{}$ であり，2013 が属する第 n 群の奇数の総和は ${}^{イ}\boxed{}$ である．

（福岡大　医）

14 数列 $\{a_n\}$ の第1項から第 n 項までの和 S_n が次の式で表されるとき，それぞれについて一般項 a_n を求めよ．

(1) $S_n=4n^2+n$

(2) $S_n=n\cdot 2^{n+1}+1$

（大阪学院大　情報）

問題B

15 n を自然数とするとき，次の和を求めよ．

(1) $1\cdot n+2\cdot(n-1)+3\cdot(n-2)+\cdots+(n-1)\cdot 2+n\cdot 1$ （福岡大）

(2) $(n+1)^2+(n+2)^2+(n+3)^2+\cdots+(n+n)^2$ （神奈川大）

16 n が整数のとき，

$$S(n)=|n-1|+|n-2|+|n-3|+\cdots+|n-100|$$

の最小値とそのときの n の値を求めよ．

（宮城教育大）

14

17　3で割り切れないすべての正の整数を, 小さいものから順に並べてできる数列を

$$a_1, \ a_2, \ a_3, \ \cdots, \ a_n, \ \cdots$$

とする. 次の問に答えよ.

(1)　正の整数 m に対して, 第 $2m$ 項 a_{2m} を m の式で表せ.

(2)　正の整数 n に対して, 和 $S_n = a_1 + a_2 + \cdots + a_n$ を n の式で表せ.

(3)　$S_n \geqq 600$ となる最小の正の整数 n を求めよ.

（立教大　法・経）

18　与えられた数列 $\{a_n\}$ に対して, $b_n = a_{n+1} - a_n$ で定義される数列 $\{b_n\}$ を数列 $\{a_n\}$ の階差数列という. 階差数列に関して大事なことは,

$$\sum_{k=1}^{n} b_k = a_{n+1} - a_1 \ \text{が成り立つことである.}$$

(1)　$a_n = \{n(n-1)\}^2$ とするとき, 数列 $\{a_n\}$ の階差数列 $\{b_n\}$ の一般項を求めよ.

(2)　(1)の結果を用いて, $\sum_{k=1}^{n} k^3$ を求めよ.

(3)　$a_n = \{n(n-1)\}^3$ とするとき, 数列 $\{a_n\}$ の階差数列 $\{b_n\}$ の一般項を求めよ.

(4)　(2)および(3)の結果を用いて, $\sum_{k=1}^{n} k^5$ を求めよ.

（北見工業大）

19　数列 $\{a_n\}$, $\{b_n\}$, $\{c_n\}$ の一般項をそれぞれ

$$a_n = \frac{1}{\sqrt{n+1} + \sqrt{n}}, \quad b_n = \frac{n}{(n+1)!}, \quad c_n = \log_2 \frac{n+1}{n}$$

とするとき, これらの数列の第1項から第 n 項までの和を求めると

$$\sum_{k=1}^{n} a_k = {}^{\mathcal{P}}\boxed{}, \quad \sum_{k=1}^{n} b_k = {}^{\mathcal{A}}\boxed{}, \quad \sum_{k=1}^{n} c_k = {}^{\mathcal{\dot{\mathcal{D}}}}\boxed{}$$

となる.

（明治薬科大）

20 実数 x に対し，$[x]$ を x 以下の最大の整数とする．例えば，$[2]=2$，$\left[\dfrac{7}{5}\right]=1$ である．数列 $\{a_n\}$ を $a_n=\left[\dfrac{3n}{5}\right]$ $(n=1,\ 2,\ \cdots)$ と定めるとき，次の問に答えよ．

(1) $a_1,\ a_2,\ a_3,\ a_4,\ a_5$ を求めよ．

(2) $a_{n+5}=a_n+3$ $(n=1,\ 2,\ \cdots)$ を示せ．

(3) $\displaystyle\sum_{k=1}^{5n} a_k$ $(n=1,\ 2,\ 3,\ \cdots)$ を求めよ．

(三重大*)

21 自然数を右の図のように並べる．

(1) n が偶数のとき，1番上の段の左から n 番目の数を n の式で表せ．

(2) n が奇数のとき，1番上の段の左から n 番目の数を n の式で表せ．

(3) 1000 は左から何番目，上から何段目にあるか．

1	3	4	10	11	…
2	5	9	12	…	…
6	8	13	…	…	…
7	14	…	…	…	…
15	17	…	…	…	…
16	…	…	…	…	…

(岩手大 教育・農)

22 数列

$$1,\ 2,\ 1,\ 3,\ 2,\ 1,\ 4,\ 3,\ 2,\ 1,\ 5,\ \cdots$$

について，次の問に答えよ．

(1) m 度目の n は第何項に現れるか．

(2) 第 200 項を求めよ．

(信州大 医・理)

16

3　漸化式

━━━━━●　基本のまとめ　●━━━━━

1　漸化式の解法

　漸化式を用いて定められた数列の一般項を求める問題は，次のように考える.

(1)　基本的ないくつかのパターン（2, 3, 4で取り上げるもの）について，その解法をマスターしておくとよい.

(2)　問題の中で，置き換えなどの誘導が与えられている場合は，それに従って考える.

(3)　はじめのいくつかの項を求めることにより，一般項が推定できた場合は，その推定が正しいことを数学的帰納法で証明する.（4参照）

2　2項間の漸化式

(1)　$a_{n+1} = pa_n + q$　$(p \neq 1)$　　　　　　　…①

（**解法1**）　漸化式を

$$a_{n+1} - \alpha = p(a_n - \alpha) \qquad \cdots ①'$$

の形に変形する.

　（①' を展開した式と ① を比較して，α を求めればよい.）

　このとき，数列 $\{a_n - \alpha\}$ が等比数列となり，その一般項が求まる.

（**解法2**）　① から　$a_{n+2} = pa_{n+1} + q$　　　　…②

　②−① から　$a_{n+2} - a_{n+1} = p(a_{n+1} - a_n)$

　よって，$\{a_n\}$ の階差数列 $\{a_{n+1} - a_n\}$ が等比数列となり，その一般項が求まる.

(2)　$a_{n+1} = pa_n + qn + r$　$(p \neq 1,\ q \neq 0)$　　　…①

（**解法1**）　漸化式を

$$a_{n+1} - \alpha(n+1) - \beta = p(a_n - \alpha n - \beta) \qquad \cdots ①'$$

の形に変形する.

　（①' を展開した式と ① を比較して，$\alpha,\ \beta$ を求めればよい.）

このとき，数列 $\{a_n - \alpha n - \beta\}$ が等比数列となり，その一般項が求まる．

（**解法2**）　① から　$a_{n+2} = p a_{n+1} + q(n+1) + r$ 　　　　　$\cdots$②

②−① から　$a_{n+2} - a_{n+1} = p(a_{n+1} - a_n) + q$

よって，$\{a_n\}$ の階差数列を $\{b_n\}$ とすると

（すなわち，$b_n = a_{n+1} - a_n$ $(n=1,\ 2,\ 3,\ \cdots)$　とすると）

$$b_{n+1} = p b_n + q$$

となり，(1)のタイプの漸化式が得られる．

(3)　$\boldsymbol{a_{n+1} = p a_n + q r^n}$ 　$(p \neq 1,\ q \neq 0,\ r \neq 0,\ r \neq 1)$

漸化式の両辺を r^{n+1} で割ると

$$\frac{a_{n+1}}{r^{n+1}} = \frac{p}{r} \cdot \frac{a_n}{r^n} + \frac{q}{r}$$

よって，

$$b_n = \frac{a_n}{r^n} \quad (n=1,\ 2,\ 3,\ \cdots)$$

とすると，

$$b_{n+1} = \frac{p}{r} b_n + \frac{q}{r}$$

となり，$p \neq r$ のときは(1)のタイプの漸化式が得られ，$p = r$ のときは $\{b_n\}$ は等差数列になる．

(4)　$\boldsymbol{a_{n+1} = \dfrac{p a_n + q}{r a_n + s}}$ 　$(p \neq 0,\ r \neq 0,\ ps - qr \neq 0)$

このタイプは，問題の中で，置き換えなどの誘導が与えられることが多いので，それに従って考えればよい．

ただし，$q = 0$ のとき，すなわち

$$a_{n+1} = \frac{p a_n}{r a_n + s}$$

の形については，逆数を考えると

$$\frac{1}{a_{n+1}} = \frac{r a_n + s}{p a_n} = \frac{s}{p} \cdot \frac{1}{a_n} + \frac{r}{p}$$

よって，

$$b_n = \frac{1}{a_n} \quad (n=1,\ 2,\ 3,\ \cdots)$$

とすると，

$$b_{n+1}=\frac{s}{p}b_n+\frac{r}{p}$$

となり，$p \neq s$ のときは(1)のタイプの漸化式が得られ，$p=s$ のときは $\{b_n\}$ は等差数列になる．

③ 3項間の漸化式

$$a_{n+2}+pa_{n+1}+qa_n=0 \quad (p \neq 0, \quad q \neq 0) \quad \cdots①$$

①を

$$a_{n+2}-\alpha a_{n+1}=\beta(a_{n+1}-\alpha a_n) \quad \cdots②$$

の形に変形する．

以下に，α, β の求め方を述べる．

②から

$$a_{n+2}-(\alpha+\beta)a_{n+1}+\alpha\beta a_n=0 \quad \cdots②'$$

②′ と ① を比較して

$$\alpha+\beta=-p, \quad \alpha\beta=q.$$

したがって，α, β は2次方程式

$$x^2+px+q=0 \quad \cdots③$$

(①で，a_{n+2} を x^2，a_{n+1} を x，a_n を1で置き換えたもの)

の2つの解である．

②から数列 $\{a_{n+1}-\alpha a_n\}$ が等比数列となり，その一般項は

$$a_{n+1}-\alpha a_n=(a_2-\alpha a_1)\beta^{n-1} \quad \cdots④$$

となる．

$\alpha \neq 1$ のときは，④ は ② (3)のタイプの漸化式である．

$\alpha=1$ のときは，④ から $\{a_n\}$ の階差数列の一般項がわかる．

また，$\alpha \neq \beta$ すなわち2次方程式 ③ が異なる2つの解をもつとき，② は

$$a_{n+2}-\beta a_{n+1}=\alpha(a_{n+1}-\beta a_n)$$

とも書けることから

$$a_{n+1}-\beta a_n=(a_2-\beta a_1)\alpha^{n-1} \quad \cdots⑤$$

が得られる．すると，④, ⑤ から a_{n+1} を消去することで，一般項 a_n が求められる．

④ 連立漸化式

$$\begin{cases} a_{n+1}=pa_n+qb_n \\ b_{n+1}=ra_n+sb_n \end{cases}$$

　誘導形式になっているはずなので，それに従って考えればよい．（ただし，2式の和，差などを考えるとうまく解決できることもある．）

問題A

23　次の条件をみたす数列 $\{a_n\}$ の一般項を n で表せ．

$$a_1=-1, \quad a_{n+1}=5a_n-8 \quad (n=1,\ 2,\ \cdots)$$

(同志社大　工)

24　次のように定義された数列を $\{a_n\}$ とする．

$$a_1=0, \quad a_{n+1}=\frac{1}{2}a_n+n \quad (n=1,\ 2,\ 3,\ \cdots)$$

(1)　$b_n=a_{n+1}-a_n$ とおくとき，b_n のみたす漸化式を求めよ．

(2)　b_n を求めよ．

(3)　a_n を求めよ．

(東京農工大)

25　漸化式

$$a_1=1, \quad a_n-2a_{n-1}=n \quad (n=2,\ 3,\ \cdots)$$

で与えられた数列 $\{a_n\}$ がある．この漸化式は，n の1次式 $f(n)=pn+q$ を用いて

$$a_n+f(n)=2(a_{n-1}+f(n-1)) \quad (n=2,\ 3,\ \cdots)$$

と表すことができる．

　このとき $p=^{\text{ア}}\boxed{}$, $q=^{\text{イ}}\boxed{}$ であり，一般項を求めると

$a_n=^{\text{ウ}}\boxed{}$ $(n=1,\ 2,\ \cdots)$ である．

(東京慈恵会医科大)

26　　　　　　$a_1=1$ かつ $a_{n+1}=2a_n+2^n$ $(n=1, 2, 3, \cdots)$

で定まる数列 $\{a_n\}$ の一般項は $a_n=\boxed{}$ である.

(東海大　医)

27　　数列 $\{a_n\}$ が

$$a_1=3, \quad a_{n+1}=2a_n+3^{n+1} \quad (n=1, 2, 3, \cdots)$$

をみたすとき, 一般項 a_n を求めよ.

(信州大　工)

28　　　　　　$a_1=1, \quad a_{n+1}=\dfrac{2a_n}{a_n+5} \quad (n\geqq 1)$

で定められる数列 $\{a_n\}$ の一般項を求めるために $b_n=\dfrac{1}{a_n}$ のような数列

$\{b_n\}$ を考えると, $n\geqq 1$ において, 関係式 $^{ア}\boxed{}$ が成り立つ. これをも

とに, 数列 $\{a_n\}$ の一般項を求めると, $a_n=^{イ}\boxed{}$ となる.

(成蹊大　法)

29　　2つの数列 $\{a_n\}$, $\{b_n\}$ が

$$a_1=0, \quad b_1=1$$

$$a_{n+1}=\frac{1}{2}a_n+\frac{1}{2}b_n, \quad b_{n+1}=\frac{1}{4}a_n+\frac{3}{4}b_n \quad (n=1, 2, 3, \cdots)$$

によって定められている.

(1)　$a_3=^{ア}\boxed{}$, $b_3=^{イ}\boxed{}$ である.

(2)　$b_{n+1}-a_{n+1}=^{ウ}\boxed{}$ (b_n-a_n) が成り立つから, b_n-a_n は n を用い

て $b_n-a_n=^{エ}\boxed{}$ と表される.

(3)　数列 $\{a_n\}$ の一般項 a_n は, n を用いて $a_n=^{オ}\boxed{}$ と表される.

(4)　n を用いて表すと, $\displaystyle\sum_{k=1}^{n}4^{k-1}a_k=^{カ}\boxed{}$, $\displaystyle\sum_{k=1}^{n}k(b_k-a_k)=\frac{4}{9}\{^{キ}\boxed{}\}$

である.

(関西大　システム理工, 他)

問題B

30　数列 $\{a_n\}$ は，関係式

$$2\sum_{k=1}^{n} a_k = n^2 - a_n \quad (n=1,\ 2,\ 3,\ \cdots)$$

をみたすとする．

(1)　漸化式

$$a_{n+1} = \frac{1}{3}(a_n + 2n + 1) \quad (n=1,\ 2,\ 3,\ \cdots)$$

　　が成り立つことを示せ．

(2)　一般項 a_n を求めよ．

（室蘭工業大）

31　$a_1 = 1$，　$2(n+1)a_{n+1} = na_n + (-1)^{n+1}$　$(n=1,\ 2,\ \cdots)$

によって定義される数列 $\{a_n\}$ の一般項を求めよ．

（弘前大　人文・教育・農）

32　数列 $\{a_n\}$ の初項 a_1 から第 n 項 a_n までの和を S_n と表す．この数列が

$$a_1 = 0,\quad a_2 = 1,\quad (n-1)^2 a_n = S_n \quad (n \geqq 1)$$

をみたすとき，一般項 a_n を求めよ．

（京都大　文系）

22

33 数列 $\{a_n\}$ を

$$a_1=2, \quad a_{n+1}=\frac{9a_n+1}{a_n+9} \quad (n \geqq 1)$$

と定める.

(1) $b_n=\dfrac{a_n-1}{a_n+1}$ とおくとき, $\{b_n\}$ は等比数列であることを示し, 一般項 b_n を求めよ.

(2) 一般項 a_n を求め, $a_n<\dfrac{25}{24}$ が成り立つ最小の n を求めよ. なお, 計算には $\log_{10}2=0.3010$, $\log_{10}3=0.4771$, $\log_{10}7=0.8451$ を用いよ.

(信州大　教育)

34 次の条件で定められる数列 $\{a_n\}$ について, 次の問に答えよ.

$$a_1=1, \quad a_2=2, \quad a_{n+2}=2a_{n+1}-a_n+6 \quad (n=1,\ 2,\ 3,\ \cdots)$$

(1) a_4 を求めよ.

(2) $b_n=a_{n+1}-a_n$ とおくと, 数列 $\{b_n\}$ は等差数列であることを示せ.

(3) a_n を n の式で表せ.

(宇都宮大)

35 　　　　$a_1=0, \quad a_2=1, \quad a_{n+2}=a_{n+1}+6a_n \quad (n=1,\ 2,\ \cdots)$

で与えられる数列 $\{a_n\}$ に対して,

$$a_{n+2}-\alpha a_{n+1}=\beta(a_{n+1}-\alpha a_n)$$

となる実数の組 $(\alpha,\ \beta)$ をすべて求めよ. また, これを用いて, 一般項 a_n を求めよ.

(福岡大　工・薬*)

36　　　　　　$a_1 = 1,\quad b_1 = 3,\quad a_{n+1} = 3a_n + b_n,\quad b_{n+1} = 2a_n + 4b_n$

で定められている数列 $\{a_n\}$, $\{b_n\}$ がある.

(1)　$a_{n+1} + \alpha b_{n+1} = \beta(a_n + \alpha b_n)$ をみたす α, β の組を 2 組求めよ.

(2)　数列 $\{a_n\}$, $\{b_n\}$ の一般項を求めよ.

(3)　b_n が a_n の x 倍（x は正の整数）よりもつねに大きくなるような x の最大値を求めよ.

（三重大　教育・生物資源）

4 数学的帰納法

---●**基本のまとめ**●---

1 **数学的帰納法1** （基本形）

P を自然数 n に関する条件とする．命題

「すべての自然数 n に対して P が成り立つ」

を証明するには，次の(I)と(II)を示せばよい．

(I) $n=1$ のとき P が成り立つ．

(II) k を任意の自然数とする．

$n=k$ のとき P が成り立つと仮定すると，$n=k+1$ のときも P が成り立つ．

このような証明法を，**数学的帰納法**という．

[注] n_0 をある自然数として，命題

「$n \geqq n_0$ をみたすすべての自然数 n に対して P が成り立つ」

を証明する場合には，次の(I)と(II)を示せばよい．

(I) $n=n_0$ のとき P が成り立つ．

(II) k を $k \geqq n_0$ をみたす任意の自然数とする．

$n=k$ のとき P が成り立つと仮定すると，$n=k+1$ のときも P が成り立つ．

このような証明法も，数学的帰納法という．

2 **数学的帰納法2** （応用形）

数学的帰納法は，1で述べたものが最も基本的な形式であるが，1 以外にも，よく利用されるものとして，次の(1)，(2)がある．

以下では，P を自然数 n に関する条件とする．

(1) 命題

「すべての自然数 n に対して P が成り立つ」

を証明するには，次の(I)と(II)を示せばよい．

(I) $n=1$，2のとき P が成り立つ．

(II) k を任意の自然数とする．

　　　$n=k,\ k+1$ のとき P が成り立つと仮定すると，$n=k+2$ のと
　　きも P が成り立つ．

(2) 命題

　　　　　「すべての自然数 n に対して P が成り立つ」

　　を証明するには，次の(I)と(II)を示せばよい．

　(I)　$n=1$ のとき P が成り立つ．

　(II)　k を任意の自然数とする．

　　　$n=1,\ 2,\ 3,\ \cdots,\ k$ のとき P が成り立つと仮定すると，$n=k+1$
　　のときも P が成り立つ．

問題A

37　n を正の整数とする．数学的帰納法を用いて

$$\sum_{k=1}^{n} k^3 = \left\{\frac{n(n+1)}{2}\right\}^2$$

が成り立つことを証明せよ．

（岡山県立大　情報工学，中部大　工）

38
$$a_1 = \frac{1}{4}, \quad a_{n+1} = \frac{1}{2-a_n} \quad (n \geq 1)$$

で定められる数列 $\{a_n\}$ について，次の問に答えよ．

(1)　$a_2,\ a_3,\ a_4$ を計算し，一般項 a_n を推定せよ．

(2)　数学的帰納法を用いて，(1)での推定が正しいことを証明せよ．

（宮崎大　農・教育・工）

39　n が自然数のとき $2^{2n+1}+3(-1)^n$ は 5 の倍数であることを数学的帰
納法によって証明せよ．

（岡山理科大　理）

40　5以上の整数 n について，$2^n > n^2$ が成り立つことを証明せよ．

（滋賀大　経）

問題B

41　n を3以上の自然数とするとき

$$\sum_{k=3}^{n} {}_k C_3 = {}_{n+1} C_4$$

が成り立つことを示せ．

（学習院大　経）

42　n 個の実数 $a_1,\ a_2,\ \cdots,\ a_n$ の各数 a_k が

$$0 < a_k < 1 \quad (k=1,\ 2,\ \cdots,\ n)$$

をみたすとき，次の不等式が成り立つことを証明せよ．

$$a_1 a_2 \cdots a_n > a_1 + a_2 + \cdots + a_n + 1 - n$$

ただし，$n \geqq 2$ とする．

（お茶の水女子大　理系）

43　$$a_1 = a_2 = 1, \quad a_n = a_{n-1} + a_{n-2} \quad (n \geqq 3)$$

より定まる数列 $\{a_n\}$ について次の問に答えよ．

(1)　$n=3,\ 4,\ \cdots,\ 9$ に対して a_n の値を求めよ．

(2)　n が3の倍数ならば a_n は偶数であり，n が3の倍数でなければ a_n は奇数であることを示せ．

（熊本大　理・工・医・薬）

44　自然数 n に対して，正の整数 a_n, b_n を
$$\left(3+\sqrt{2}\,\right)^n = a_n + b_n\sqrt{2}$$
によって定める．

(1)　a_1, b_1 と a_2, b_2 を求めよ．

(2)　a_{n+1}, b_{n+1} を a_n, b_n を用いて表せ．

(3)　n が奇数のとき，a_n, b_n はともに奇数であって，n が偶数のとき，a_n は奇数で，b_n は偶数であることを数学的帰納法によって示せ．

（中央大　商）

45　$a_1=1$, $a_2=2$ とする．$n \geqq 3$ に対して a_n は 2 次方程式
$$x^2 - 2a_{n-1}x - 4a_{n-2} = 0$$
の大きい方の解の整数部分（小数点以下を切り捨てたもの）とする．

(1)　a_3, a_4 を求めよ．

(2)　一般項 a_n を予想し，それが正しいことを数学的帰納法で証明せよ．

（千葉大　理）

46　複素数 $\alpha = \dfrac{1-\sqrt{7}\,i}{2}$, $\beta = \dfrac{1+\sqrt{7}\,i}{2}$ について，(1) と (2) を証明せよ．ただし，i は虚数単位である．

(1)　すべての正整数 n に対して，次の等式が成り立つ．
$$\alpha^{n+1} + \beta^{n+1} = \alpha^n + \beta^n - 2(\alpha^{n-1} + \beta^{n-1})$$

(2)　すべての正整数 n に対して，$\alpha^n + \beta^n$ は奇数である．

（名古屋大　文系）

47　次の条件で定められた数列 $\{a_n\}$ を考える．
$$a_1 = 1, \quad a_{n+1} = \frac{3}{n}(a_1 + a_2 + \cdots + a_n) \quad (n=1,\ 2,\ 3,\ \cdots)$$

(1)　a_2, a_3, a_4, a_5, a_6 を求めて，一般項 a_n を推定せよ．

(2)　(1)で推定した一般項 a_n が正しいことを数学的帰納法を用いて示せ．

（福井大　教育地域科学*）

48　数列 $\{a_n\}$ が

$$a_1=2, \quad a_n<2n^2+\frac{1}{n}\sum_{j=1}^{n-1}a_j \quad (n=2,\ 3,\ 4,\ \cdots)$$

をみたすとき，すべての正の整数 n に対して $a_n<3n^2$ を証明せよ．

（学習院大　理）

5 数列の応用

● 基本のまとめ ●

1 複利計算

単位期間が過ぎるたびに利息（利子）を元金に繰り入れ，その合計額（元利合計）を次期の元金とする．このようにして利息を計算する方法を**複利法**という．

例えば，a 円を年利率 r で預金する．

1年後の利息は，ar 円であるから，

$$[1年後の元利合計]=a+ar=a(1+r)（円）$$

これが2年目の元金となるから，2年後の利息は $a(1+r)r$ 円なので，

$$[2年後の元利合計]=a(1+r)+a(1+r)r$$
$$=a(1+r)^2（円）$$

同様に考えると，

$$[n年後の元利合計]=a(1+r)^n（円）$$

2 格子点の個数

座標平面上の点で，その x 座標と y 座標がともに整数である点を**格子点**という．

座標平面上の領域 D に含まれる格子点の個数は次の手順で求めることが多い．

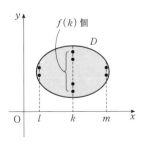

（**step 1**）座標軸と平行な直線上にある格子点を数える．例えば，y 軸に平行な直線 $x=k$（k は整数）と領域 D が共有点をもつ k の範囲が $l \leqq k \leqq m$ であるとき，D に含まれかつ直線 $x=k$ 上にある格子点の個数 $f(k)$ を求める．

（**step 2**）$f(k)$（$l \leqq k \leqq m$）の和を求める．つまり，

$$[Dに含まれる格子点の個数]=\sum_{k=l}^{m} f(k)$$

［注］ （step 1）では，x 軸に平行な直線上の格子点を数えることもある．x 軸，y 軸のどちらに平行な直線を考えたらよいかは，問題に応じて判断する．

問題A

49 a 円を年利率 r で銀行に預金する．利息は預け入れた日から 1 年経過するごとに預金残高に組み入れられる．利息が預金残高に組み入れられる直後に再び a 円を同じ利率で預金し預金残高に加える．このようにして 1 年ごとに a 円を預金残高に加える積み増しを 9 回行い，最初から数えて 10 回の預金を行った直後の預金残高を b 円とする．

(1)　1 回目の預金額 a 円は 10 回目の預金の直後にはいくらになるか．

(2)　2 回目の預金額 a 円は 10 回目の預金の直後にはいくらになるか．

(3)　b 円はいくらになるか．

（立教大　社会）

50 1 以上の整数 m に対して，直線 $y = mx$ と放物線 $y = x^2$ で囲まれた領域を D_m とする．ただし，D_m は境界を含む．また，領域 D_m に含まれる格子点の個数を d_m とおく．ここで，格子点とは x 座標と y 座標がともに整数になる点のことである．

(1)　d_1，d_2，d_3 を求めよ．

(2)　$0 \le k \le m$ である整数 k に対して，直線 $x = k$ 上の格子点で領域 D_m に含まれるものの個数を m と k の式で表せ．

(3)　d_m を m の式で表せ．

（香川大）

51 放物線 $P : y = x^2$ に対し，y 軸の正の部
分に中心をもつ円 C_n（n は自然数）を以下のよ
うに定める.

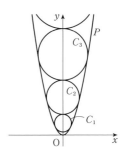

- C_1 は半径が 1 で，放物線 P と原点以外で接
  している.
- $n \geqq 2$ のとき，C_n は図のように放物線 P と
  C_{n-1} の両方に接している.

C_n の中心の座標を $(0, a_n)$，半径を r_n とするとき，次の問に答えよ.

(1) 点 $(0, a)$（$a > 0$）を中心とし半径 r の円が放物線 P と原点以外で接す
るとき，a を r で表せ.

(2) $a_n - a_{n-1} = r_n + r_{n-1}$ であることに注意して，(1)を利用して r_n を n で
表せ.

(3) a_n を n で表せ.

（東京電機大）

52 1 次式 $f_n(x)$（$n = 1, 2, 3, \cdots$）が

$$f_1(x) = x + 1, \qquad x^2 f_{n+1}(x) = x^3 + x^2 + \int_0^x t f_n(t)\, dt \quad (n = 1, 2, 3, \cdots)$$

をみたすとき，$f_n(x)$ を求めよ.

（小樽商科大）

53 A の袋には赤球 1 個と黒球 3 個が，B の袋には黒球だけが 5 個入っ
ている．それぞれの袋から同時に 1 個ずつ玉を取り出して入れかえる操作を
繰り返す．この操作を n 回繰り返した後に A の袋に赤球が入っている確率
を a_n とする.

(1) a_1，a_2 の値を求めよ.

(2) a_{n+1} を a_n を用いて表せ.

(3) a_n を n の式で表せ.

（名城大 理工*）

問題B

54 以下の問に $\log_{10}2=0.30103$ として答えよ.

(1) $2^{10}=1024$ を用いて $\log_{10}1.024$ の値を求めよ.

(2) 2.4 % の複利で 1000 万円を借りた. まったく返済しない場合, 負債が 2000 万円を超えるのは何年後か.

(3) 同じ条件で 1000 万円を借り, 毎年 48 万円ずつ返済するものとする. 例えば 1 年後の負債は $1000\times1.024-48=976$ 万円となる. 返済が完了するのは何年後か.

(横浜市立大　商)

55 条件 $1<x<2^{n+1}$ および $0<y\leqq\log_2 x$ をみたす整数 $x,\ y$ を座標とする点 $(x,\ y)$ の個数を求めよ. ただし, n は正の整数とする.

(大阪大　理系)

56 (1) 2^m（m は自然数）のすべての約数の和を m の式で表せ.

(2) $2^m\cdot3^n$（$m,\ n$ は自然数）のすべての約数の和を m と n の式で表せ.

ただし, 1 つの自然数の約数の中には 1 およびその数自身も含まれる.

(慶應義塾大　商, 大阪女子大　学芸*)

57 平面上に, どの 3 本の直線も 1 点を共有しない, n 本の直線がある.

(1) どの 2 本の直線も平行でないとき, 平面が n 本の直線によって分けられる部分の個数 a_n を n で表せ.

(2) n 本の直線の中に, 2 本だけ平行なものがあるとき, 平面が n 本の直線によって分けられる部分の個数 b_n を n で表せ. ただし, $n\geqq2$ とする.

(滋賀大　教育)

58 平面上に互いに接する半径1の2つ
の円 T と S_1 がある. T に点Pで接し,
S_1 に点 Q_1 で接する図のような直線 l を考
える. l, T, S_1 で囲まれた領域内に中心
をもち, l, T, S_1 に接する円を S_2 とし,

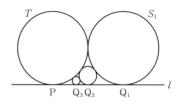

その半径を r_2 とすると, $r_2={}^\text{ア}\boxed{}$ である. 一般に $n=2$, 3, 4, $\cdots$ に
対して, l, T, S_{n-1} で囲まれた領域内に中心をもち, l, T, S_{n-1} に接す
る円を S_n とし, その半径を r_n とする. S_n と l との接点を Q_n とすると, r_n
は線分 PQ_n の長さ q_n を用いて $r_n={}^\text{イ}\boxed{}$ と表される. また, $n=2$, 3,
4, $\cdots$ に対して q_n を q_{n-1} で表す漸化式は $q_n={}^\text{ウ}\boxed{}$ である. この漸
化式を $\dfrac{1}{q_n}$ と $\dfrac{1}{q_{n-1}}$ の関係式に直すことにより, q_n を求めることができる.
q_n と r_n を n の式で表すと, $q_n={}^\text{エ}\boxed{}$, $r_n={}^\text{オ}\boxed{}$ となる.

（慶應義塾大　理工）

59 曲線 $y=x^2-x^3$ 上の点 P_0 からこの曲線に P_0 を接点としない接線
をひき, 接点を P_1 とする. 点 P_1 からこの曲線に P_1 を接点としない接線を
ひき, 接点を P_2 とする. このようにして, 順に点 P_0, P_1, P_2, $\cdots$, P_n,
$\cdots$ をつくり, 点 P_0, P_1, P_2, $\cdots$, P_n, $\cdots$ の x 座標をそれぞれ x_0, x_1, x_2,
$\cdots$, x_n, $\cdots$ とする. ただし, $x_0 \neq \dfrac{1}{3}$ とする.

(1) x_0 と x_1 の関係式を求めよ.

(2) x_n を x_0 と n を用いて表せ.

（徳島大　総合科・医・歯・薬・工）

第2章　統計的な推測（数学 B）

6　確率分布

● 基本のまとめ ●

1 確率分布の定義

　ある試行の結果によって変数 X が定まり，X の値を与えるごとにその確率 $P(X)$ が定まるとき，X を**確率変数**という．

　確率変数 X のとる値が，x_1, x_2, $\cdots$, x_n で，$X=x_k$ となる確率が p_k $(k=1, 2, \cdots, n)$ のとき，x_k と p_k $(k=1, 2, \cdots, n)$ の対応関係を**確率分布**（または単に**分布**）といい，X はこの分布に**従う**という．

　確率分布は，次のような表で示される．

X	x_1	x_2	$\cdots$	x_n	計
$P(X)$	p_1	p_2	$\cdots$	p_n	1

　なお，確率変数 X が値 a をとる確率を $P(X=a)$ で表す．上の表においては，

$$P(X=x_k)=p_k \ (k=1, 2, \cdots, n)$$

である．

　また，X が $a \leqq X \leqq b$ をみたす値をとる確率を $P(a \leqq X \leqq b)$ で表す．同様に，$P(X \leqq a)$, $P(X \geqq a)$ なども定義される．

2 確率変数の平均，分散，標準偏差

　確率分布が 1 における表のように与えられたとき，

$$\sum_{k=1}^{n} x_k p_k$$

を確率変数 X の**平均**（または**期待値**）といい，$E(X)$ または m で表す．

　さらに，$(X-m)^2$ の平均を X の**分散**といい，$V(X)$ で表す．すな

わち

$$V(X) = E((X-m)^2) = \sum_{k=1}^{n}(x_k-m)^2 p_k$$

また，$\sqrt{V(X)}$ を X の**標準偏差**といい，$\sigma(X)$ で表す．すなわち

$$\sigma(X) = \sqrt{V(X)}$$

3　**平均，分散の性質**

(1)　確率変数の1次式の平均，分散，標準偏差

確率変数 X に対して，$Y = aX + b$　(a, b は定数) とするとき，

$$E(Y) = aE(X) + b$$
$$V(Y) = a^2 V(X)$$
$$\sigma(Y) = |a|\sigma(X)$$

(2)　確率変数の和の平均

確率変数 X, Y に対して，

$$E(X+Y) = E(X) + E(Y)$$

(3)　分散，標準偏差の公式

$$V(X) = E(X^2) - \{E(X)\}^2$$
$$\sigma(X) = \sqrt{E(X^2) - \{E(X)\}^2}$$

（分散，標準偏差を実際に計算する場合，定義式ではなく，この式を使う方が計算が容易なことがある．）

(4)　独立な確率変数の積の平均

確率変数 X のとる値を x_1, x_2, $\cdots$, x_m，確率変数 Y のとる値を y_1, y_2, $\cdots$, y_n とするとき，$X = x_i$ かつ $Y = y_j$ となる確率を $P(X = x_i, Y = y_j)$ と表す $(i = 1, 2, \cdots, m ; j = 1, 2, \cdots, n)$．

任意の i, j $(i = 1, 2, \cdots, m ; j = 1, 2, \cdots, n)$ について

$$P(X = x_i, Y = y_j) = P(X = x_i)P(Y = y_j)$$

が成り立つとき，確率変数 X, Y は**独立**であるという．

X, Y が独立のとき

$$E(XY) = E(X)E(Y)$$
$$V(X+Y) = V(X) + V(Y)$$

36

$$\boxed{\text{問題A}}$$

60　2つのサイコロを同時に投げるとき，出る目の数の和を X とする．

⑴　X の確率分布を求めよ．

⑵　$P(X=3)$，$P(5\leqq X\leqq 7)$，$P(X\geqq 10)$ をそれぞれ求めよ．

61　2つのサイコロを同時に投げて，出る目の数のうち大きくない方を X とする．

⑴　X の確率分布を求めよ．

⑵　X の平均，分散を求めよ．

62　赤玉3個，白玉7個が入っている袋がある．この袋から同時に4個の玉を取り出すとき，その中に含まれる白玉の個数を X とする．

⑴　X の平均，分散を求めよ．

⑵　$Y=3X+2$ とするとき，Y の分散，標準偏差を求めよ．

63　X を確率変数とし，その平均を m，標準偏差を σ，$Z=\dfrac{X-m}{\sigma}$ とする．Z の平均と標準偏差を求めよ．

64　箱Aには，1から6までの数字の書かれたカードが1枚ずつ計6枚，箱Bには5から9までの数字の書かれたカードが1枚ずつ計5枚入っている．A，Bから1枚ずつカードを取り出すとき，2枚のカードに書かれている数の和の平均を求めよ．

65　1 つのサイコロを続けて 2 回投げて，出る目の数を順に並べてできる 2 けたの数の平均を求めよ．

66　2 つのサイコロを同時に投げる．
⑴　出る目の数の積の平均を求めよ．
⑵　出る目の数の和の分散を求めよ．

67　10 円硬貨 2 枚，5 円硬貨 1 枚を同時に投げるとき，表の出る硬貨の金額の合計の平均，分散を求めよ．

問題B

68　10 枚のカードがあり，そのそれぞれに 0，2，6 のいずれかの数を記入することにする．これらの 10 枚のカードの中から無作為に選んだ 1 枚のカードに記された数 X について，その平均が 3 で分散が 6 以下になるようにしたい．数 0，2，6 の記されたカードの枚数をそれぞれいくらにすればよいか．

(奈良県立医科大)

69　袋の中に 1 と記されたカードが 1 枚，2 と記されたカードが 2 枚，…，n と記されたカードが n 枚入っている．この袋から無作為に 1 枚のカードを取り出すとき，そのカードに書かれた数字を X とする．

$X = k$ $(k = 1, 2, \cdots, n)$ となる確率 $P(X = k)$，X の期待値 $E(X)$，分散 $V(X)$ を求めよ．

(東京慈恵医大（後期))

70 0, 1, 2, 3, 4 の数字が1つずつ記入された5枚のカードがある. この5枚のカードの中から1枚引き, 数字を記録して戻すという作業を3回繰り返す. ただし, 3回ともどのカードを引く確率も等しいとする. 記録した3つの数字の最小値を X とするとき, 次の問いに答えよ.

(1) $k=0$, 1, 2, 3, 4 に対して確率 $P(X \geqq k)$ を求めよ.

(2) 確率変数 X の確率分布を表で表せ.

(3) 確率変数 X の平均 (期待値) $E(X)$ を求めよ.

(4) 確率変数 X の分散 $V(X)$ を求めよ.

(鹿児島大 理系)

71 正 N 角形 ($N \geqq 3$) の頂点に 0, 1, $\cdots$, $N-1$ と時計回りに番号がつけてある. 頂点 0 を出発点とし, サイコロを投げて出た目の数だけ頂点を時計回りに移動し, 着いた頂点の番号を X とする. 次にもう1度サイコロを投げて出た目の数だけ, 頂点 X から時計回りに移動し, 着いた頂点の番号を Y とする. このようにして定めた確率変数 X, Y について

(1) $N=5$ のとき, X, Y は互いに独立か.

(2) $N=6$ のとき, X, Y は互いに独立か.

(京大一文)

72 X, Y を独立な確率変数とし, X のとる値を x_1, x_2, $\cdots$, x_m, Y のとる値を y_1, y_2, $\cdots$, y_n とする.

(1) $E(XY)=E(X)E(Y)$ が成り立つことを示せ.

(2) $V(X+Y)=V(X)+V(Y)$ が成り立つことを示せ.

73 1個のさいころを3回投げる.

(1) 3回とも偶数の目が出る事象を A, 出る目の数がすべて異なる事象を B とする. このとき, A と B は独立であるか, 独立でないか, 答えよ.

(2) 出る目の数の和を X とし, $Y=2X$ とおく. 確率変数 Y の期待値 $E(Y)$ と分散 $V(Y)$ を求めよ.

(鹿児島大 理系*)

74　　3 から 7 までの数字の書かれた 5 枚のカードの中から，2 枚のカードを復元抽出で選び出す．1 番目のカードの数字を 10 の位，2 番目のカードの数字を 1 の位として得られる数を表す確率変数を T とする．

(1)　T の期待値 m と標準偏差 σ を求めよ．

(2)　$T \leqq \dfrac{6}{5}m$ となる確率を求めよ．

（千葉大　理）

75　　n 本のくじの中に 1 本だけ当たりくじがある．このくじを無作為に 1 本ひき，ひいたくじをもとにもどすという試行を l 回繰り返す．l 回のうち当たった回数を X とする．確率変数 X_i $(1 \leqq i \leqq l)$ を次により定める．

$$X_i = \begin{cases} 1 & i \text{ 回目に当たりくじがでたとき} \\ 0 & i \text{ 回目に当たりくじがでないとき} \end{cases}$$

(1)　確率変数 X を X_i $(1 \leqq i \leqq l)$ で表せ．

(2)　X^2 の期待値 $E(X^2)$ を求めよ．

(3)　$E(X^2) > 2$ となる最小の l は何か．

（京都大　理（後））

7　二項分布と正規分布

● 基本のまとめ ●

1　二項分布

ある試行で，事象 A の起こる確率が p であるとき，この試行を n 回くり返す反復試行において，A の起こる回数を X とすると

$$P(X=r)={}_nC_r p^r q^{n-r} \quad (r=0,\ 1,\ 2,\ \cdots,\ n)\ (\text{ただし,}\ q=1-p)$$

すなわち，X の確率分布は次の表のようになる．

X	0	1	$\cdots$	r	$\cdots$	n	計
$P(X)$	${}_nC_0 q^n$	${}_nC_1 pq^{n-1}$	$\cdots$	${}_nC_r p^r q^{n-r}$	$\cdots$	${}_nC_n p^n$	1

この確率分布を，p に対する**次数** n **の二項分布**といい，$B(n,\ p)$ で表す．

確率変数 X が $B(n,\ p)$ に従うとき，$q=1-p$ とすると

$$E(X)=np, \quad V(X)=npq, \quad \sigma(X)=\sqrt{npq}$$

[注]　確率変数 X が $B(n,\ p)$ に従うとき，$q=1-p$ とすると，二項定理から

$$\sum_{r=0}^{n}P(X=r)=\sum_{r=0}^{n}{}_nC_r p^r q^{n-r}=(p+q)^n=1^n=1$$

2　連続型確率変数とその分布

確率変数 X のとる値の範囲が $a \leq X \leq b$ であり，$a \leq x \leq b$ を定義域とする関数 $f(x)$ が次の性質(i), (ii), (iii)をもつとき X を**連続型確率変数**，$f(x)$ を X の**確率密度関数**，$y=f(x)$ のグラフを X の**分布曲線**という．

(i)　$f(x) \geq 0 \ (a \leq x \leq b)$

(ii)　$a \leq \alpha \leq \beta \leq b$ をみたす α, β に対して，

$$P(\alpha \leq X \leq \beta)=\int_{\alpha}^{\beta}f(x)\,dx$$

（図の斜線部分の面積）

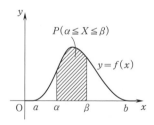

(iii)　$\displaystyle\int_a^b f(x)\,dx = 1$

［注1］　X のとる値の範囲（すなわち，$f(x)$ の定義域）は，実数全体のこともある．

［注2］　任意の $\gamma\,(a \leqq \gamma \leqq b)$ に対して，

$$P(X=\gamma)=P(\gamma \leqq X \leqq \gamma)=\int_\gamma^\gamma f(x)\,dx = 0$$

よって，$P(\alpha \leqq X \leqq \beta)=P(\alpha < X \leqq \beta)=P(\alpha \leqq X < \beta)=P(\alpha < X < \beta)$

　　連続型確率変数 X のとる値の範囲が $a \leqq X \leqq b$ で，その確率密度関数が $f(x)$ のとき，X の平均 $E(X)$ と分散 $V(X)$ を次のように定義する．

$$E(X)=\int_a^b x f(x)\,dx, \quad V(X)=\int_a^b (x-m)^2 f(x)\,dx \;\;(\text{ただし，}m=E(X))$$

3 正規分布

　連続型確率変数 X のとる値の範囲が実数全体で，X の確率密度関数 $f(x)$ が

$$f(x)=\frac{1}{\sqrt{2\pi}\,\sigma}e^{-\frac{(x-m)^2}{2\sigma^2}} \quad (m \text{ は実数，} \sigma>0)$$

であるとき，X は**正規分布 $N(m,\ \sigma^2)$** に従うといい，$y=f(x)$ のグラフを X の**正規分布曲線**という．ここで，e は自然対数の底である（$e=2.71828\cdots$）．

　確率変数 X が $N(m,\ \sigma^2)$ に従うとき

$$E(X)=m, \quad \sigma(X)=\sigma$$

であり，正規分布曲線 $y=f(x)$ は，次の性質 (i), (ii), (iii) をもつ．

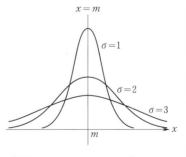

　(i)　直線 $x=m$ に関して対称であり，$f(x)$ は $x=m$ で最大となる．

　(ii)　x 軸を漸近線とする．

　(iii)　σ が大きくなるほど平らな形になり，σ が小さくなるほど対称軸 $x=m$ の周りに集まりととがった形になる．

4 **標準正規分布**

確率変数 X が $N(m, \sigma^2)$ に従うとき

$$Z = \frac{X-m}{\sigma}$$

とすれば，Z は $N(0, 1)$ に従う．

$N(0, 1)$ を**標準正規分布**という．

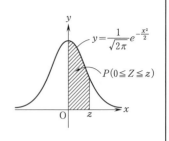

$y = \frac{1}{\sqrt{2\pi}} e^{-\frac{x^2}{2}}$

$P(0 \leqq Z \leqq z)$

$z(\geqq 0)$ に対して，$P(0 \leqq Z \leqq z)$ の値が巻末の正規分布表に示されている．

5 **二項分布の正規分布による近似**

確率変数 X が $B(n, p)$ に従うとき，n が十分大きければ，$q = 1-p$ として，近似的に

$$X \text{ は } N(np, npq) \text{ に従う,}$$

したがって

$$\frac{X - np}{\sqrt{npq}} \text{ は } N(0, 1) \text{ に従う.}$$

問題A

76 次の確率変数 X は二項分布に従うことを示し，$B(n, p)$ の形で表せ．

(1) 1つのサイコロを続けて5回投げるとき，奇数の目が出る回数 X．

(2) 赤玉2個，白玉5個の入っている袋から，1個取り出してその色を記録してもとに戻す，という試行を8回行うとき，赤玉の取り出される回数 X．

77 次の二項分布の平均と標準偏差を求めよ．

(1) $B\left(25, \frac{1}{3}\right)$. 　(2) $B\left(200, \frac{4}{5}\right)$.

78　確率変数 X の確率密度関数が $f(x) = \dfrac{2}{25}x \ (0 \leqq x \leqq 5)$ で与えられて

いるとき，X の期待値 $E(X)$ と分散 $V(X)$ を求めよ．

（鹿児島大）

79　確率変数 Z が標準正規分布に従うとき

$$P\left(- \boxed{} \leqq Z \leqq \boxed{}\right) = 0.99$$

が成り立つ．$\boxed{}$ に当てはまる最も適切なものを，次の ⓪ 〜 ③ のうちか

ら一つ選べ．

⓪　1.64　　①　1.96　　②　2.33　　③　2.58

（センター試験（本試））

80　原点を出発して x 軸上を動く点 P がある．さいころを 1 回振って，3
以上の目が出ると正の向きに 1 移動し，2 以下の目が出ると負の向きに 2 移
動する．このとき，次の問に答えよ．

(1)　さいころを 1 回振った後の点 P の座標の期待値と分散を求めよ．

(2)　さいころを n 回振った後の点 P の座標が $\dfrac{7n}{45}$ 以上となる確率を $p(n)$

とする．$p(162)$ を正規分布を用いて求めよ．ただし，小数第 4 位を四捨

五入せよ．

（滋賀大）

81 (1) 1回の試行において，事象 A の起こる確率が p，起こらない確率が $1-p$ であるとする．この試行を n 回繰り返すとき，事象 A の起こる回数を W とする．確率変数 W の平均（期待値）m が $\dfrac{1216}{27}$，標準偏差 σ が $\dfrac{152}{27}$ であるとき．

$$n = {}^{\mathcal{P}}\boxed{}, \quad p = {}^{\mathcal{A}}\boxed{}$$

である．

(2) (1)の反復試行において，W が 38 以上となる確率の近似値を求めよう．いま

$$P(W \geqq 38) = P\left(\dfrac{W-m}{\sigma} \geqq {}^{\mathcal{P}}\boxed{}\right)$$

と変形できる．ここで，$Z = \dfrac{W-m}{\sigma}$ とおき，W の分布を正規分布で近似すると，正規分布表から確率の近似値は次のように求められる．

$$P(Z \geqq {}^{\mathcal{P}}\boxed{}) = {}^{\mathcal{I}}\boxed{}$$

（センター試験（本試）*）

82　次の各問いに答えよ.

(1)　確率変数 X が正規分布 $N(m, \sigma^2)$ に従うとき, $\dfrac{X-a}{b}$ は, 標準正規分布 $N(0, 1)$ に従うとする. また, 確率変数 Y が二項分布 $B(n, p)$ に従うとき, $\dfrac{Y-c}{d}$ は, n が十分大きいならば, 近似的に標準正規分布 $N(0, 1)$ に従うとする. このとき, a, b, c, d を m, σ, n, p を用いて表せ.

(2)　確率変数 X のとる値 x の範囲が $0 \leqq x \leqq 2$ で, その確率密度関数 $f(x)$ が次の式で与えられている.

$$f(x) = k - |x-1|$$

　このとき, 次の(i), (ii)に答えよ.

(i)　k の値を求めよ.　　　　(ii)　X の平均と標準偏差を求めよ.

(3)　ある工場で 1kg 入りと表示する製品が生産されている. この製品の重さは, 平均 1kg, 標準偏差 50g の正規分布に従っているという. この工場より 1000 個の製品を仕入れた. この中に 902g 以下の製品は何個あると推測されるか.

(鹿児島大　理・工・医*)

問題B

83　平均が 120 で分散が 30 である二項分布を $B(n, p)$ の形で表せ.

84　1個のさいころを 6 回投げるとき, 偶数の目が出る回数を X とする. X の平均を m, 標準偏差を σ とするとき, 確率 $P(|X-m|<\sigma)$ を求めよ.

(弘前大　理)

85　原点から出発して数直線上を動く点Pがある．ゆがんだコインがあって，表が確率 p，裏が確率 $q=1-p$ で出るものとする．このコインを投げて，表が出たら点Pは右へ2だけ進み，裏が出たら左へ1だけ進むものとする．このコインを n 回投げたときの点Pの座標を X で表す．次の各問に答えよ．

(1)　確率変数 X の確率分布を求めよ．

(2)　X の期待値 $E(X)$ を求めよ．

(3)　$E(X)=0$ となる p を求めよ．

（琉球大）

86　閉区間 $[0,\ a]$ $(a>0)$ のすべての値をとる確率変数 X の確率密度関数を $f(x)=b(4-x)x$ とする．次の問に答えよ．

(1)　X の平均が $\dfrac{a}{2}$ のとき，$a,\ b$ の値を求めよ．

(2)　t の方程式 $4t^2-12t+9(X-1)=0$ の2つの解がともに正となる X の確率を求めよ．

（東京都立大　理・工）

87　3個のさいころを同時に投げるとき，ある1つのさいころの目が他の2個のさいころの目の和に等しい事象を E_1，3個のさいころの目の和が15以上となる事象を E_2 で表すことにする．

(1)　E_1 と E_2 とは互いに排反な事象であるか．また E_1 と E_2 とは独立な事象であるか．その理由を述べて答えよ．

(2)　3個のさいころを20回投げるとき，事象 E_1 がちょうど5回現れる確率を小数第2位まで求めよ．ただし，事象 E_1 がちょうど4回現れる確率は 0.21727 である．

(3)　3個のさいころを400回投げるとき，事象 E_2 が少なくとも40回は現れる確率を小数第2位まで求めよ．

（長崎大　工・医・歯・教*）

88　　座標平面上で点 Q が原点から出発し，A，B 2 枚のコインを同時に投げて，次のように動くとする．

A	B	
表	表	Q は右へ 1，上へ 1 移動する．
裏	表	Q は上へ 1 移動する．
表	裏	Q は右へ 1 移動する．
裏	裏	Q は動かない．

これを n 回くり返すとき，次の問に答えよ．

(1)　a，b を 0 または n 以下の自然数とするとき，点 Q の座標が $(a,\ b)$ となる確率を求めよ．

(2)　$n=400$ のとき，点 Q が長方形

$$\{(x,\ y)\,|\,190\leqq x\leqq 220,\ 0\leqq y\leqq 400\}$$

に含まれる確率を正規分布表を用いて求めよ．

（琉球大）

48

8 推定と検定

━━━━● 基本のまとめ ●━━━━

標本調査

　対象全体を調べる調査を**全数調査**といい，対象全体から一部を抜き出して調べ，全体を推測する調査を**標本調査**という．

　標本調査では，調べたい対象全体を
母集団，調査のために母集団から抜き
出された要素の集合を**標本**といい，標
本を抜き出すことを**抽出**という．また，
母集団，標本の要素の個数をそれぞれ，
母集団の大きさ，**標本の大きさ**という．

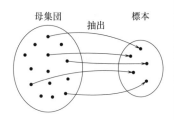

母集団　　抽出　　標本

標本の抽出

　母集団の各要素を等しい確率で抽出する方法を**無作為抽出**といい，無作為抽出によって抜き出された標本を**無作為標本**という．

　無作為抽出を行なうには，**乱数さい**や**乱数表**などが使われる．

　乱数さいは，正二十面体のさいころで，0から9までの数字が2度ずつ刻まれている．

　乱数表は，0から9までの数字をでたらめな順序に並べた表で，上下，左右，斜めのいずれの並びをとっても，0から9までの数字が，大体等しい確率で現れるようになっている．

　母集団から標本を抽出するとき，抽出のたびに要素をもとに戻し，次の抽出をする方法を**復元抽出**といい，抽出した要素をもとに戻さないで，続けて抽出する方法を**非復元抽出**という．

母集団の分布

　母集団の各要素には数が対応しているとし，その数を**変量**といい，確率変数と考える．

　大きさ N の母集団において，変量 X のとる値を $x_1,\ x_2,\ x_3,\ \cdots,\ x_n$ とし，$X=x_i$ となる要素の個数（＝度数）を $f_i\ (i=1,\ 2,\ 3,\ \cdots,\ n)$ とすると，X の確率分布は次の表で表される．

X	x_1	x_2	$\cdots$	x_n	計
$P(X)$	$\dfrac{f_1}{N}$	$\dfrac{f_2}{N}$	$\cdots$	$\dfrac{f_n}{N}$	1

　この確率分布を**母集団分布**といい，その平均，分数，標準偏差を，それぞれ，**母平均，母分散，母標準偏差**という．

④ **標本平均の分布**

　ここでは，母集団の大きさが標本の大きさに比べて十分大きい場合を考えることとし，非復元抽出による標本も復元抽出による標本とみなす．

　母平均 m，母標準偏差 σ の母集団から大きさ n の標本を無作為に抽出し，その変量を $X_1,\ X_2,\ \cdots,\ X_n$ とするとき，その平均（**標本平均**という）を $\overline{X}$ で表す．

$$\overline{X}=\frac{X_1+X_2+\cdots+X_n}{n}$$

(1)　$E(\overline{X})=m,\ \ V(\overline{X})=\dfrac{\sigma^2}{n}$

(2)　n が大きければ，$\overline{X}$ は近似的に $N\left(m,\ \dfrac{\sigma^2}{n}\right)$ に従う．（**中心極限定理**）

$$\left(\begin{array}{l}［注］\ \ 母集団分布が N(m,\ \sigma^2) のときは，n が大きくなくても，\\ \quad \overline{X} は N\left(m,\ \dfrac{\sigma^2}{n}\right) に従う．\end{array}\right)$$

(3)　n が大きくなるに従って，$\overline{X}$ は m に近づく．（**大数の法則**）

⑤ **母比率の分布**

　A を母集団における 1 つの性質とする．

　母集団のなかで，A をもっているものの割合を，A の**母比率**といい，標本のなかで，A をもっているものの割合を，A の**標本比率**という．

　A の母比率が p である十分大きな母集団から，大きさ n の標本を無作為に抽出するとき，n が大きければ，標本比率は近似的に $N\left(p,\ \dfrac{pq}{n}\right)$（ただし，$q=1-p$）に従う．

6 推定

(1) 母平均の推定

母平均 m，母標準偏差 σ の母集団から抽出された，大きさ n の無作為標本の標本平均を $\overline{X}$ とする．n が大きいとき，閉区間

$$\left[\overline{X}-1.96\times\frac{\sigma}{\sqrt{n}},\ \overline{X}+1.96\times\frac{\sigma}{\sqrt{n}}\right] \qquad \cdots ①$$

$$\left[\overline{X}-2.58\times\frac{\sigma}{\sqrt{n}},\ \overline{X}+2.58\times\frac{\sigma}{\sqrt{n}}\right] \qquad \cdots ①'$$

が m を含む確率は，それぞれ約 0.95，約 0.99 である．①，①′ をそれぞれ，m に対する**信頼度** 95 %，99 %の**信頼区間**という．

(2) 母比率の推定

母比率 p の母集団から抽出された，大きさ n の無作為標本の標本比率を $\overline{p}$ とする．n が大きいとき，閉区間

$$\left[\overline{p}-1.96\sqrt{\frac{\overline{p}(1-\overline{p})}{n}},\ \overline{p}+1.96\sqrt{\frac{\overline{p}(1-\overline{p})}{n}}\right] \qquad \cdots ②$$

$$\left[\overline{p}-2.58\sqrt{\frac{\overline{p}(1-\overline{p})}{n}},\ \overline{p}+2.58\sqrt{\frac{\overline{p}(1-\overline{p})}{n}}\right] \qquad \cdots ②'$$

が p を含む確率は，それぞれ約 0.95，約 0.99 である．②，②′ をそれぞれ，p に対する**信頼度** 95 %，99 %の**信頼区間**という．

7 検定

母集団に関する仮定を**統計的仮説**といい，標本調査の結果から仮説の是非を判断することを**検定**という．また，仮説が正しくないと判断することを，仮説を**棄却する**という．

検定において，仮説を棄却する基準となる確率を**有意水準**（または**危険率**）という．有意水準としては，0.05（5 %）または0.01（1 %）をとる場合が多い．有意水準 α に対して，図のような，変量 X の分布曲線の両端の X の範囲（集合）W で，

$$(X\in W \text{ を満たす確率})=\alpha$$

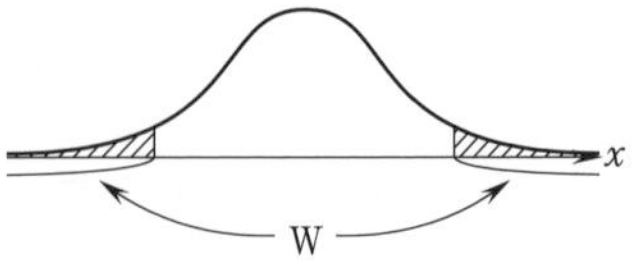

を満たすものを，α の**棄却域**という.

　検定は次のような手順で行なう.

　1．統計的仮説を設定する.

　2．有意水準を定める.

　3．有意水準の棄却域を定める.

　4．標本の変量が棄却域に入れば仮定を棄却し，入らなければ棄却しない.

(1)　母平均の検定

　　母平均が m であるという仮説をたてる.

　　母標準偏差を σ，標本の大きさを n，標本平均を $\overline{X}$ とする.

　　有意水準が 0.05, 0.01 の棄却域は，それぞれ

$$\left\{\overline{X}\ \middle|\ \frac{\sqrt{n}\,|\overline{X}-m|}{\sigma}\geqq 1.96\right\},\quad \left\{\overline{X}\ \middle|\ \frac{\sqrt{n}\,|\overline{X}-m|}{\sigma}\geqq 2.58\right\}$$

　　[**注**]　σ が不明の場合，n が十分大きければ，σ のかわりに標本からえられた標準偏差を用いる.

(2)　母比率の検定

　　性質 A の母比率が p であるという仮説をたてる.

　　標本の大きさを n，その中で A をもつものの個数 X とする.

　　有意水準が 0.05, 0.01 の棄却域は，それぞれ

$$\left\{X\ \middle|\ \frac{|X-np|}{\sqrt{np(1-p)}}\geqq 1.96\right\},\quad \left\{X\ \middle|\ \frac{|X-np|}{\sqrt{np(1-p)}}\geqq 2.58\right\}$$

問題Ａ

89 母標準偏差 σ の母集団から，大きさ n の無作為標本を抽出する．ただし，n は十分に大きいとする．この標本から得られる母平均 m の信頼度 95 ％の信頼区間を $A \leqq m \leqq B$ とし，この信頼区間の幅 L_1 を $L_1 = B - A$ で定める．

この標本から得られる信頼度 99 ％の信頼区間を $C \leqq m \leqq D$ とし，この信頼区間の幅 L_2 を $L_2 = D - C$ で定めると

$$\frac{L_2}{L_1} = {}^{7}\boxed{}$$

が成り立つ．また，同じ母集団から，大きさ $4n$ の無作為標本を抽出して得られる母平均 m の信頼度 95 ％の信頼区間を $E \leqq m \leqq F$ とし，この信頼区間の幅 L_3 を $L_3 = F - E$ で定める．このとき

$$\frac{L_3}{L_1} = {}^{4}\boxed{}$$

が成り立つ．

ただし，$\boxed{}$ は小数第 1 位までの小数とする．

（センター試験（本試））*

90 変形した硬貨が 1 枚ある．この硬貨の表の出る確率（母比率という）を推定するために，400 回投げたところ，ちょうど 100 回表が出た．このとき，母比率の信頼度 99 ％の信頼区間の幅を求めよ．

（鹿児島大　理・工・医）

91　次の標本は正規母集団 $N(a, 10^2)$ から抽出されたものである.

28　13　16　28　29　12　14　12　10

次の問に答えよ.

(1)　$a = 25$ といえるか. 有意水準（危険率）5 % で検定せよ.

(2)　a の信頼度 95 % の信頼区間を求めよ.

（九州芸工大[*]）

92　ある工場で重量表示が 10g の製品を作っている. その重量は正規分布をなし, 標準偏差は 0.40g であることがわかっている.

ある日, この工場の製品の中から 64 個を無作為に取り出して検査をしたところ, 重量の平均が 9.9g であった. この日の製品について, 重量表示は正しいといえるか. 有意水準 5 %, 1 % でそれぞれ検定せよ.

93　ある硬貨が正しくつくられているかどうかを判断したい. 次の(1), (2)について, 有意水準 5 % で検定せよ.

(1)　100 回投げて, 表が 55 回出た.

(2)　1000 回投げて, 表が 550 回出た.

94　ある集団における子供は男子 1596 人, 女子 1540 人であった. この集団における男子と女子の出生率は等しいと認めてよいか. 有意水準（危険率）5 % で検定せよ.

（宮崎医科大）

問題B

95　15 歳男子の身長は平均 165 cm，標準偏差 6 cm の正規分布に従うという．正規分布表を用いて，次の問いに答えよ.

(1)　無作為に 1 人を選んだとき，その身長 X が $163 \leqq X \leqq 167$ となる確率はいくらか.

(2)　無作為に 36 人を選んだとき，その 36 人の平均身長 $\overline{X}$ が $163 \leqq \overline{X} \leqq 167$ となる確率はいくらか.

(3)　無作為に n 人を選んだとき，その n 人の平均身長 $\overline{X}$ が $163 \leqq \overline{X} \leqq 167$ となる確率が 0.99 より大きくなるためには，n はいくら以上とればよいか.

（琉球大）

96　A 工場の B 製品の長さは，標準偏差 σ が 0.66(cm) の正規分布に従い，平均 m は季節によって異なる．ある季節に B 製品を n 個無作為に抽出し，測定した長さを X_1，X_2，…，X_n とする．正規分布表を用いて，次の問いに答えよ.

(1)　$n=4$ のとき，平均 m に対する信頼度 95 ％の信頼区間が $m+\sigma$ を含む確率を求めよ.

(2)　$n=9$ のとき，X_1，X_2，…，X_9 の測定値が次のようになった.
　90.27，90.11，91.22，90.46，90.29，91.54，91.67，90.01，90.19(cm)
　このとき，平均 m に対する信頼度 95 ％の信頼区間を求めよ.

（筑波大*）

97　過去の資料から，18 才の男子の身長の標準偏差は 5.8cm であることが知られている．18 才の男子の身長の平均値を信頼度 95 ％で区間推定するために，何人かを抽出して調査したい．信頼区間の幅を 1.96cm 以下にするためには，何人以上調査する必要があるか.

（和歌山県立医科大*）

98　あるところにきわめて多くの白球と黒球がある.

(1)　白球が取り出される確率を p とし，無作為に 9 個を取り出したときに含まれる白球の個数を X で表す. 確率変数 X が k 以下の確率 $P(X \leq k)$ について，$p = \dfrac{1}{2}$ としたとき

$$P(X \leq k) \leq 0.1$$

を満たす最大の整数 k を求めよ.

(2)　400 個の球を無作為に取り出したとき，白球が 222 個，黒球が 178 個あった. 白球と黒球との割合は同じであるという仮説を有意水準 5 ％で検定せよ.

（中央大　理工）

99　3 種類の品物 A，B，C がある. A を 3 個，B を 2 個，C を 1 個任意に選んで 1 つにまとめて 1 個の商品とする. 次の問に答えよ.

(1)　「A には，A 全体の $\dfrac{1}{16}$ の不良品が含まれ，B には，B 全体の $\dfrac{1}{9}$，C には，C 全体の $\dfrac{1}{25}$ の不良品が含まれている.」という仮説のもとで，全商品の中から，無作為に 1 個の商品を取り出したとき，それが完全な商品である確率を求めよ. ここで，完全な商品とは不良品が含まれていない商品のことである.

(2)　商品 960 個を無作為に抽出したところ，完全な商品は 640 個であった. このことから，(1)の仮説は正しいと判断してよいかどうかを，有意水準（危険率）5 ％で検定せよ.

（東北大　理・工）

56

100 ある種類のねずみは，生まれてから 3 か月後の体重が平均 65g，標準偏差 4.8g の正規分布に従うという．いまこの種類のねずみ 10 匹を特別な飼料で飼養し，3 か月後に体重を測定したところ，次の結果を得た．この飼料はねずみの体重に異常な変化を与えたと考えられるか．有意水準 5 ％で検定せよ．

67，71，63，74，68，61，64，80，71，73

（旭川医科大）

MEMO

第3章　ベクトルと図形（数学 C）

9　平面上のベクトルと図形

—— ● 基本のまとめ ● ——

1 和，差，実数倍

(1) 和

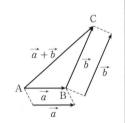

$$\overrightarrow{AB}+\overrightarrow{BC}=\overrightarrow{AC}$$

$\vec{a}=\overrightarrow{AB}$, $\vec{b}=\overrightarrow{BC}$ のとき，

$$\vec{a}+\vec{b}=\overrightarrow{AC}$$

(2) 和 $\vec{a}+\vec{b}$, 差 $\vec{a}-\vec{b}$ $(=\vec{a}+(-\vec{b}))$, 実数倍 $k\vec{a}$ (k は実数)

 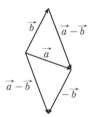 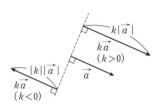

2 位置ベクトル

定点 O が定められているとき，任意の点 P に対して，

$$\overrightarrow{OP}=\vec{p}$$

で定められるベクトル $\vec{p}$ を，O を基準とする P の**位置ベクトル**という．
（単に，位置ベクトルといったら，基準とする点はあらかじめ定められているものと考える．）

点 A, B の位置ベクトルを，それぞれ $\vec{a}$, $\vec{b}$ とすると，

$$\overrightarrow{AB}=\vec{b}-\vec{a}$$

③ 成分表示

ベクトル $\vec{p}$ に対して，O を原点とする xy 平面上の点 P$(p_1,\ p_2)$ で
$$\vec{p}=\overrightarrow{\mathrm{OP}}$$
となるものをとる．このとき，
$$\vec{p}=(p_1,\ p_2)$$
と表し，これを $\vec{p}$ の**成分表示**という．

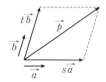

成分による計算について，次が成り立つ．

$\vec{a}=(a_1,\ a_2)$, $\vec{b}=(b_1,\ b_2)$, k を実数とするとき，
$$|\vec{a}|=\sqrt{a_1{}^2+a_2{}^2}$$
$$\vec{a}\pm\vec{b}=(a_1\pm b_1,\ a_2\pm b_2)\ (複号同順)$$
$$k\vec{a}=(ka_1,\ ka_2)$$

また，A$(a_1,\ a_2)$, B$(b_1,\ b_2)$ のとき
$$\overrightarrow{\mathrm{AB}}=\overrightarrow{\mathrm{OB}}-\overrightarrow{\mathrm{OA}}=(b_1-a_1,\ b_2-a_2)$$
$$|\overrightarrow{\mathrm{AB}}|=\sqrt{(b_1-a_1)^2+(b_2-a_2)^2}$$

④ 平行条件

$\vec{a}=(a_1,\ a_2)\ (\neq\vec{0})$, $\vec{b}=(b_1,\ b_2)\ (\neq\vec{0})$ について，
$$\vec{a}\ /\!/\ \vec{b}\ \Longleftrightarrow\ \lceil\vec{b}=k\vec{a}\ となる実数\,k\,がある\rfloor$$
$$\Longleftrightarrow\ a_1b_2-a_2b_1=0$$

⑤ 平面上の平行でない2つのベクトル

平面上のベクトル $\vec{a}$, $\vec{b}$ が
$$\vec{a}\neq\vec{0},\ \vec{b}\neq\vec{0},\ \vec{a}\,/\!\!\!/\,\vec{b}$$
をみたしているとき，この平面上の任意のベクトル $\vec{p}$ は
$$\vec{p}=s\vec{a}+t\vec{b}\quad(s,\ t\,は実数)$$
と表され，その表し方は一通りである．

$\Biggl($一通りとは，かりに，$\vec{p}=s'\vec{a}+t'\vec{b}\ (s',\ t'は実数)$ とも表されたとすると，実は，$s=s',\ t=t'$ となることをいう．$\Biggr)$

[注]　上のような $\vec{a}$, $\vec{b}$ に対して，3点 O, A, B を
$$\overrightarrow{\mathrm{OA}}=\vec{a},\ \overrightarrow{\mathrm{OB}}=\vec{b}$$
となるように定めると，3点 O, A, B は一直線上にない．

6 内分点と外分点

一直線上にない 3 点 O$(0, 0)$，A(a_1, a_2)，B(b_1, b_2) と，正の数 m，n に対して，線分 AB を $m : n$ に内分する点を P，$m : n$ に外分する点を Q とし，O を基準とする A，B，P，Q の位置ベクトルをそれぞれ $\vec{a}$，$\vec{b}$，$\vec{p}$，$\vec{q}$ とすると，

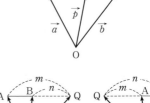

$$\vec{p} = \frac{n\vec{a} + m\vec{b}}{m + n}$$

$$= \left(\frac{na_1 + mb_1}{m + n}, \ \frac{na_2 + mb_2}{m + n} \right)$$

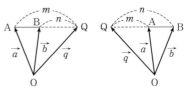

$$\vec{q} = \frac{-n\vec{a} + m\vec{b}}{m - n}$$

$$= \left(\frac{-na_1 + mb_1}{m - n}, \ \frac{-na_2 + mb_2}{m - n} \right)$$

7 点 P が直線 AB 上にある条件

一直線上にない 3 点 O，A，B に対して，

「点 P が直線 AB 上にある」

$\iff$「$\overrightarrow{AP} = t\overrightarrow{AB}$（$t$ は実数）と表される」

$\iff$「$\overrightarrow{OP} = \overrightarrow{OA} + t\overrightarrow{AB}$（$t$ は実数）と表される」

$\iff$「$\overrightarrow{OP} = (1 - t)\overrightarrow{OA} + t\overrightarrow{OB}$（$t$ は実数）と表される」

$\iff$「$\overrightarrow{OP} = s\overrightarrow{OA} + t\overrightarrow{OB}$（$s$, t は $s + t = 1$ をみたす実数）と表される」

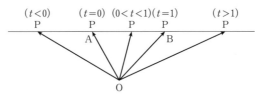

特に，

「P が線分 AB 上にある」

$\iff$「$\overrightarrow{OP} = (1 - t)\overrightarrow{OA} + t\overrightarrow{OB}$（$0 \leq t \leq 1$）と表される」

$\iff$「$\overrightarrow{OP} = s\overrightarrow{OA} + t\overrightarrow{OB}$（$s + t = 1$, $s \geq 0$, $t \geq 0$）と表される」

8 媒介変数表示

(1) 点 P_0 を通り，$\vec{d}$ $(\neq \vec{0})$ を**方向ベクトル**とする（すなわち $\vec{d}$ に平行な）直線上の任意の点を P とすると，

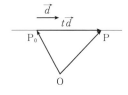

$$\overrightarrow{OP} = \overrightarrow{OP_0} + t\vec{d} \quad (\text{ただし，O は定点})$$

（これを，この直線の**ベクトル方程式**という.）

(2) 平行四辺形 OABC の周および内部の任意の点を P とすると，

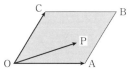

$$\overrightarrow{OP} = s\overrightarrow{OA} + t\overrightarrow{OC}$$

$$(0 \leqq s \leqq 1, \ 0 \leqq t \leqq 1)$$

(3) 三角形 OAB の周および内部の任意の点を P とすると，

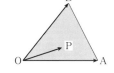

$$\overrightarrow{OP} = s\overrightarrow{OA} + t\overrightarrow{OB}$$

$$(s + t \leqq 1, \ s \geqq 0, \ t \geqq 0)$$

以上において，s，t は実数であり，これらを**媒介変数**という.

9 円のベクトル方程式

点 P_0 を中心とする半径 r の円周上の任意の点を P とすると，

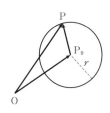

$$|\overrightarrow{P_0P}| = r$$

すなわち

$$|\overrightarrow{OP} - \overrightarrow{OP_0}| = r \quad (\text{Oは原点})$$

問題A

101 正六角形 ABCDEF において，$\overrightarrow{AB} = \vec{a}$，$\overrightarrow{BC} = \vec{b}$ とするとき，$\overrightarrow{CD}$，$\overrightarrow{FD}$，$\overrightarrow{BF}$ をそれぞれ $\vec{a}$，$\vec{b}$ を用いて表せ.

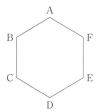

102 (1) $\vec{u}=(3, -2)$ とする. $\vec{u}$ と同じ向きで大きさが3のベクトルを求めよ. また, $\vec{u}$ と反対向きの単位ベクトル（大きさが1のベクトル）を求めよ.

(2) 2つのベクトル $\vec{a}=(1, 0)$, $\vec{b}=(0, 1)$ に対して, $2\vec{a}+t\vec{b}$ と $t\vec{a}+\vec{b}$ が平行であるとき, t の値を求めよ.

(3) 座標平面上の点　O(0, 0), A(4, 6), B(1, 2)　に対して, 四角形 OCAB が平行四辺形になるように点Cをとるとき, 点Cの座標を求めよ.

((2) 福岡大　理系　(3) 関東学院大　工)

103 三角形OABにおいて, 辺ABを1：4に内分する点をC, 辺OBの中点をD, 直線OCとADの交点をEとするとき, $\overrightarrow{OE}$ を $\overrightarrow{OA}$, $\overrightarrow{OB}$ を用いて表せ.

(福岡大　理・工・薬)

104 平面上に三角形OABがある. OAを3：1に外分する点をP, OBを2：1に内分する点をQ, PQとABとの交点をRとする. $\overrightarrow{OA}=\vec{a}$, $\overrightarrow{OB}=\vec{b}$ とするとき, $\overrightarrow{OR}$ を $\vec{a}$ と $\vec{b}$ で表せ.

(東京学芸大　教育)

105 原点をOとする xy 平面上を動く点Pがあり, その位置ベクトル $\overrightarrow{OP}$ を, ベクトル $\vec{a}=(3, -1)$, $\vec{b}=(2, 1)$ を用いて, $\overrightarrow{OP}=s\vec{a}+t\vec{b}$ と表す. s, t が $s+t\leqq2$, $s\geqq0$, $t\geqq0$ をみたしながら動くとき, 点Pが存在する範囲を図示せよ.

(星薬科大*)

106 平面上の三角形ABCの3辺を AB=4, BC=5, CA=6 とする. いま, ∠Aの二等分線と辺BCとの交点をDとするとき BD：DCを求めよ. また, $\overrightarrow{AB}=\vec{b}$, $\overrightarrow{AC}=\vec{c}$ とおき, 三角形ABCの内接円の中心（内心）をPとするとき, $\overrightarrow{AP}$ を $\vec{b}$, $\vec{c}$ で表せ.

(福岡大　医・文系)

問題B

107　平行四辺形 ABCD において，辺 AB を $s:(1-s)$ に内分する点を P，辺 AD を $t:(1-t)$ に内分する点を Q とする．ただし，s, t は実数で，$0<s<1$, $0<t<1$ とする．点 P を通り辺 BC に平行な直線と，点 Q を通り辺 AB に平行な直線との交点を R とし，線分 DP と線分 BQ との交点を S とする．このとき，$\vec{a}=\overrightarrow{AB}$, $\vec{b}=\overrightarrow{AD}$ とおく．

(1)　ベクトル $\overrightarrow{AS}$ を，s, t, $\vec{a}$, $\vec{b}$ で表せ．

(2)　3 点 S，R，C は一直線上にあることを示せ．

（静岡県立大　経営情報）

108　三角形 ABC の内部の点 P が
$$3\overrightarrow{PA}+2\overrightarrow{PB}+\overrightarrow{PC}=\vec{0}$$
をみたしている．直線 AP と辺 BC との交点を D とし，三角形 PBC，三角形 PCA，三角形 PAB の面積をそれぞれ S_1, S_2, S_3 とするとき，次の問に答えよ．

(1)　線分 BD と DC の長さの比 BD : DC を求めよ．

(2)　$S_1 : S_2 : S_3$ を求めよ．

（信州大　教育）

109　四角形 ABCD は $\overrightarrow{AB}+\overrightarrow{AD}=\overrightarrow{AC}$ をみたすとする．

(1)　この四角形はどのような形であるか．

(2)　点 E は $\overrightarrow{EB}+\overrightarrow{EC}+\overrightarrow{ED}=-\overrightarrow{EA}$ をみたす．点 E はどのような点であるか．

(3)　実数 r が，$-1\leqq r\leqq 1$ の範囲を動くとき，$\overrightarrow{PB}+\overrightarrow{PC}+\overrightarrow{PD}=r\overrightarrow{PA}$ をみたす点 P がえがく図形を図示せよ．

(4)　辺 BC の中点を M とする．3 点 D，P，M が一直線上にあるときの r の値を求めよ．

（香川大　法・農・教育）

110 平面上に三角形 OAB があり，その面積を S とする．平面上の点 P に対して $\overrightarrow{\mathrm{OP}}=s\overrightarrow{\mathrm{OA}}+t\overrightarrow{\mathrm{OB}}$ と表す.

(1) s, t が条件 $3s+4t=2$ をみたすとき，点 P はどんな図形上にあるか.

(2) 点 P が三角形 OAB 内にあり，かつ s, t が条件 $3s+4t\geqq 2$ をみたすとき点 P の存在する範囲の面積を S で表せ.

（東北学院大　経）

111 平面上に，一直線上にはない 3 点 A，B，C がある．点 P が
$$a\overrightarrow{\mathrm{PA}}+b\overrightarrow{\mathrm{PB}}+c\overrightarrow{\mathrm{PC}}=\vec{0},$$
$$a>0,\ b<0,\ c<0,\ a+b+c<0$$
をみたすならば，点 P は図の ☐ の範囲に存在する.

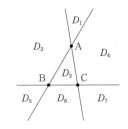

（早稲田大　教育）

112 1 辺 a の正三角形 ABC と同一平面上にあって
$$|\overrightarrow{\mathrm{AP}}+\overrightarrow{\mathrm{BP}}+\overrightarrow{\mathrm{CP}}|=\sqrt{3}\,a$$
をみたす点 P 全体はどんな図形になるか.

（東海大　工）

10　平面上のベクトルと内積

● **基本のまとめ** ●

① **定　義**

ベクトル $\vec{a}$, $\vec{b}$ の**内積** $\vec{a} \cdot \vec{b}$ を次の(i), (ii)で定める.

(i) $\vec{a} \neq \vec{0}$, $\vec{b} \neq \vec{0}$ のとき, $\vec{a}$, $\vec{b}$ のなす角
を θ $(0° \leq \theta \leq 180°)$ とすると,
$$\vec{a} \cdot \vec{b} = |\vec{a}||\vec{b}|\cos\theta$$

(ii) $\vec{a} = 0$ または $\vec{b} = 0$ のとき,
$$\vec{a} \cdot \vec{b} = 0$$

また, $\vec{a} = (a_1, a_2)$, $\vec{b} = (b_1, b_2)$ のとき,
$$\vec{a} \cdot \vec{b} = a_1 b_1 + a_2 b_2$$

② **ベクトルの大きさと内積**

$\vec{a} = (a_1, a_2)$ のとき,
$$|\vec{a}| = \sqrt{\vec{a} \cdot \vec{a}} = \sqrt{a_1{}^2 + a_2{}^2}$$

③ **2つのベクトルのなす角と垂直条件**

$\vec{a} = (a_1, a_2)$ $(\neq \vec{0})$, $\vec{b} = (b_1, b_2)$ $(\neq \vec{0})$ のとき, $\vec{a}$ と $\vec{b}$ のなす角
を θ $(0° \leq \theta \leq 180°)$ とすると,

$$\cos\theta = \frac{\vec{a} \cdot \vec{b}}{|\vec{a}||\vec{b}|} = \frac{a_1 b_1 + a_2 b_2}{\sqrt{a_1{}^2 + a_2{}^2}\sqrt{b_1{}^2 + b_2{}^2}}$$

ここで, $\theta = 90°$ の場合を考えると,
$$\vec{a} \perp \vec{b} \iff \vec{a} \cdot \vec{b} = 0 \iff a_1 b_1 + a_2 b_2 = 0$$

④ **計算法則**

(1) $\vec{a} \cdot \vec{b} = \vec{b} \cdot \vec{a}$

(2) $\vec{a} \cdot (\vec{b} + \vec{c}) = \vec{a} \cdot \vec{b} + \vec{a} \cdot \vec{c}$
　　$(\vec{a} + \vec{b}) \cdot \vec{c} = \vec{a} \cdot \vec{c} + \vec{b} \cdot \vec{c}$

(3) $(t\vec{a}) \cdot \vec{b} = \vec{a} \cdot (t\vec{b}) = t(\vec{a} \cdot \vec{b})$　（t は実数）

⑤ **三角形の面積**

三角形 ABC の面積を S とすると,

$$S = \frac{1}{2}\sqrt{|\overrightarrow{AB}|^2|\overrightarrow{AC}|^2 - (\overrightarrow{AB} \cdot \overrightarrow{AC})^2}$$

また, $\overrightarrow{AB} = (p, q)$, $\overrightarrow{AC} = (r, s)$ のときは,

$$S = \frac{1}{2}|ps - qr|$$

⑥ **直線の法線ベクトルと方程式**

点 P_0 を通り, $\vec{n}$ ($\neq \vec{0}$) を**法線ベクト**

ルとする (すなわち $\vec{n}$ に垂直な) 直線 l

上の任意の点を P とすると,

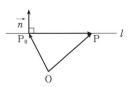

$$\vec{n} \cdot \overrightarrow{P_0P} = 0 \quad \text{すなわち} \quad \vec{n} \cdot (\overrightarrow{OP} - \overrightarrow{OP_0}) = 0 \quad \text{(O は原点)}$$

ここで, $P_0(x_0, y_0)$, $\vec{n} = (a, b)$, $P(x, y)$ とすれば, l の方程式

$$a(x - x_0) + b(y - y_0) = 0$$

すなわち

$$ax + by + c = 0 \quad (\text{ただし}, \ c = -ax_0 - by_0)$$

が得られる.

問題A

113 1辺の長さが a の正六角形 ABCDEF にお
いて, 内積 $\overrightarrow{AD} \cdot \overrightarrow{BF}$, $\overrightarrow{AD} \cdot \overrightarrow{BD}$, $\overrightarrow{AD} \cdot \overrightarrow{CF}$ をそれぞれ
求めよ.

(東京女子医科大)

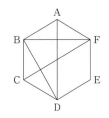

114 (1) ベクトル $\vec{a} = (3, 4)$ に垂直な単位ベクトルを求めよ.

(2) ベクトル $\vec{b} = (1, -1)$, $\vec{c} = (2, x)$ が $60°$ の角をなすように x の値を
定めよ.

((1) 日本大 歯 (2) 帯広畜産大*)

115　三角形 OAB において, $\overrightarrow{OA}=\vec{a}$, $\overrightarrow{OB}=\vec{b}$ とする.
$|\vec{a}|=3$, $|\vec{b}|=2$, $|\vec{a}-2\vec{b}|=\sqrt{7}$ のとき

(1)　$\vec{a}\cdot\vec{b}$ の値は $\boxed{}$ である.

(2)　三角形 OAB の面積は $\boxed{}$ である.

（慶應義塾大　薬）

116　座標平面上に, 3 点 A$(-\sqrt{2},\ 1)$, B$(3\sqrt{2},\ 4)$, C$(2\sqrt{2},\ 2)$ がある.
三角形 ABC の面積を求めよ.

117　三角形 OAB において OA$=1$, AB$=$BO$=2$ とする. 頂点 A から辺 OB へ下ろした垂線の足を H, 点 H から辺 AB へ下ろした垂線の足を K とする. ベクトル $\overrightarrow{OA}$, $\overrightarrow{OB}$ をそれぞれ $\vec{a}$, $\vec{b}$ として, 次の問に答えよ.

(1)　内積 $\vec{a}\cdot\vec{b}$ を求めよ.

(2)　ベクトル $\overrightarrow{AH}$ を $\vec{a}$, $\vec{b}$ で表せ.

(3)　ベクトル $\overrightarrow{AK}$ を $\vec{a}$, $\vec{b}$ で表せ.

（信州大　工）

118　平面上に, 定点 O と四辺形 ABCD があり, $\overrightarrow{OA}=\vec{a}$, $\overrightarrow{OB}=\vec{b}$, $\overrightarrow{OC}=\vec{c}$, $\overrightarrow{OD}=\vec{d}$ とするとき,
$$\vec{a}+\vec{c}=\vec{b}+\vec{d},\quad \vec{a}\cdot\vec{c}=\vec{b}\cdot\vec{d}$$
が成り立っている.

四辺形 ABCD はどのような形か.

119　2 点 A$(-3, 2)$, B$(1, -2)$ に対し, 次の 2 つの条件(i), (ii)を同時にみたす点 P の存在範囲を図示せよ.

(i)　$\overrightarrow{AP}\cdot\overrightarrow{BP}<0$　　　　　(ii)　$\overrightarrow{AB}\cdot\overrightarrow{AP}<\overrightarrow{BA}\cdot\overrightarrow{BP}$

（東海大　工）

問題B

120 零ベクトルでない 2 つのベクトル $\vec{a}$, $\vec{b}$ について，次の問に答えよ．

(1) $|2\vec{a}+t\vec{b}|$ の最小値を与える実数 t を求めよ．

(2) (1)で求めた t に対して，$2\vec{a}+t\vec{b}$ と $\vec{b}$ のなす角を求めよ．ただし，$\vec{a}$ と $\vec{b}$ は平行ではないとする．

(城西大　薬)

121 1 辺の長さが 1 の正五角形 ABCDE を考える．$\overrightarrow{AB}=\vec{a}$, $\overrightarrow{AE}=\vec{b}$ とし，$\vec{a}$ と $\vec{b}$ の内積 $\vec{a}\cdot\vec{b}$ を p，$\overrightarrow{BE}$ の長さ $|\overrightarrow{BE}|$ を r とおくとき，次の問に答えよ．

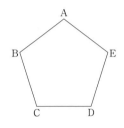

(1) $\overrightarrow{BE}$ を $\vec{a}$ と $\vec{b}$ を用いて表すことにより，p と r の関係式を求めよ．

(2) $\overrightarrow{AC}$ を $\vec{a}$, $\vec{b}$, r を用いて表せ．また，$|\overrightarrow{AC}|$ を考えることにより，p と r の積 pr を求めよ．

(3) p と r の値を求めよ．

(4) ∠BAC＝36° であることを示し，cos 36° の値を求めよ．

(宮城教育大)

122 三角形 ABC において，辺 CA の垂直二等分線と辺 CB の垂直二等分線の交点を P とし，$\overrightarrow{CA}=\vec{a}$, $\overrightarrow{CB}=\vec{b}$, $\overrightarrow{CP}=\vec{p}$ とする．
$$|\vec{a}|=2, \quad |\vec{b}|=4, \quad \vec{a}\cdot\vec{b}=6$$
のとき，次の問に答えよ．

(1) 内積 $\vec{a}\cdot\vec{p}$, $\vec{b}\cdot\vec{p}$ を求めよ．

(2) $\vec{p}=s\vec{a}+t\vec{b}$ をみたす s, t の値を求めよ．

(佐賀大　教育・農)

123　三角形 ABC の外接円の中心（外心）を O とし，
$$\overrightarrow{OH}=\overrightarrow{OA}+\overrightarrow{OB}+\overrightarrow{OC}$$
で定められる点 H を考える．

(1)　H は三角形 ABC の垂心であることを証明せよ．（ただし，三角形の各頂点からその対辺に引いた垂線の交点を垂心という．）

(2)　三角形において，外心，重心，垂心は一直線上に並んでいることを証明せよ．

124　三角形 ABC の外心を O，外接円の半径を 1 とする．
$$4\overrightarrow{OA}+5\overrightarrow{OB}+6\overrightarrow{OC}=\overrightarrow{0}$$
であるとき，辺 AB の長さを求めよ．

（お茶の水女子大　理）

125　原点を O とし，2 つの定点 A，B の位置ベクトルをそれぞれ $\overrightarrow{a}$，$\overrightarrow{b}$ とする．動点 P の位置ベクトル $\overrightarrow{p}$ は
$$(\overrightarrow{p}-\overrightarrow{a})\cdot(\overrightarrow{p}-\overrightarrow{b})=\overrightarrow{a}\cdot\overrightarrow{b}$$
をみたしている．

(1)　P は 1 つの円の周上にあることを示し，その円の半径と中心の位置ベクトルを $\overrightarrow{a}$，$\overrightarrow{b}$ を用いて表せ．

(2)　$|\overrightarrow{a}|=|\overrightarrow{b}|=2$，∠AOB=60° のとき，$\overrightarrow{p}\cdot\overrightarrow{a}$ の最大値と最小値を求めよ．

（広島県立大）

126　平面上で AB=3 となる 2 点 A，B をとる．点 A を中心とする半径 1 の円を S とし，点 B を中心とする半径 2 の円を T とする．2 点 C，D は円 S 上を動き，2 点 E，F は円 T 上を動く．ただし，線分 CD は点 A を通り，線分 EF は点 B を通る．

このとき，内積 $\overrightarrow{CE}\cdot\overrightarrow{DF}$ の最大値と最小値を求めよ．

（千葉大）

11　空間座標と空間のベクトル

● 基本のまとめ ●

1　空間座標

　原点 O，x 軸，y 軸，z 軸が定められた座標空間において，x 軸と y 軸を含む平面を **xy 平面**，y 軸と z 軸を含む平面を **yz 平面**，z 軸と x 軸を含む平面を **zx 平面**という．

　xy 平面，yz 平面，zx 平面はそれぞれ次の方程式で表される．

$$xy \text{ 平面} : z=0, \quad yz \text{ 平面} : x=0, \quad zx \text{ 平面} : y=0$$

　また，点 (a, b, c) を通り，xy 平面，yz 平面，zx 平面に平行な平面をそれぞれ α，β，γ とすると，α，β，γ の方程式は次のようになる．

$$\alpha : z=c, \quad \beta : x=a, \quad \gamma : y=b$$

2　平面上のベクトルと空間のベクトル

　成分表示（3）による計算を除けば，平面上のベクトルにおける和，差，実数倍，位置ベクトル，平行・垂直条件，内積などと同様のことが空間のベクトルでも成り立つ．

3　成分表示

　ベクトル $\vec{p}$ に対して，O を原点とする座標空間の点 $P(p_1, p_2, p_3)$ で，

$$\vec{p} = \overrightarrow{OP}$$

となるものをとる．このとき，

$$\vec{p} = (p_1, p_2, p_3)$$

と表し，$\vec{p}$ の**成分表示**という．

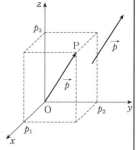

　成分による計算について，次が成り立つ．

$\vec{a} = (a_1, a_2, a_3)$，$\vec{b} = (b_1, b_2, b_3)$，$k$ を実数とするとき，

$$|\vec{a}| = \sqrt{a_1{}^2 + a_2{}^2 + a_3{}^2}$$

$$\vec{a} \pm \vec{b} = (a_1 \pm b_1, a_2 \pm b_2, a_3 \pm b_3) \text{（複号同順）}$$

$$k\vec{a} = (ka_1, ka_2, ka_3)$$

4 **同一平面に平行でない 3 つのベクトル**

　空間のベクトル $\vec{a}$, $\vec{b}$, $\vec{c}$ が

$$\vec{a} \neq \vec{0}, \quad \vec{b} \neq \vec{0}, \quad \vec{c} \neq \vec{0}$$

で，かつ，同一平面に平行にはならないとき，
この空間の任意のベクトル $\vec{p}$ は

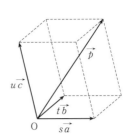

$$\vec{p} = s\vec{a} + t\vec{b} + u\vec{c} \quad (s, \ t, \ u \ は実数)$$

と表され，その表し方は一通りである．

$$\left(\begin{array}{l} \text{一通りとは，かりに，} \\ \vec{p} = s'\vec{a} + t'\vec{b} + u'\vec{c} \quad (s', \ t', \ u' \ は実数) \\ \text{とも表されたとすると，実は，} \\ \qquad s = s', \quad t = t', \quad u = u' \\ \text{となることをいう．} \end{array} \right)$$

　[注]　上のような $\vec{a}$, $\vec{b}$, $\vec{c}$ に対して，4 点 O，A，B，C を

$$\overrightarrow{\text{OA}} = \vec{a}, \quad \overrightarrow{\text{OB}} = \vec{b}, \quad \overrightarrow{\text{OC}} = \vec{c}$$

となるように定めると，4 点 O，A，B，C は同一平面上にない．

5 **内分点と外分点**

　2 点 $A(a_1, a_2, a_3)$，$B(b_1, b_2, b_3)$ を両端点とする線分 AB を，$m : n$ に内分する点を P，$m : n$ に外分する点を Q とすると，

$$P\left(\frac{na_1 + mb_1}{m+n}, \ \frac{na_2 + mb_2}{m+n}, \ \frac{na_3 + mb_3}{m+n} \right)$$

$$Q\left(\frac{-na_1 + mb_1}{m-n}, \ \frac{-na_2 + mb_2}{m-n}, \ \frac{-na_3 + mb_3}{m-n} \right)$$

6 **点 P が平面 ABC 上にある条件**

　同一平面上にない 4 点 O，A，B，C に対
して

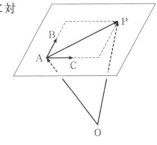

　　「点 P が平面 ABC 上にある」

$\Longleftrightarrow$「$\overrightarrow{\text{AP}} = s\overrightarrow{\text{AB}} + t\overrightarrow{\text{AC}}$

　　　（s, t は実数）と表される」

$\Longleftrightarrow$「$\overrightarrow{\text{OP}} = \overrightarrow{\text{OA}} + s\overrightarrow{\text{AB}} + t\overrightarrow{\text{AC}}$

　　　（s, t は実数）と表される」

$\Longleftrightarrow$「$\overrightarrow{\text{OP}} = r\overrightarrow{\text{OA}} + s\overrightarrow{\text{OB}} + t\overrightarrow{\text{OC}}$ （r, s, t は実数，$r+s+t=1$）

　　　と表される」

$\boxed{7}$ **内積とベクトルの大きさ，なす角，垂直条件**

$\vec{a} = (a_1,\ a_2,\ a_3)$ と $\vec{b} = (b_1,\ b_2,\ b_3)$ に対して，

$$\vec{a} \cdot \vec{b} = a_1b_1 + a_2b_2 + a_3b_3$$

また，

$$|\vec{a}| = \sqrt{\vec{a} \cdot \vec{a}} = \sqrt{a_1{}^2 + a_2{}^2 + a_3{}^2}$$

$\vec{a} \neq \vec{0}$，$\vec{b} \neq \vec{0}$ で，$\vec{a}$，$\vec{b}$ のなす角が θ $(0° \leq \theta \leq 180°)$ のとき，

$$\cos\theta = \frac{\vec{a} \cdot \vec{b}}{|\vec{a}||\vec{b}|} = \frac{a_1b_1 + a_2b_2 + a_3b_3}{\sqrt{a_1{}^2 + a_2{}^2 + a_3{}^2}\sqrt{b_1{}^2 + b_2{}^2 + b_3{}^2}}$$

ここで，$\theta = 90°$ の場合を考えると，

$$\vec{a} \perp \vec{b} \iff \vec{a} \cdot \vec{b} = 0 \iff a_1b_1 + a_2b_2 + a_3b_3 = 0$$

$\boxed{8}$ **三角形の面積**

三角形 ABC の面積を S とすると，

$$S = \frac{1}{2}\sqrt{|\overrightarrow{AB}|^2|\overrightarrow{AC}|^2 - (\overrightarrow{AB} \cdot \overrightarrow{AC})^2}$$

$\boxed{9}$ **直線と平面の垂直**

l を直線，一直線上にない 3 点
A, B, C を通る平面を α とすると，

$l \perp \alpha \iff l \perp \overrightarrow{AB}$ かつ $l \perp \overrightarrow{AC}$

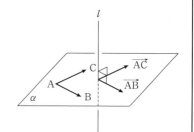

問題A

127　座標空間に，点 A(2, 1, 3) がある.

(1) A から y 軸に下ろした垂線の足，および y 軸に関して A と対称な点の座標を求めよ.

(2) A から zx 平面に下ろした垂線の足，および zx 平面に関して A と対称な点の座標を求めよ.

(3) A を通り zx 平面に平行な平面の方程式を求めよ.

(4) A を通り x 軸に垂直な平面の方程式を求めよ.

128　4 点 A(1, 2, 3), B(2, 1, 0), C(3, 2, 1), D(−1, 2, z) が同一平面上にあるとき，z の値は ☐ である.

（立教大）

129　ベクトル $\vec{a} = (2, 6, 1)$, $\vec{b} = (1, 0, -1)$ の両方に垂直で大きさが 9 のベクトルを求めよ.

（神戸女子薬科大）

130　平行六面体 ABCD-EFGH において，CD, EH の中点をそれぞれ M, N とし，対角線 AG と平面 MNF との交点を P とする.

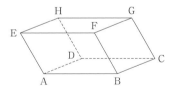

　$\overrightarrow{AB} = \vec{a}$, $\overrightarrow{AD} = \vec{b}$, $\overrightarrow{AE} = \vec{c}$ とするとき，次の問に答えよ.

(1) $\overrightarrow{AG}$ を $\vec{a}$, $\vec{b}$, $\vec{c}$ を用いて表せ.

(2) $\overrightarrow{AP}$ を $\vec{a}$, $\vec{b}$, $\vec{c}$ を用いて表せ.

（成城大　法）

131　右図のような 1 辺の長さ 1 の立方体 ABCD-EFGH について,

$$\overrightarrow{AB}=\vec{b},\ \overrightarrow{AD}=\vec{d},\ \overrightarrow{AE}=\vec{e}$$

とおく. このとき, 次の問に答えよ.

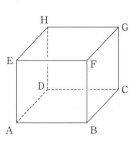

(1)　内積 $\overrightarrow{AB}\cdot\overrightarrow{AF}$, $\overrightarrow{AF}\cdot\overrightarrow{FC}$ の値を求めよ.

(2)　辺 AB の中点を M とする. 線分 MG を
$t:(1-t)$ $(0<t<1)$ に内分する点を P とする
とき, $\overrightarrow{EP}$ を $\vec{b}$, $\vec{d}$, $\vec{e}$, t を用いて表せ.

(3)　(2)の点 P に対し, 直線 MG と EP が直交するとき, t の値を求めよ.

（東京電機大）

132　四面体 OABC において, AC の中点を P, PB の中点を Q とし, CQ の延長と AB との交点を R とする.

(1)　$\overrightarrow{OA}=\vec{a}$, $\overrightarrow{OB}=\vec{b}$, $\overrightarrow{OC}=\vec{c}$ とするとき, $\overrightarrow{OQ}$ を $\vec{a}$, $\vec{b}$, $\vec{c}$ で表せ.

(2)　AR : RB および CQ : QR を求めよ.

(3)　四面体 OBQR と四面体 OCPQ の体積の比を求めよ.

（大分大　教育）

問題B

133　xyz 空間内に 3 点 A(1, 2, 1), B(3, 4, 2), C(0, 1, 2) をとる. 三角形 ABC の外心を P とする.

(1)　三角形 ABC の面積を求めよ.

(2)　$\overrightarrow{\text{AP}}$ の成分を求めよ.

（京都府立大　生命環境）

134　四面体 OABC において, 辺 AB の中点を E, 辺 OC を 2 : 1 に内分する点を F, 辺 OA を 1 : 2 に内分する点を P とする. また, Q を $\overrightarrow{\text{BQ}} = t\overrightarrow{\text{BC}}$ をみたす辺 BC 上の点とする. PQ と EF が交わるとき, 実数 t の値を求めよ.

（岡山大）

135　四面体 OABC において, 3 組の対辺 OA と BC, OB と CA, OC と AB が互いに垂直で, ∠BOC＝60°, ∠COA＝∠AOB＝45° である.

(1)　辺の長さの比 OA : OB : OC を求めよ.

(2)　辺 OA は三角形 ABC を含む平面に垂直であることを示せ.

(3)　OA＝2 のとき, この四面体の体積を求めよ.

（大阪府立大　経・総合科学・農）

136　三角錐 OABC において,

$$\angle\text{AOB}＝\angle\text{AOC}＝60°, \quad \angle\text{BOC}＝90°, \quad \text{OA}＝1$$

とする. $\overrightarrow{\text{OA}}=\vec{a}$, $\overrightarrow{\text{OB}}=\vec{b}$, $\overrightarrow{\text{OC}}=\vec{c}$ として, 次の問に答えよ.

(1)　三角形 ABC の重心を G とするとき, $\overrightarrow{\text{OG}}$ を $\vec{a}$, $\vec{b}$, $\vec{c}$ で表せ.

(2)　頂点 O から平面 ABC に下ろした垂線が, 三角形 ABC の重心 G を通るとき, 辺 OB, OC の長さを求めよ.

（滋賀大　教育）

137　座標空間において，点 A$(1, 0, 2)$，B$(0, 1, 1)$ とする．点 P が x 軸上を動くとき，AP+PB の最小値は $\boxed{}$ である．

（早稲田大　商）

138　空間の点 O を中心とする半径 1 の球面を S とし，S 上の相異なる 3 点 A，B，C は点 O を含む 1 つの平面上にあるとする．点 P が S 上を自由に動きまわるとして，次の問に答えよ．

(1) 三角形 ABC が正三角形のとき，$|\overrightarrow{PA}|^2+|\overrightarrow{PB}|^2+|\overrightarrow{PC}|^2$ は，P の位置によらず一定であることを示せ．

(2) 三角形 ABC が $\angle C = 90°$ の直角三角形のとき，$|\overrightarrow{PA}|^2+|\overrightarrow{PB}|^2+|\overrightarrow{PC}|^2$ の最大値と最小値を求めよ．

（岡山大　経・教育・農）

12　空間図形（直線，平面，球面）

• 基本のまとめ •

1　直線の方向ベクトルと媒介変数表示

　　点 $P_0(x_0, y_0, z_0)$ を通り，ベクトル $\vec{d}=(a, b, c)$ $(\neq \vec{0})$ を**方向ベクトル**とする（すなわちベクトル $\vec{d}$ に平行な）直線は，直線上の任意の点を $P(x, y, z)$，$O(0, 0, 0)$，実数 t を**媒介変数**として
$$\overrightarrow{OP}=\overrightarrow{OP_0}+t\vec{d}$$
すなわち
$$(x, y, z)=(x_0, y_0, z_0)+t(a, b, c)$$
と表される．（これを，この直線の**ベクトル方程式**という．）

　　これは，
$$\begin{cases} x=x_0+ta \\ y=y_0+tb \\ z=z_0+tc \end{cases}$$
と表してもよい．（これを，この直線の**媒介変数表示**という．）

2　2つの直線のなす角

　　2直線 l，l' について，
$$l /\!/ \vec{d}(\neq \vec{0}), \quad l' /\!/ \vec{d'}(\neq \vec{0})$$
のとき，l と l' のなす角を θ $(0° \leq \theta \leq 90°)$ とすると，
$$\cos\theta=\frac{|\vec{d} \cdot \vec{d'}|}{|\vec{d}||\vec{d'}|}$$

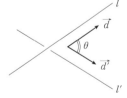

3　球面の方程式

　　点 P_0 を中心とする半径 r の球面 S 上の任意の点を P とすると，
$$|\overrightarrow{P_0P}|=r$$
すなわち
$$|\overrightarrow{OP}-\overrightarrow{OP_0}|=r \quad (\text{O は原点})$$
　　ここで，$P_0(x_0, y_0, z_0)$，$P(x, y, z)$ とすれば，S の方程式
$$(x-x_0)^2+(y-y_0)^2+(z-z_0)^2=r^2$$

が得られる.

4 球面と平面の位置関係

半径 r の球面 S と平面 α があり，S の中心 O から α に下ろした垂線の長さを h とする.

(1) 「円で交わる」   (2) 「接する」   (3) 「共有点をもたない」

   $\Longleftrightarrow h < r$ $\Longleftrightarrow h = r$ $\Longleftrightarrow h > r$

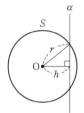 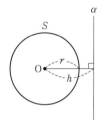

問題A

139 座標空間で，2点 A(5, 3, −2)，B(7, 5, −1) を通る直線を l，2点 C(4, −1, −1)，D(2, 0, 1) を通る直線を m とする.

(1) P を直線 l 上の点，Q を直線 m 上の点とする．線分 PQ の長さの最小値を求めよ.

(2) 2直線 l, m は，ねじれの位置にあることを示せ.

（立教大　社会*）

140　O を原点とする座標空間において, 点 A(0, 1, 1), B(1, 0, 1), P(−5, 2, 3) をとり, 3 点 O, A, B を通る平面を α とする. 平面 α 上の点 H の位置ベクトル $\overrightarrow{\text{OH}}$ を $\overrightarrow{\text{OH}} = s\overrightarrow{\text{OA}} + t\overrightarrow{\text{OB}}$ (s, t は実数) と表すとき,

$$\overrightarrow{\text{PH}} \cdot \overrightarrow{\text{OA}} = {}^{ア}\boxed{}\, s + {}^{イ}\boxed{}\, t - {}^{ウ}\boxed{}$$

$$\overrightarrow{\text{PH}} \cdot \overrightarrow{\text{OB}} = {}^{エ}\boxed{}\, s + {}^{オ}\boxed{}\, t + {}^{カ}\boxed{}$$

である. $\overrightarrow{\text{PH}}$ が平面 α と垂直であるとき, $s = {}^{キ}\boxed{}$, $t = -{}^{ク}\boxed{}$ となる.

したがって, α 上の点のうち点 P に最も近い点の座標は

$$\left(-{}^{ケ}\boxed{},\ {}^{コ}\boxed{},\ {}^{サ}\boxed{} \right)$$

であり, P とその点との距離は ${}^{シ}\boxed{}\sqrt{{}^{ス}\boxed{}}$ である. また平面 α に関して P と対称な点の座標は

$$\left(-{}^{セ}\boxed{},\ {}^{ソ}\boxed{},\ -{}^{タ}\boxed{} \right)$$

である.

（東京理科大　理工）

141　xyz 空間上の 2 点 A(−3, −1, 1), B(−1, 0, 0) を通る直線 l に点 C(2, 3, 3) から下ろした垂線の足 H の座標を求めよ.

（京都大　文系）

142　(1)　方程式 $x^2 - 2x + y^2 + z^2 - 4z = 0$ によって表される球面の半径と中心の座標を求めよ.

(2)　2 点 A(2, −1, 3), B(4, 5, −7) を直径の両端とする球面の方程式を求めよ.

（(1)　中央大　経　　(2)　釧路公立大）

143 (1) 球面 $x^2+y^2+z^2-4x+6y-8z+4=0$ が xy 平面と交わって
できる円の中心と半径を求めよ.

(2) 半径 4 の球面があって, zx 平面との交線が円

$$\begin{cases} x^2+z^2-4x-6z=0 \\ y=0 \end{cases}$$

であるとき, この球面の中心の座標を求めよ.

(⑵ 創価大 教育)

144 球面 $x^2+y^2+z^2=38$ が, 2 点 A$(3, 1, -1)$, B$(5, 2, -3)$ を通る
直線から切り取る線分の長さを求めよ.

(明治大 理工*)

問題B

145 空間に 3 点 A$(1, -1, 1)$, B$(1, 1, 1)$, C$(0, 0, 1)$ がある.

点 D$(2, 3, 2)$ を通りベクトル $\vec{d}=(a, b, 1)$ に平行な直線が三角形 ABC
と共有点をもつための a, b の条件を求めよ. また, その条件をみたす点
(a, b) の存在する範囲を図示せよ. ただし, 三角形 ABC は周およびその
内部を含むものとする.

(北海道大*)

146 空間に 4 点

A$(-2, 0, 0)$, B$(0, 2, 0)$, C$(0, 0, 2)$, D$(2, -1, 0)$

がある. 3 点 A, B, C を含む平面を T とする.

(1) 点 D から平面 T に下ろした垂線の足 H の座標を求めよ.

(2) 平面 T において, 3 点 A, B, C を通る円 S の中心の座標と半径を求
めよ.

(3) 点 P が円 S の周上を動くとき, 線分 DP の長さが最小になる P の座標
を求めよ.

(大阪市立大 理・工・医)

147　空間に2点 A(1, 1, 1), B(5, 9, 0) と3点 C(5, 0, 0), D(0, −5, 0), E(0, 0, 10) を通る平面 α が与えられている.

(1)　平面 α に関して点 A と対称な位置にある点 A′ の座標を求めよ.

(2)　直線 A′B と平面 α との交点を求め, 点 A′ は平面 α に関して点 B の反対側にあることを示せ.

(3)　点 P が平面 α 上を動くとき, AP+BP の最小値を求めよ.

(宮崎大*)

148　3点 A(0, −1, 3), B(2, 1, 4), C(1, −3, 5) と実数 θ に対して, 点 P は

$$\overrightarrow{AP} = (\sin\theta)\overrightarrow{AB} + (\cos\theta)\overrightarrow{AC}$$

をみたすものとする.

(1)　大きさ $|\overrightarrow{AB}|$, $|\overrightarrow{AC}|$ および内積 $\overrightarrow{AB}\cdot\overrightarrow{AC}$ の値を求めよ.

(2)　$|\overrightarrow{AP}|$ は θ の値に関係なく一定であることを示せ.

(3)　点 P を点 B および点 C と異なる点とするとき, 三角形 PBC の面積の最大値を求めよ.

(愛媛大　教・農・理・工・医)

149　直線 $l : (x, y, z) = (2, 3, -1) + t(1, 1, 4)$ (t は媒介変数) 上の点 P と球面 $S : x^2 + (y-1)^2 + z^2 = 4$ 上の点 Q との距離 PQ の最小値を求めよ. また, そのときの点 P, Q の座標を求めよ.

(信州大　工*)

150　O を原点とする座標空間に3点

$$A(1, 0, 0), \quad B(0, 2, 0), \quad C(0, 0, 3)$$

がある. 四面体 OABC に内接する球面の方程式を求めよ.

(東京学芸大)

答えとヒント

第1章 数 列（数学B）

1 等差数列と等比数列

1 ア -7　イ 17

ヒント 数列 $\{a_n\}$ の初項から第 n 項までの和は
$$\frac{1}{2}n(a_1+a_n)$$

2 ア 3　イ 93

ヒント 初項を a，公比を r とすると
$$\begin{cases} a+ar+ar^2=21, \\ ar^3+ar^4+ar^5+ar^6+ar^7+ar^8=1512 \end{cases}$$
よって，
$$\begin{cases} a(1+r+r^2)=21, \\ a(1+r+r^2)(r^3+r^6)=1512 \end{cases}$$

3 ア $-\dfrac{1}{4}$　イ $\dfrac{1}{2}$

ヒント 基本のまとめ②(4)，③(4)を用いる．$-1<a<0<b$ に注意して等差数列，等比数列となる並べ方を考える．

4 $a=31,\ d=-4$

ヒント $a_1>a_2>\cdots>a_8\geqq0\geqq a_9>a_{10}>\cdots$

5 ア $\sqrt{2}$　イ 8

ヒント 公比を r，項数を n とすると
$$[末項](=[第\,n\,項])=3r^{n-1}$$
さらに，$r\neq1$ を確認し
$$[初項から末項までの和]=\frac{3(1-r^n)}{1-r}$$

6 ア 3　イ 8　ウ 4　エ 2
　　オ 18　カ 4　キ 2　ク 6
　　ケ 4　コ 81

ヒント $\{a_n\}$，$\{b_n\}$ の初項から何項かを具体的に書き出してみる．問題文の流れをつかむ．

7 第 n 項 $\dfrac{1}{9}(10^n-1)$
$$S_n=\frac{1}{81}(10^{n+1}-9n-10)$$

ヒント $11=10+1=1+10$

$$111=100+10+1=1+10+10^2$$
$$1111=1000+100+10+1$$
$$=1+10+10^2+10^3$$

2 いろいろな数列

8 $\dfrac{1}{4}n(n+1)(n+2)(n+3)$

ヒント $\displaystyle\sum_{k=1}^{n}k(k+1)(k+2)$
$$=\sum_{k=1}^{n}(k^3+3k^2+2k)$$

あとは，1 基本のまとめ⑤，2 基本のまとめ①を用いる．

9 (1) $b_1=1,\ b_2=2,\ b_3=6,\ b_4=13,$
　　　　$b_5=23$

　　(2) $\dfrac{3}{2}n^2-\dfrac{7}{2}n+3$

　　(3) $\dfrac{1}{2}n^3-\dfrac{5}{2}n^2+5n-2$

ヒント (2) $\displaystyle b_n=b_1+\sum_{k=1}^{n-1}c_k\quad(n\geqq2)$

10 (1) $\dfrac{99}{100}$　　(2) $\dfrac{n(3n+5)}{4(n+1)(n+2)}$

ヒント (1) $\dfrac{1}{k(k+1)}=\dfrac{1}{k}-\dfrac{1}{k+1}$

　　(2) $\dfrac{1}{k(k+2)}=\dfrac{1}{2}\left(\dfrac{1}{k}-\dfrac{1}{k+2}\right)$

11 $1-\dfrac{n+1}{3^n}$

ヒント $\displaystyle\sum_{k=1}^{n}\frac{2k-1}{3^k}=S_n$ とおき，$S_n-\dfrac{1}{3}S_n$
を計算する．
基本のまとめ③(2)参照．

12 (1) 63　　(2) 84525

ヒント $1|2,\ 2|3,\ 3,\ 3|4\cdots$
と群に分けると，第 n 群は n 個の n からなる．
(1) 第2003項が第何群にあるかを求める．
(2) まず，各群に含まれる項の総和を求める．

13 ア (32, 46)　イ 125055

[ヒント] 第 k 群には $2k-1$ 個の項が含まれる．まず，n を求める．

14 (1) $a_n = 8n-3$

(2) $a_n = \begin{cases} 5 & (n=1) \\ (n+1)2^n & (n \geqq 2) \end{cases}$

[ヒント] $a_n = S_n - S_{n-1}$ $(n \geqq 2)$

15 (1) $\dfrac{1}{6}n(n+1)(n+2)$

(2) $\dfrac{1}{6}n(2n+1)(7n+1)$

[ヒント] (1) $\displaystyle\sum_{k=1}^{n} k(n-k+1)$

(2) $\displaystyle\sum_{k=1}^{n}(n+k)^2$

16 最小値 2500，$n=50$, 51

[ヒント] $n \leqq 1$, $2 \leqq n \leqq 99$, $n \geqq 100$ で場合分けして，絶対値記号をはずす．

17 (1) $a_{2m} = 3m-1$

(2) $S_n = \begin{cases} \dfrac{1}{4}(3n^2+1) & (n \text{ が奇数}) \\ \dfrac{3}{4}n^2 & (n \text{ が偶数}) \end{cases}$

(3) 29

[ヒント] (1) $\{a_n\}$ は，3 で割った余りが 1 と 2 の自然数が，交互に小さい順に並ぶ数列．

(2) n が偶数のときの S_n をまず求める．

18 (1) $4n^3$　(2) $\dfrac{1}{4}n^2(n+1)^2$

(3) $6n^5 + 2n^3$

(4) $\dfrac{1}{12}n^2(n+1)^2(2n^2+2n-1)$

[ヒント] (2) $n^3 = \square(a_{n+1}-a_n)$

(4) $n^5 = \triangle(a_{n+1}-a_n) + \bigcirc n^3$

19 ア $\sqrt{n+1}-1$　イ $1-\dfrac{1}{(n+1)!}$

ウ $\log_2(n+1)$

[ヒント] 基本のまとめ ③ (1) 参照．

20 (1) $a_1=0$, $a_2=1$, $a_3=1$, $a_4=2$, $a_5=3$

(2) 省略　(3) $\dfrac{1}{2}n(15n-1)$

[ヒント] 実数 x と整数 m について，
$$[x]=m \iff m \leqq x < m+1.$$

(2) $a_n + 3 \leqq \dfrac{3(n+5)}{5} < a_n + 4$ を示す．

(3) N を自然数とするとき，
$$a_N,\ a_{N+5},\ a_{N+10},\ \cdots$$
は公差 3 の等差数列であるから，数列
$$a_1+a_2+a_3+a_4+a_5,$$
$$a_6+a_7+a_8+a_9+a_{10},$$
$$a_{11}+a_{12}+a_{13}+a_{14}+a_{15},\ \cdots$$
は公差 3×5 の等差数列．

21 (1) $\dfrac{1}{2}n(n+1)$

(2) $\dfrac{1}{2}n(n-1)+1$

(3) 左から 36 番目，上から 10 段目

[ヒント] $1|2,\ 3|4,\ 5,\ 6|7,\ \cdots$
と群に分けると，(1) は第 n 群の最後の項．

(2) 第 n 群の最初の項．

22 (1) 第 $\dfrac{1}{2}(n+m-2)(n+m-1)+m$ 項

(2) 11

[ヒント] $1|2,\ 1|3,\ 2,\ 1|4,\ 3,\ \cdots$
と群に分ける．

(1) 最初の n は第 n 群に，2 度目の n は第 $n+1$ 群に現れる．

3 漸化式

23 $a_n = -3 \cdot 5^{n-1} + 2$

[ヒント] $a_{n+1} - 2 = 5(a_n - 2)$

24 (1) $b_{n+1} = \dfrac{1}{2}b_n + 1$

(2) $b_n = -\dfrac{1}{2^{n-1}} + 2$

(3) $a_n = 2n + \dfrac{1}{2^{n-2}} - 4$

[ヒント] (1) $a_{n+1} = \dfrac{1}{2}a_n + n$ ……⑦

$a_{n+2} = \dfrac{1}{2}a_{n+1} + (n+1)$ ……④

④−⑦ を計算する．

84

25 ア 1　イ 2
　　ウ 2^{n+1}-n-2

ヒント $a_n-2a_{n-1}=n$ と
　　$a_n+pn+q=2\{a_{n-1}+p(n-1)+q\}$
を比較する.

26 $n\cdot2^{n-1}$

ヒント 基本のまとめ ② (3)参照.
漸化式の両辺を 2^{n+1} 割ると

$$\frac{a_{n+1}}{2^{n+1}}=\frac{a_n}{2^n}+\frac{1}{2}$$

数列 $\left\{\dfrac{a_n}{2^n}\right\}$ は等差数列.

27 $a_n=3^{n+1}-3\cdot2^n$

ヒント 基本のまとめ ② (3)参照.
漸化式の両辺を 3^{n+1} で割ると

$$\frac{a_{n+1}}{3^{n+1}}=\frac{2}{3}\cdot\frac{a_n}{3^n}+1$$

あとは, 基本のまとめ ② (1)を用いる.

28 ア $b_{n+1}=\dfrac{5}{2}b_n+\dfrac{1}{2}$

　　イ $\dfrac{3}{4\left(\frac{5}{2}\right)^{n-1}-1}$

ヒント ア b_n と b_{n+1} の関係式をつくる.
　　イ 基本のまとめ ② (1)参照.

29 ア $\dfrac{5}{8}$　イ $\dfrac{11}{16}$　ウ $\dfrac{1}{4}$

　　エ $\dfrac{1}{4^{n-1}}$　オ $\dfrac{2}{3}\left(1-\dfrac{1}{4^{n-1}}\right)$

　　カ $\dfrac{2}{9}\cdot4^n-\dfrac{2}{3}n-\dfrac{2}{9}$

　　キ $4-\dfrac{3n+4}{4^n}$

ヒント (3) (2)の結果と $a_{n+1}=\dfrac{1}{2}a_n+\dfrac{1}{2}b_n$

から b_n を消去する.

(4) $\sum_{k=1}^{n}k(b_k-a_k)$ は 2 基本のまとめ
③(2)参照.

30 (1) 省略

　　(2) $a_n=\dfrac{1}{3^n}+n-1$

ヒント (1) $a_{n+1}=\sum_{k=1}^{n+1}a_k-\sum_{k=1}^{n}a_k$
(2) 基本のまとめ ②(2)参照.

31 $a_n=\dfrac{1}{3n}\left\{\dfrac{1}{2^{n-3}}+(-1)^n\right\}$

ヒント $b_n=na_n$ $(n=1,2,3,\cdots)$ として,
数列 $\{b_n\}$ の漸化式をつくると, 基本の
まとめ ②(3)のタイプになる. あるいは,
　　$b_n=2^nna_n$ $(n=1,2,3,\cdots)$
とする.

32 $a_n=\begin{cases}0 & (n=1)\\ \dfrac{2}{n(n-1)} & (n\geqq2)\end{cases}$

ヒント $a_{n+1}=S_{n+1}-S_n$ を用いて, a_n と
a_{n+1} の関係式をつくる.

33 (1) 証明は省略
$$b_n=\frac{1}{3}\left(\frac{4}{5}\right)^{n-1}$$

　　(2) $a_n=\dfrac{3\cdot5^{n-1}+4^{n-1}}{3\cdot5^{n-1}-4^{n-1}}$,　$n=14$

ヒント (1) b_{n+1} を b_n で表す.

34 (1) 22　(2) 省略
　　(3) $a_n=3n^2-8n+6$

ヒント (3) $\{b_n\}$ は $\{a_n\}$ の階差数列.

35 $(\alpha,\beta)=(-2,3),(3,-2)$
$$a_n=\frac{1}{5}\{3^{n-1}-(-2)^{n-1}\}$$

ヒント $a_{n+2}=(\alpha+\beta)a_{n+1}+\alpha\beta a_n=0$
と $a_{n+2}=a_{n+1}+6a_n$ を比較する. 基本
のまとめ ③ 参照.

36 (1) $(\alpha,\beta)=(1,5),\left(-\dfrac{1}{2},2\right)$

　　(2) $a_n=\dfrac{1}{3}(4\cdot5^{n-1}-2^{n-1})$

　　　　$b_n=\dfrac{1}{3}(8\cdot5^{n-1}+2^{n-1})$

　　(3) 2

ヒント (1) $a_{n+1}=3a_n+b_n$, $b_{n+1}=2a_n$
$+4b_n$ を $a_{n+1}+\alpha b_{n+1}$ に代入する.
(2) $n=1$ の場合を調べてみる.

4 数学的帰納法

37 省略

ヒント まず, $n=1$ のときに成り立つことを示す. 次に, $n=m$ のときに成り立つこと, すなわち

$$\sum_{k=1}^{m} k^3 = \left\{\frac{m(m+1)}{2}\right\}^2$$

が成り立つことを仮定して, $n=m+1$ のときに成り立つこと, すなわち

$$\sum_{k=1}^{m+1} k^3 = \left\{\frac{(m+1)(m+2)}{2}\right\}^2$$

が成り立つことを示す.

38 (1) $a_2 = \dfrac{4}{7}$, $a_3 = \dfrac{7}{10}$, $a_4 = \dfrac{10}{13}$

$$a_n = \frac{3n-2}{3n+1}$$

(2) 省略

ヒント (1) 1, 4, 7, 10, 13, …
は, 公差 3 の等差数列で, 第 n 項は
$$1+3(n-1)=3n-2$$
と推定される.

39 省略

ヒント $n=k$ のときに成り立つとは, m を整数として
$$2^{2k+1}+3(-1)^k = 5m$$
と表されることである. このとき,
$$2^{2(k+1)+1}+3(-1)^{k+1}$$
を m を用いて表して, これが 5 の倍数であることを示す.

40 省略

ヒント $k \geqq 5$ と $2^k > k^2$ から
$2^{k+1}-(k+1)^2 > 0$ を示す.

41 省略

ヒント 数学的帰納法で示す.
$$\sum_{k=3}^{m} {}_k C_3 = {}_{m+1} C_4$$
が成り立つと仮定して
$$\sum_{k=3}^{m+1} {}_k C_3 = {}_{m+2} C_4$$
を示す.

あるいは, $\displaystyle\sum_{k=3}^{n} {}_k C_3$ を直接計算する.

その際, **8** [別解]の方法を用いるとよい.

42 省略

ヒント $n=m$ のときに成り立つと仮定し,
$$a_1, a_2, \cdots, a_m, a_{m+1}$$
について,
$$0 < a_k < 1 \quad (k=1, 2, \cdots, m+1)$$
とし,
$$a_1 a_2 \cdots a_m = b_1, \quad a_{m+1} = b_2$$
とおく. このとき,
$$a_1 a_2 \cdots a_m a_{m+1} = b_1 b_2$$
ここで,
$$0 < b_1 < 1, \quad 0 < b_2 < 1$$
であることに注意して, $n=2$ の場合の不等式を適用する.

43 (1) $a_3 = 2$, $a_4 = 3$, $a_5 = 5$, $a_6 = 8$,
$a_7 = 13$, $a_8 = 21$, $a_9 = 34$

(2) 省略

ヒント (2) (方法 1) a_{3k-2}, a_{3k-1} が奇数, a_{3k} が偶数であると仮定して, a_{3k+1}, a_{3k+2} が奇数, a_{3k+3} が偶数であることを示す.

(方法 2) まず, **基本のまとめ** ②(1)の形の数学的帰納法で, a_n ($n=1, 2, 3,$ …) が自然数であることを示す. 次に, 漸化式から $a_{n+3} = a_n + 2a_{n+1}$ を導いて, a_n と a_{n+3} の偶奇が一致することを示す.

44 (1) $a_1 = 3$, $b_1 = 1$, $a_2 = 11$, $b_2 = 6$

(2) $a_{n+1} = 3a_n + 2b_n$, $b_{n+1} = a_n + 3b_n$

(3) 省略

ヒント (2) $a_{n+1} + b_{n+1}\sqrt{2}$
$$= (3+\sqrt{2})(a_n + b_n\sqrt{2})$$

(3) a_{2k-1}, b_{2k-1}, a_{2k} は奇数, b_{2k} は偶数と仮定して, a_{2k+1}, b_{2k+1}, a_{2k+2} は奇数, b_{2k+2} は偶数であることを示す.

45 (1) $a_3 = 4$, $a_4 = 8$

(2) $a_n = 2^{n-1}$ 証明は省略

ヒント (2) **基本のまとめ** ②(1)の形の数学的帰納法で示す.

46 (1) 省略 (2) 省略

ヒント (1) $\alpha+\beta$, $\alpha\beta$ の値を求める.

(2) **基本のまとめ** ②(1)の形の数学的帰

納法で示す.

47 (1) $a_2=3$, $a_3=6$, $a_4=10$, $a_5=15$,

$a_6=21$ $a_n=\dfrac{1}{2}n(n+1)$

(2) 省略

ヒント (1) $\{a_n\}$ の階差数列を調べる.
(2) **基本のまとめ** ②(2) の形の数学的帰納法を用いる.

48 省略

ヒント **基本のまとめ** ②(2) の形の数学的帰納法で示す.

5 数列の応用

49 (1) $a(1+r)^9$ 円
(2) $a(1+r)^8$ 円

(3) $\dfrac{a\{(1+r)^{10}-1\}}{r}$ 円

ヒント (1), (2) は **基本のまとめ** ① 参照.
(3) $b=a(1+r)^9+a(1+r)^8+\cdots$
$+a(1+r)+a$

50 (1) $d_1=2$, $d_2=4$, $d_3=8$
(2) $mk-k^2+1$

(3) $\dfrac{1}{6}(m+1)(m^2-m+6)$

ヒント (2) 直線 $x=k$ 上の格子点で D_m に含まれるものは (k, k^2), (k, k^2+1), (k, k^2+2), $\cdots$, (k, mk)

51 (1) $a=r^2+\dfrac{1}{4}$ (2) $r_n=n$

(3) $a_n=n^2+\dfrac{1}{4}$

ヒント (1) 円と放物線が点 T で接するとは, 2 つの図形の T における接線が一致すること. あるいは, 円と放物線の方程式から x を消去してできる y の 2 次方程式が重解をもつ条件から求めてもよい.

52 $f_n(x)=\dfrac{1}{2}\left\{3-\left(\dfrac{1}{3}\right)^{n-1}\right\}x+2-\left(\dfrac{1}{2}\right)^{n-1}$

ヒント $f_n(x)=a_nx+b_n$ とおき, 数列 $\{a_n\}$, $\{b_n\}$ の漸化式をつくる.

53 (1) $a_1=\dfrac{3}{4}$, $a_2=\dfrac{49}{80}$

(2) $a_{n+1}=\dfrac{11}{20}a_n+\dfrac{1}{5}$

(3) $a_n=\dfrac{11}{36}\left(\dfrac{11}{20}\right)^{n-1}+\dfrac{4}{9}$

ヒント (1) 1 回の操作の後, A の袋に赤球が入っている場合と入っていない場合に分けて 2 回目を考えることにより a_2 を求める.
(2) a_2 を求めたときと同様に, n 回の操作の後に A の袋に赤球が入っている場合と入っていない場合に分けて $n+1$ 回目を考える.

54 (1) 0.0103   (2) 30 年後
(3) 30 年後

ヒント (2) **基本のまとめ** ① 参照.
(3) n 年後の負債を a_n 万円とすると
$$\begin{cases} a_0=1000, \\ a_{n+1}=1.024a_n-48 \end{cases}$$

55 $(n-1)2^{n+1}+2$

ヒント 座標平面上の領域
$$1<x<2^{n+1}, \quad 0<y\leqq \log_2 x$$
に含まれかつ直線
$$y=k \quad (k=1, 2, 3, \cdots n)$$
上にある格子点の個数を数える.

56 (1) $2^{m+1}-1$

(2) $\dfrac{1}{2}(2^{m+1}-1)(3^{n+1}-1)$

ヒント (1) 2^m の約数は,
$$1, 2, 2^2, \cdots, 2^m$$
(2) 例えば, $2^2 \cdot 3^2$ の約数は
$$2^k \cdot 3^l \quad (k=0, 1, 2 ; l=0, 1, 2)$$
であるから, その和を S とすると
$$S=1 \cdot 1+2 \cdot 1+2^2 \cdot 1+1 \cdot 3+2 \cdot 3+2^2 \cdot 3$$
$$+1 \cdot 3^2+2 \cdot 3^2+2^2 \cdot 3^2$$
$$=(1+2+2^2)(1+3+3^2)$$

57 (1) $\dfrac{1}{2}(n^2+n+2)$

(2) $\dfrac{1}{2}(n^2+n)$

ヒント (1) a_n と a_{n+1} の関係式をつくる. $n+1$ 本目の直線をひくことで, 平面の部分が新たに何個増えるか調べる.

(2) (1)の結果を用いる．a_{n-1} 個に分けられているところに n 本目の直線をひく．この直線は，すでにひかれている $n-1$ 本の直線のうちの１本と平行である．

58　ア　$\dfrac{1}{4}$　　イ　$\dfrac{1}{4}q_n{}^2$

　　ウ　$\dfrac{2q_{n-1}}{q_{n-1}+2}$　　エ　$\dfrac{2}{n}$　　オ　$\dfrac{1}{n^2}$

ヒント　T の中心を O，S_n の中心を O_n，O_n から直線 OP に下ろした垂線の足を H_n $(n=2, 3, 4, \cdots)$ とするとき，三角形 OO_nH_n で三平方の定理を用いる．ここで，$OO_n=1+r_n$ である．

　同様に，O_n から直線 $O_{n-1}Q_{n-1}$ に下ろした垂線の足を I_n とするとき，三角形 $O_{n-1}O_nI_n$ で三平方の定理を用いる．ここで，$O_{n-1}O_n=r_{n-1}+r_n$ である．

59　(1) $x_1=-\dfrac{1}{2}x_0+\dfrac{1}{2}$

　　(2) $x_n=\left(x_0-\dfrac{1}{3}\right)\left(-\dfrac{1}{2}\right)^n+\dfrac{1}{3}$

ヒント　(1) 曲線 $y=x^2-x^3$ 上の点 (t, t^2-t^3) における接線の方程式は
$$y-(t^2-t^3)=(2t-3t^2)(x-t)$$

第 2 章　統計的な推測（数学 B）

6　確率分布

60　(1)

X	2	3	4	5	6
$P(X)$	$\dfrac{1}{36}$	$\dfrac{2}{36}$	$\dfrac{3}{36}$	$\dfrac{4}{36}$	$\dfrac{5}{36}$

7	8	9	10	11	12	計
$\dfrac{6}{36}$	$\dfrac{5}{36}$	$\dfrac{4}{36}$	$\dfrac{3}{36}$	$\dfrac{2}{36}$	$\dfrac{1}{36}$	1

　(2) （順に）$\dfrac{1}{18}$，$\dfrac{5}{12}$，$\dfrac{1}{6}$

ヒント　2つの目の数の和を下のような表に書き込むと数えやすい．

	1	2	3	4	5	6
1	2	3	4			
2	3	4				
3	4					
4						
5						
6						

61

(1)

X	1	2	3	4	5	6	計
$P(X)$	$\dfrac{11}{36}$	$\dfrac{9}{36}$	$\dfrac{7}{36}$	$\dfrac{5}{36}$	$\dfrac{3}{36}$	$\dfrac{1}{36}$	1

(2) 平均 $\dfrac{91}{36}$，分散 $\dfrac{2555}{1296}$

ヒント　まず，X の値を下のような表に書き込むとよい．

	1	2	3	4	5	6
1	1	1	1			
2	1	2	2			
3	1	2	3			
4						
5						
6						

62 (1) 平均：$\dfrac{14}{5}$，分散：$\dfrac{14}{25}$

(2) 分散：$\dfrac{126}{25}$，標準偏差：$\dfrac{3\sqrt{14}}{5}$

ヒント (1) まず，X の確率分布表を作る．$1 \leqq X \leqq 4$ に注意．

(2) $V(3X+2)=3^2 V(X)$

$\sigma(3X+2)=3\sigma(X)$

63 平均は 0，標準偏差は 1

ヒント 基本のまとめ ③ (1) を用いる．

64 $\dfrac{21}{2}$

ヒント 箱 A，B から取り出したカードに書かれた数をそれぞれ X，Y とすると，

$$E(X+Y)=E(X)+E(Y)$$

が成り立つので，$E(X)$，$E(Y)$ を求めればよい．

65 $\dfrac{77}{2}$

ヒント 出る目の数を順に X，Y とすると，これらを順に並べてできる 2 けたの数は，$10X+Y$ と表される．

$$E(10X+Y)=E(10X)+E(Y)$$
$$=10E(X)+E(Y)$$

が成り立つから，まず $E(X)$，$E(Y)$ を求める．

66 (1) $\dfrac{49}{4}$ (2) $\dfrac{35}{6}$

ヒント 基本のまとめ ③ (4) を用いる．

67 平均 $\dfrac{25}{2}$，分散 $\dfrac{225}{4}$

ヒント 10 円硬貨の表の出る枚数を X，5 円硬貨の表の出る枚数を Y とすると，表の出る硬貨の金額の合計は $10X+5Y$ と表される．平均について，

$$E(10X+5Y)=10E(X)+5E(Y)$$

が成り立つ．また，X，Y は独立であるから，分散について

$$V(10X+5Y)=V(10X)+V(5Y)$$
$$=10^2 V(X)+5^2 V(Y)$$

が成り立つ．

したがって，$E(X)$，$E(Y)$，$V(X)$，$V(Y)$ を求めればよい．

68 順に 1 枚，6 枚，3 枚

ヒント 数 0，2，6 の記されたカードをそれぞれ a 枚，b 枚，c 枚（$a+b+c=10$）とすると，X の確率分布は

X	0	2	6	計
$P(X)$	$\dfrac{a}{10}$	$\dfrac{b}{10}$	$\dfrac{c}{10}$	1

これより X の平均と分散を a，b，c で表し，与えられた条件をみたす a，b，c を求める．

69 $P(X=k)=\dfrac{2k}{n(n+1)}$，

$E(X)=\dfrac{2n+1}{3}$，$V(X)=\dfrac{n^2+n-2}{18}$

70 (1) $P(X \geqq 0)=1$，$P(X \geqq 1)=\dfrac{64}{125}$，

$P(X \geqq 2)=\dfrac{27}{125}$，$P(X \geqq 3)=\dfrac{8}{125}$

$P(X \geqq 4)=\dfrac{1}{125}$

(2)

X	0	1	2	3	4	計
$P(X)$	$\dfrac{61}{125}$	$\dfrac{37}{125}$	$\dfrac{19}{125}$	$\dfrac{7}{125}$	$\dfrac{1}{125}$	1

(3) $E(X)=\dfrac{4}{5}$ (4) $V(X)=\dfrac{112}{125}$

ヒント (2) $P(X=k)=P(X \geqq k)-P(X \geqq k+1)$

71 (1) 独立でない (2) 独立である

ヒント (1) 例えば，

$$P(X=0,\ Y=0) \neq P(X=0)P(Y=0)$$

72 (1) 省略 (2) 省略

ヒント (2) $V(X+Y)=E((X+Y)^2)-\{E(X+Y)\}^2$

基本のまとめ ③ (3) と (1) を用いる．

73 (1) 独立でない

(2) $E(Y)=21$，$V(Y)=35$

ヒント (1) 一般に，2 つの事象 A，B について

「A と B が独立」$\Longleftrightarrow P(A \cap B)=P(A)P(B)$

74 (1) $m=55$，$\sigma=\sqrt{202}$ (2) $\dfrac{19}{25}$

ヒント (1) 一般に，a，b を定数，X，

Y を確率変数とするとき，期待値について，
$$E(aX+bY)=aE(X)+bE(Y)$$
さらに，X，Y が独立ならば，分散について
$$V(aX+bY)=a^2V(X)+b^2V(Y)$$

75 (1) $X=\sum_{i=1}^{l}X_i$

(2) $E(X^2)=\dfrac{l(l+n-1)}{n^2}$

(3) $l=n+1$

ヒント (2) $V(X_i)=E(X_i{}^2)-\{E(X_i)\}^2$
$$E(X)=\sum_{i=1}^{l}E(X_i),\ V(X)=\sum_{i=1}^{l}V(X_i)$$

7 二項分布と正規分布

76 (1) $B\left(5,\ \dfrac{1}{2}\right)$ (2) $B\left(8,\ \dfrac{2}{7}\right)$

ヒント $X=r$ であるときの確率が
$$P(X=r)={}_nC_r\,p^r(1-p)^{n-r}$$
の形に表せることを示す．

77 (1) 平均：$\dfrac{25}{3}$，標準偏差：$\dfrac{5\sqrt{2}}{3}$

(2) 平均：160，標準偏差：$4\sqrt{2}$

ヒント $B(n,\ p)$ に対して，
$$E(X)=np$$
$$\sigma(X)=\sqrt{npq}\quad(q=1-p)$$

78 $E(X)=\dfrac{10}{3},\ V(X)=\dfrac{25}{18}$

ヒント $E(X)=\displaystyle\int_0^5 xf(x)\,dx$
$$V(X)=E(X^2)-\{E(X)\}^2$$

79 ③

ヒント $2P(0\leqq Z\leqq\boxed{\ })=0.99$

80 (1) 期待値：0，分散：2

(2) $p(162)=0.081$

ヒント (2) さいころを 162 回振ったとき，3 以上の目が Y 回出ると P の座標は
$$1\cdot Y+(-2)(162-Y)$$
Y は $B\left(162,\ \dfrac{2}{3}\right)$ に従い，$\dfrac{Y-108}{6}$
は近似的に $N(0,\ 1)$ に従う．

81 ア 152　イ $\dfrac{8}{27}$　ウ -1.25

エ 0.8944

ヒント (1) W は $B(n,\ p)$ に従う．

82 (1) $a=m,\ b=\sigma,\ c=np,$
$$d=\sqrt{np(1-p)}$$

(2) (i) $k=1$

(ii) $E(X)=1,\ \sigma(X)=\dfrac{1}{\sqrt{6}}$

(3) 25 個

ヒント (1) 基本のまとめ ④，⑤ 参照

(2) (i) $f(x)\geqq0\ (0\leqq x\leqq2)$ かつ
$$\int_0^2 f(x)\,dx=1$$

83 $B\left(160,\ \dfrac{3}{4}\right)$

ヒント $B(n,\ p)$ に対して，
$$E(X)=np$$
$$V(X)=npq\quad(q=1-p)$$

84 $\dfrac{25}{32}$

ヒント 1 個のさいころを 1 回投げるとき，偶数の目が出る確率は $\dfrac{3}{6}\left(=\dfrac{1}{2}\right)$ であるから，1 個のさいころを 6 回投げて偶数の目が r 回出る確率は
$$P(X=r)={}_6C_r\left(\dfrac{1}{2}\right)^r\left(1-\dfrac{1}{2}\right)^{6-r}$$
よって，X は $B\left(6,\ \dfrac{1}{2}\right)$ に従う．

$B(n,\ p)$ に対して，
$$m=np$$
$$\sigma=\sqrt{npq}\quad(q=1-p)$$
が成り立つから，それらの値を計算し，さらに
$$P(m-\sigma<X<m+\sigma)$$
を求めればよい．

85 (1) $P(X=3r-n)={}_nC_r\,p^r q^{n-r}$
$$(r=0,\ 1,\ 2,\ \cdots,\ n)$$

(2) $E(X)=n(3p-1)$

(3) $p=\dfrac{1}{3}$

ヒント (1) 表の出る回数を Y とすると，

90

$X=3Y-n$ であり，Y は $B(n,\ p)$ に従う.

(2) $E(X)=E(3Y-n)$

86 (1) $a=4$，$b=\dfrac{3}{32}$ (2) $\dfrac{11}{32}$

ヒント $\displaystyle\int_0^a f(x)\,dx=1$

(1) $\displaystyle\int_0^a xf(x)\,dx=\dfrac{a}{2}$

(2) t の2次方程式の2つの解がともに正となる条件は，
$$1<X\leqq 2$$

87 (1) E_1 と E_2 は互いに排反である.
E_1 と E_2 は独立ではない.

(2) 0.18 (3) 0.31

ヒント (1) 「E_1 と E_2 が排反」
$$\Longleftrightarrow E_1\cap E_2=\phi$$
「E_1 と E_2 が独立」
$$\Longleftrightarrow P(E_1\cap E_2)=P(E_1)P(E_2)$$
(2) $P(E_1)=p_1$ とすると
P（20回投げて，E_1 が5回）
$={}_{20}\mathrm{C}_5 p_1{}^5(1-p_1)^{15}$

(3) **基本のまとめ** 5 参照.

88 (1) $\dfrac{(n!)^2}{4^n a!(n-a)!\,b!(n-b)!}$

(2) 0.8185

ヒント (2) Q の x 座標を X とすると，X は $B\!\left(400,\ \dfrac{1}{2}\right)$ に従う.

基本のまとめ 5 参照

8 推定と検定

89 (ア) 1.3 (イ) 0.5

ヒント **基本のまとめ** 6 (1)参照.

90 0.112

ヒント **基本のまとめ** 6 (2)参照.

91 (1) $a=25$ とはいえない

(2) [11.47, 24.53]

ヒント (1) **基本のまとめ** 7 (1)参照.

(2) **基本のまとめ** 6 (1)参照.

92 有意水準5％で検定した場合は正しいとはいえなく，有意水準1％で検定した場合は正しいといえる.

ヒント $\dfrac{\sqrt{64}\,|9.9-10|}{0.40}$ と 1.96，2.58 の大小を調べる.

93 (1) 正しくつくられていると判断してよい.

(2) 正しくつくられていないといえる.

ヒント **基本のまとめ** 7 (2)参照.

94 男子と女子の出生率は等しいと認めてよい.

ヒント **基本のまとめ** 7 (2)参照.

95 (1) 0.2586 (2) 0.9544

(3) $n\geqq 60$

ヒント (1) $\dfrac{X-165}{6}$ は $N(0,\ 1)$ に従う.

(2) $\dfrac{\overline{X}-165}{\dfrac{6}{\sqrt{36}}}$ は $N(0,\ 1)$ に従う.

96 (1) 0.4840 (2) [90.21, 91.07]

ヒント **基本のまとめ** 6 (1)参照.

97 135人以上

ヒント **基本のまとめ** 6 (1)参照.

98 (1) $k=2$

(2) 白球と黒球との割合は同じであるといえない

ヒント (1) $P(X\leqq k)=\displaystyle\sum_{i=0}^{k}{}_9\mathrm{C}_i\left(\dfrac{1}{2}\right)^i\left(\dfrac{1}{2}\right)^{9-i}$

99 (1) $\dfrac{5}{8}$

(2) (1)の仮説は棄却される

100 体重に異常な変化を与えたと考えられる.

ヒント **基本のまとめ** 7 (1)参照.

第3章 ベクトルと図形 (数学C)

9 平面上のベクトルと図形

101 $\overrightarrow{\mathrm{CD}}=-\vec{a}+\vec{b},\ \overrightarrow{\mathrm{FD}}=\vec{a}+\vec{b}$
$\overrightarrow{\mathrm{BF}}=-2\vec{a}+\vec{b}$

(ヒント) $\overrightarrow{\mathrm{CD}}=\overrightarrow{\mathrm{AD}}-\overrightarrow{\mathrm{AC}},\ \overrightarrow{\mathrm{FD}}=\overrightarrow{\mathrm{AC}}$
$\overrightarrow{\mathrm{BF}}=\overrightarrow{\mathrm{AF}}-\overrightarrow{\mathrm{AB}}\ (\overrightarrow{\mathrm{AF}}=\overrightarrow{\mathrm{CD}})$

102 (1) $\left(\dfrac{9}{\sqrt{13}},\ -\dfrac{6}{\sqrt{13}}\right)$

$\left(-\dfrac{3}{\sqrt{13}},\ \dfrac{2}{\sqrt{13}}\right)$

(2) $t=\pm\sqrt{2}$ (3) C(3, 4)

(ヒント) (1) それぞれ
$s\vec{u}=(3s,\ -2s)\ (s>0),$
$t\vec{u}=(3t,\ -2t)\ (t<0)$
とおける.

(2) **基本のまとめ** ④ 参照.

(3) 四角形 OCAB が平行四辺形になる
条件は
$$\overrightarrow{\mathrm{OC}}=\overrightarrow{\mathrm{BA}}$$

103 $\overrightarrow{\mathrm{OE}}=\dfrac{2}{3}\overrightarrow{\mathrm{OA}}+\dfrac{1}{6}\overrightarrow{\mathrm{OB}}$

(ヒント) $\overrightarrow{\mathrm{OE}}=(1-t)\overrightarrow{\mathrm{OA}}+t\overrightarrow{\mathrm{OD}}$ と表される.

104 $\overrightarrow{\mathrm{OR}}=\dfrac{3}{5}\vec{a}+\dfrac{2}{5}\vec{b}$

(ヒント) $\overrightarrow{\mathrm{OR}}=(1-t)\overrightarrow{\mathrm{OP}}+t\overrightarrow{\mathrm{OQ}}$ と表される. これを
$$\overrightarrow{\mathrm{OR}}=\boxed{}\vec{a}+\bigcirc\vec{b}$$
と書き直したとき,
$$\boxed{}+\bigcirc=1$$

105

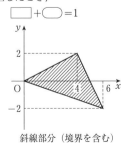

斜線部分(境界を含む)

(ヒント) $\dfrac{s}{2}=s',\ \dfrac{t}{2}=t'$ とおくと,
$$s'+t'\leqq1,\quad s'\geqq0,\quad t'\geqq0$$

あとは**基本のまとめ** ⑧(3)参照. あるい
は, P($x,\ y$) とすると,
$$(x,\ y)=s(3,\ -1)+t(2,\ 1)$$
これから, $s,\ t$ を $x,\ y$ の式で表し, そ
れらを
$$s+t\leqq2,\quad s\geqq0,\quad t\geqq0$$
に代入.

106 $\mathrm{BD}:\mathrm{DC}=2:3$
$$\overrightarrow{\mathrm{AP}}=\dfrac{2}{5}\vec{b}+\dfrac{4}{15}\vec{c}$$

(ヒント) $\mathrm{BD}:\mathrm{DC}=\mathrm{AB}:\mathrm{AC}$
三角形 ABC の内心 P は, 線分 AD と
∠B の二等分線との交点.

107 (1) $\overrightarrow{\mathrm{AS}}=\dfrac{s(1-t)}{1-st}\vec{a}+\dfrac{(1-s)t}{1-st}\vec{b}$

(2) 省略

(ヒント) $\overrightarrow{\mathrm{AC}}=\vec{a}+\vec{b},\ \overrightarrow{\mathrm{AP}}=s\vec{a}$
$\overrightarrow{\mathrm{AQ}}=t\vec{b},\ \overrightarrow{\mathrm{AR}}=s\vec{a}+t\vec{b}$

(1) $\overrightarrow{\mathrm{AS}}=(1-p)\overrightarrow{\mathrm{AD}}+p\overrightarrow{\mathrm{AP}}$
$\overrightarrow{\mathrm{AS}}=(1-q)\overrightarrow{\mathrm{AB}}+q\overrightarrow{\mathrm{AQ}}$
と表されるが, それぞれ $\vec{a},\ \vec{b}$ で書き
直し, 係数を比較する.

(2) 3点 C, R, S が一直線上にある条
件は, $\overrightarrow{\mathrm{CS}}=k\overrightarrow{\mathrm{CR}}$ となる実数 k があるこ
と.

108 (1) $\mathrm{BD}:\mathrm{DC}=1:2$

(2) $S_1:S_2:S_3=3:2:1$

(ヒント) (1) $\overrightarrow{\mathrm{PA}}$ を $\overrightarrow{\mathrm{PB}},\ \overrightarrow{\mathrm{PC}}$ で表す.
$\overrightarrow{\mathrm{PD}}=k\overrightarrow{\mathrm{PA}}$

(2) 三角形 ABC との面積比を考えると
よい.

109 (1) 平行四辺形

(2) 線分 AC の中点

(3)

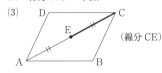

(線分 CE)

(4) 0

(ヒント) (1) $\overrightarrow{\mathrm{AB}}=\overrightarrow{\mathrm{AC}}-\overrightarrow{\mathrm{AD}}=\overrightarrow{\mathrm{DC}}$

(2) $\overrightarrow{\mathrm{EB}}+\overrightarrow{\mathrm{EC}}+\overrightarrow{\mathrm{ED}}=-\overrightarrow{\mathrm{EA}}$ を A を始
点として書き直すと,

$(\overrightarrow{AB}-\overrightarrow{AE})+(\overrightarrow{AC}-\overrightarrow{AE})$
$+(\overrightarrow{AD}-\overrightarrow{AE})=\overrightarrow{AE}$

これと，与えられた条件から

$$\overrightarrow{AE}=\frac{1}{2}\overrightarrow{AC}$$

(3) (2)と同様にして，

$$\overrightarrow{AP}=\frac{2}{3-r}\overrightarrow{AC}$$

が得られる．

$-1\leqq r\leqq 1$ から，

$$\frac{1}{2}\leqq\frac{2}{3-r}\leqq 1$$

(4) 3点 D, P, M が一直線上にあるとき，点 P は三角形 BCD の重心．

あるいは，3点 D, P, M が一直線上にあることから，

$$\overrightarrow{AP}=(1-t)\overrightarrow{AD}+t\overrightarrow{AM}$$

これと，

$$\overrightarrow{AP}=\frac{2}{3-r}\overrightarrow{AC}$$

から r を求める．

110 (1) 辺 OA を 2：1 に内分する点を C，辺 OB の中点を D とすると，直線 CD

(2) $\dfrac{2}{3}S$

ヒント (1) $3s+4t=2$ から

$$\frac{3}{2}s+2t=1$$

$$\overrightarrow{OP}=\frac{3}{2}s\left(\frac{2}{3}\overrightarrow{OA}\right)+2t\left(\frac{1}{2}\overrightarrow{OB}\right)$$

P は直線上を動く．

(2) $3s+4t=k$ $(k\geqq 2)$ とすると

$$\frac{3}{k}s+\frac{4}{k}t=1$$

$$\overrightarrow{OP}=\frac{3}{k}s\left(\frac{k}{3}\overrightarrow{OA}\right)+\frac{4}{k}t\left(\frac{k}{4}\overrightarrow{OB}\right)$$

P は(1)における直線と平行な直線上を動く．

k を，$k\geqq 2$ の範囲で動かすと，この直線が平行に移動する．

111 D_6

ヒント A を始点にして，

$\overrightarrow{AP}=\square\overrightarrow{AB}+\triangle\overrightarrow{AC}$

の形に書き直し，

$\square$，$\triangle$，$\square+\triangle$

の値の範囲を調べる．

112 三角形 ABC の外接円

ヒント $|\overrightarrow{AP}+\overrightarrow{BP}+\overrightarrow{CP}|=\sqrt{3}\,a$ を A を始点として書き直すと，

$$\left|\overrightarrow{AP}-\frac{\overrightarrow{AB}+\overrightarrow{AC}}{3}\right|=\frac{a}{\sqrt{3}}$$

よって，P は，

$$\overrightarrow{AG}=\frac{\overrightarrow{AB}+\overrightarrow{AC}}{3}$$

をみたす点 G を中心とする半径 $\dfrac{a}{\sqrt{3}}$ の円をえがく．

10 平面上のベクトルと内積

113 $\overrightarrow{AD}\cdot\overrightarrow{BF}=0$, $\overrightarrow{AD}\cdot\overrightarrow{BD}=3a^2$
$\overrightarrow{AD}\cdot\overrightarrow{CF}=-2a^2$

ヒント $\overrightarrow{AD}\perp\overrightarrow{BF}$

$AD=2a$, $BD=\sqrt{3}\,a$ で，$\overrightarrow{AD}$ と $\overrightarrow{BD}$ のなす角は 30°．

$CF=2a$ で，$\overrightarrow{AD}$ と $\overrightarrow{CF}$ とのなす角は 120°．

114 (1) $\pm\dfrac{1}{5}(4,\,-3)$ (2) $x=4-2\sqrt{3}$

ヒント (1) 求めるベクトルを $\vec{e}=(s,\,t)$ とすると，$\vec{e}\cdot\vec{a}=0$，$|\vec{e}|=1$ から

$$3s+4t=0,\ s^2+t^2=1$$

(2) $\vec{b}\cdot\vec{c}=1\cdot 2+(-1)\cdot x=2-x$

一方，

$$\vec{b}\cdot\vec{c}=|\vec{b}||\vec{c}|\cos 60°$$
$$=\frac{\sqrt{2}}{2}\sqrt{4+x^2}$$

115 (1) $\dfrac{9}{2}$ (2) $\dfrac{3\sqrt{7}}{4}$

ヒント (1) $|\vec{a}-2\vec{b}|^2$ を計算する．

(2) $\triangle OAB=\dfrac{1}{2}\sqrt{|\vec{a}|^2|\vec{b}|^2-(\vec{a}\cdot\vec{b})^2}$

（基本のまとめ ⑤）

116 $\dfrac{5}{\sqrt{2}}$

ヒント $\overrightarrow{AB}=(p,\ q),\ \overrightarrow{AC}=(r,\ s)$
のとき

$$\triangle ABC=\dfrac{1}{2}|ps-qr|$$

（基本のまとめ 5）

117 (1) $\vec{a}\cdot\vec{b}=\dfrac{1}{2}$

(2) $\overrightarrow{AH}=-\vec{a}+\dfrac{1}{8}\vec{b}$

(3) $\overrightarrow{AK}=-\dfrac{15}{64}\vec{a}+\dfrac{15}{64}\vec{b}$

ヒント (1) $|\vec{b}-\vec{a}|^2=|\overrightarrow{AB}|^2=4$ を展開
した式に, $|\vec{a}|=1$, $|\vec{b}|=2$ を代入.
(2) $\overrightarrow{OH}=h\vec{b}$ とおけば,
$$\overrightarrow{AH}=-\vec{a}+h\vec{b}$$
$\overrightarrow{AH}\cdot\vec{b}=0$ から
$$(-\vec{a}+h\vec{b})\cdot\vec{b}=0$$
(3) $\overrightarrow{AK}=k\overrightarrow{AB}$ とおいて, $\overrightarrow{HK}\cdot\overrightarrow{AB}=0$
を計算する.

118 長方形
ヒント $\vec{b}-\vec{a}=\vec{c}-\vec{d}$ から
$$\overrightarrow{AB}=\overrightarrow{DC}$$
$\vec{c}=\vec{b}+\vec{d}-\vec{a}$ を $\vec{a}\cdot\vec{c}=\vec{b}\cdot\vec{d}$ に
代入すると, $(\vec{b}-\vec{a})\cdot(\vec{d}-\vec{a})=0$ とな
り,
$$\overrightarrow{AB}\cdot\overrightarrow{AD}=0$$

119

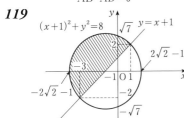

点 P の存在範囲は, 上の図の斜線部分.
ただし, 境界は含まない.
ヒント $P(x,\ y)$ とすると,
$$\overrightarrow{AB}=(4,\ -4)$$
$$\overrightarrow{AP}=(x+3,\ y-2)$$
$$\overrightarrow{BP}=(x-1,\ y+2)$$
となる.

条件(ⅰ)から
$$(x+3)(x-1)+(y-2)(y+2)<0$$
条件(ⅱ)から
$$4(x+3)-4(y-2)<-4(x-1)+4(y+2)$$
このほか, ベクトルの成分表示を用い
ないで求める解法もある.

120 (1) $t=-\dfrac{2\vec{a}\cdot\vec{b}}{|\vec{b}|^2}$ (2) $90°$

ヒント (1) $|2\vec{a}+t\vec{b}|^2$
$$=|\vec{b}|^2\left(t+\dfrac{2\vec{a}\cdot\vec{b}}{|\vec{b}|^2}\right)^2$$
$$-\dfrac{4(\vec{a}\cdot\vec{b})^2}{|\vec{b}|^2}+4|\vec{a}|^2$$

(2) $t=-\dfrac{2\vec{a}\cdot\vec{b}}{|\vec{b}|^2}$ のとき,
$$(2\vec{a}+t\vec{b})\cdot\vec{b}=0$$

121 (1) $2p+r^2=2$

(2) $\overrightarrow{AC}=r\vec{a}+\vec{b}$, $pr=-\dfrac{1}{2}$

(3) $p=\dfrac{1-\sqrt{5}}{4}$, $r=\dfrac{1+\sqrt{5}}{2}$

(4) 証明は省略. $\cos36°=\dfrac{1+\sqrt{5}}{4}$

ヒント (2) $\overrightarrow{EC}/\!/\overrightarrow{AB}$, $|\overrightarrow{EC}|=|\overrightarrow{BE}|$
(4) 五角形の内角の和は
$$180°\times3$$
であるから, 正五角形の1つの内角の大
きさは
$$180°\times3\times\dfrac{1}{5}=108°$$

122 (1) $\vec{a}\cdot\vec{p}=2$, $\vec{b}\cdot\vec{p}=8$

(2) $s=-\dfrac{4}{7}$, $t=\dfrac{5}{7}$

ヒント (1) 辺 CA, CB の中点をそれぞ
れ M, N とすると,
$$\vec{a}\cdot\vec{p}=|\vec{a}||\vec{p}|\cos\angle PCM=|\vec{a}|CM$$
$$\vec{b}\cdot\vec{p}=|\vec{b}||\vec{p}|\cos\angle PCN=|\vec{b}|CN$$
(2) $\vec{a}\cdot\vec{p}=\vec{a}\cdot(s\vec{a}+t\vec{b})=4s+6t$
$\vec{b}\cdot\vec{p}=\vec{b}\cdot(s\vec{a}+t\vec{b})=6s+16t$

123 (1) 省略 (2) 省略
ヒント $\overrightarrow{AH}\cdot\overrightarrow{BC}=0$ を示す. ここで,
$OB=OC$ を用いる.

同様にして，
$$\overrightarrow{BH}\cdot\overrightarrow{CA}=0,\quad \overrightarrow{CH}\cdot\overrightarrow{AB}=0$$
もわかる．

(2) 重心を G とすれば，
$$\overrightarrow{OG}=\frac{\overrightarrow{OA}+\overrightarrow{OB}+\overrightarrow{OC}}{3}=\frac{1}{3}\overrightarrow{OH}$$

124 $AB=\dfrac{3}{2}$

ヒント $|6\overrightarrow{OC}|=|-4\overrightarrow{OA}-5\overrightarrow{OB}|$ の両辺を 2 乗した式に，$|\overrightarrow{OA}|=|\overrightarrow{OB}|=|\overrightarrow{OC}|=1$ を代入すると，$\overrightarrow{OA}\cdot\overrightarrow{OB}=-\dfrac{1}{8}$ が得られる．

次に，$|\overrightarrow{AB}|^2$ を計算する．

125 (1) 証明は省略．半径 $\left|\dfrac{\vec{a}+\vec{b}}{2}\right|$

中心の位置ベクトル $\dfrac{\vec{a}+\vec{b}}{2}$

(2) 最大値 $3+2\sqrt{3}$
　　 最小値 $3-2\sqrt{3}$

ヒント (1) $(\vec{p}-\vec{a})\cdot(\vec{p}-\vec{b})=\vec{a}\cdot\vec{b}$ から
$$\left|\vec{p}-\frac{\vec{a}+\vec{b}}{2}\right|=\left|\frac{\vec{a}+\vec{b}}{2}\right|$$

(2) 線分 AB の中点を M とすると，M は P が動く円の中心であり，
$$\vec{p}\cdot\vec{a}=(\overrightarrow{OM}+\overrightarrow{MP})\cdot\vec{a}$$
$$=\overrightarrow{OM}\cdot\vec{a}+\overrightarrow{MP}\cdot\vec{a}$$

ここで，$\overrightarrow{MP}$ と $\vec{a}$ のなす角を θ とおいてみる．

あるいは，xy 平面上で
　　 $O(0,0)$，$A(2,0)$，$B(1,\sqrt{3})$
とすると，P は，点 $\left(\dfrac{3}{2},\dfrac{\sqrt{3}}{2}\right)$ を中心とする半径 $\sqrt{3}$ の円周上を動く．

126 最大値 8　 最小値 0

ヒント $\overrightarrow{CE}\cdot\overrightarrow{DF}$ を $\overrightarrow{AC}$ と $\overrightarrow{BE}$ で表す．

あるいは，座標平面上で $A(0,0)$，$B(3,0)$ とおくと
　　 $C(\cos\alpha,\sin\alpha)$
　　 $E(3+2\cos\beta,2\sin\beta)$
と表される．

11 空間座標と空間のベクトル

127 (1) $(0,1,0)$，$(-2,1,-3)$
　　 (2) $(2,0,3)$，$(2,-1,3)$
　　 (3) $y=1$　 (4) $x=2$

ヒント (1) 垂線の足を H，対称点を B とすると，直線 AB は y 軸と垂直で，線分 AB の中点は H．

(2) 垂線の足を I，対称点を C とすると，直線 AC は zx 平面に垂直で，線分 AC の中点が I．

(3)(4)は**基本のまとめ** ① を参照．

128 5

ヒント $\overrightarrow{AD}=s\overrightarrow{AB}+t\overrightarrow{AC}$ (s,t は実数) と表される．(**基本のまとめ** ⑥ 参照)

129 $\pm(6,-3,6)$

ヒント 求めるベクトルを $\vec{v}=(x,y,z)$ とすると，$\vec{v}\cdot\vec{a}=\vec{v}\cdot\vec{b}=0$，$|\vec{v}|=9$ から
$$2x+6y+z=0,\quad x-z=0$$
$$\sqrt{x^2+y^2+z^2}=9$$

130 (1) $\overrightarrow{AG}=\vec{a}+\vec{b}+\vec{c}$

(2) $\overrightarrow{AP}=\dfrac{5}{9}\vec{a}+\dfrac{5}{9}\vec{b}+\dfrac{5}{9}\vec{c}$

ヒント (1) $\overrightarrow{AG}=\overrightarrow{AB}+\overrightarrow{BC}+\overrightarrow{CG}$

(2) $\begin{cases}\overrightarrow{AP}=k\overrightarrow{AG}\\ \overrightarrow{AP}=\overrightarrow{AF}+s\overrightarrow{FM}+t\overrightarrow{FN}\end{cases}$

これらを，$\vec{a}$，$\vec{b}$，$\vec{c}$ で書き直して係数を比較．

131 (1) $\overrightarrow{AB}\cdot\overrightarrow{AF}=1$，$\overrightarrow{AF}\cdot\overrightarrow{FC}=-1$

(2) $\overrightarrow{EP}=\dfrac{t+1}{2}\vec{b}+t\vec{d}+(t-1)\vec{e}$

(3) $t=\dfrac{1}{3}$

ヒント (2) $\overrightarrow{EP}=(1-t)\overrightarrow{EM}+t\overrightarrow{EG}$

(3) $\overrightarrow{MG}\cdot\overrightarrow{EP}=0$

132 (1) $\overrightarrow{OQ}=\dfrac{1}{4}\vec{a}+\dfrac{1}{2}\vec{b}+\dfrac{1}{4}\vec{c}$

(2) $AR:RB=2:1$
　　 $CQ:QR=3:1$

(3) 〔四面体 OBQR の体積〕：〔四面体 OCPQ の体積〕$=1:3$

ヒント (2) $\overrightarrow{OR}=(1-t)\overrightarrow{OC}+t\overrightarrow{OQ}$
$$=\square\,\vec{a}+\triangle\,\vec{b}+\bigcirc\,\vec{c}$$

と表したとき，○＝0

(3) 〔四面体 OBQR の体積〕
: 〔四面体 OCPQ の体積〕
＝△BQR：△CQP
＝$\frac{1}{2}$BQ·RQ sin∠BQR
: $\frac{1}{2}$CQ·PQ sin∠CQP

133 (1) $\dfrac{3}{\sqrt{2}}$

(2) $\overrightarrow{\text{AP}}=\left(\dfrac{1}{2},\ \dfrac{1}{2},\ \dfrac{5}{2}\right)$

ヒント (1) **基本のまとめ 8** を用いる.
(2) P は平面 ABC 上にあるから，
$\overrightarrow{\text{AP}}=s\overrightarrow{\text{AB}}+t\overrightarrow{\text{AC}}$ （s, t は実数）
と表される.

三角形の外心は，各辺の垂直二等分線
の交点なので，辺 AB, AC の中点をそ
れぞれ M, N とすると，
$\overrightarrow{\text{MP}}\perp\overrightarrow{\text{AB}}$, $\overrightarrow{\text{NP}}\perp\overrightarrow{\text{AC}}$
あるいは，
$|\overrightarrow{\text{AP}}|=|\overrightarrow{\text{BP}}|=|\overrightarrow{\text{CP}}|$
から求める.

134 $t=\dfrac{4}{5}$

ヒント 2直線 PQ, EF の交点を X とす
ると，
$\begin{cases}\overrightarrow{\text{OX}}=(1-x)\overrightarrow{\text{OP}}+x\overrightarrow{\text{OQ}}\\\overrightarrow{\text{OX}}=(1-y)\overrightarrow{\text{OE}}+y\overrightarrow{\text{OF}}\end{cases}$
これらを，$\overrightarrow{\text{OA}}$, $\overrightarrow{\text{OB}}$ で書き直して係
数を比較する.

135 (1) OA：OB：OC＝1：$\sqrt{2}$：$\sqrt{2}$

(2) 省略 (3) $\dfrac{4}{3}$

ヒント (1) $\overrightarrow{\text{OA}}=\vec{a}$, $\overrightarrow{\text{OB}}=\vec{b}$, $\overrightarrow{\text{OC}}=\vec{c}$
とおくと，
$\overrightarrow{\text{OA}}\cdot\overrightarrow{\text{BC}}=\overrightarrow{\text{OB}}\cdot\overrightarrow{\text{CA}}=\overrightarrow{\text{OC}}\cdot\overrightarrow{\text{AB}}=0$
から
$\vec{a}\cdot\vec{b}=\vec{b}\cdot\vec{c}=\vec{c}\cdot\vec{a}$
また，

$\vec{b}\cdot\vec{c}=\dfrac{1}{2}|\vec{b}||\vec{c}|$

$\vec{c}\cdot\vec{a}=\dfrac{1}{\sqrt{2}}|\vec{c}||\vec{a}|$

$\vec{a}\cdot\vec{b}=\dfrac{1}{\sqrt{2}}|\vec{a}||\vec{b}|$

(2) $\overrightarrow{\text{OA}}\cdot\overrightarrow{\text{AB}}=\vec{a}\cdot(\vec{b}-\vec{a})=\cdots=0$
これと，$\overrightarrow{\text{OA}}\perp\overrightarrow{\text{BC}}$ からわかる.
(3) $|\vec{a}|=2$, $|\vec{b}|=|\vec{c}|=2\sqrt{2}$
$\vec{a}\cdot\vec{b}=\vec{b}\cdot\vec{c}=\vec{c}\cdot\vec{a}=4$
$|\overrightarrow{\text{AB}}|^2=\cdots=4$ から，AB＝2
同様にして，AC＝2
$\overrightarrow{\text{AB}}\cdot\overrightarrow{\text{AC}}=\cdots=0$ から，$\overrightarrow{\text{AB}}\perp\overrightarrow{\text{AC}}$
四面体 OABC の体積を V とすると，
$V=\dfrac{1}{3}\triangle\text{ABC}\cdot\text{OA}=\dfrac{1}{3}\cdot\dfrac{1}{2}\text{AB}\cdot\text{AC}\cdot\text{OA}$

136 (1) $\overrightarrow{\text{OG}}=\dfrac{\vec{a}+\vec{b}+\vec{c}}{3}$

(2) OB＝OC＝$\dfrac{1+\sqrt{17}}{4}$

ヒント (2) $|\vec{a}|=1$, $\vec{a}\cdot\vec{b}=\dfrac{1}{2}|\vec{b}|$

$\vec{a}\cdot\vec{c}=\dfrac{1}{2}|\vec{c}|$, $\vec{b}\cdot\vec{c}=0$

$\overrightarrow{\text{OG}}\cdot\overrightarrow{\text{AB}}=0$, $\overrightarrow{\text{OG}}\cdot\overrightarrow{\text{BC}}=0$

137 $\sqrt{7+4\sqrt{2}}$

ヒント B を x 軸のまわりに回転させた
点 B′ で，A, B′, x 軸が同じ平面上に
あり，この平面上で x 軸に関して A と
B′ が反対側にあるようなものを考える.
このとき，PB＝PB′.

138 (1) 省略

(2) 最大値8，最小値4

ヒント (1) $\overrightarrow{\text{OA}}=\vec{a}$, $\overrightarrow{\text{OB}}=\vec{b}$, $\overrightarrow{\text{OC}}=\vec{c}$,
$\overrightarrow{\text{OP}}=\vec{p}$ とおくと，
$|\vec{a}|=|\vec{b}|=|\vec{c}|=|\vec{p}|=1$
$\vec{a}+\vec{b}+\vec{c}=0$
$|\overrightarrow{\text{PA}}|^2+|\overrightarrow{\text{PB}}|^2+|\overrightarrow{\text{PC}}|^2=\cdots=6$
(2) ∠C＝90° から，O は線分 AB の中
点.∠POC＝θ とおくと，
$|\overrightarrow{\text{PA}}|^2+|\overrightarrow{\text{PB}}|^2+|\overrightarrow{\text{PC}}|^2=\cdots$
$=6-2\cos\theta$

12 空間図形（直線，平面，球面）

139 (1) 3　(2) 省略

ヒント (1) $P(5+2s, 3+2s, -2+s)$
$Q(4-2t, -1+t, -1+2t)$
とおくと，
$$PQ^2=\cdots=9s^2+18s+9t^2+18$$
$$=9(s+1)^2+9t^2+9$$
(2) (1)の結果から，l と m は共有点を
もたない．あとは，$l /\!/ m$ を示せばよい．

140　ア 2　イ 1　ウ 5
エ 1　オ 2　カ 2
キ 4　ク 3　ケ 3
コ 4　サ 1　シ 2
ス 3　セ 1　ソ 6
タ 1

ヒント α 上の点のうち P に最も近い点
は，$\overrightarrow{PH}\perp\alpha$ となる点 H．

141　$H(1, 1, -1)$

ヒント $\overrightarrow{AH}=t\overrightarrow{AB}$（$t$ は実数）から $\overrightarrow{CH}$
$=t\overrightarrow{AB}-\overrightarrow{AC}$ と表され，$\overrightarrow{CH}\perp\overrightarrow{AB}$．

142 (1) 半径 $\sqrt{5}$，中心 $(1, 0, 2)$
(2) $(x-3)^2+(y-2)^2+(z+2)^2=35$
（あるいは
$x^2+y^2+z^2-6x-4y+4z-18=0$）

ヒント (1) 与えられた方程式から
$$(x-1)^2+y^2+(z-2)^2=5$$
(2) 線分 AB の中点 M を中心とする半
径 AM の球面．
　あるいは，球面上の任意の点を P と
すると，
$$\overrightarrow{AP}\cdot\overrightarrow{BP}=0$$

143 (1) 中心 $(2, -3, 0)$，半径 3
(2) $(2, \pm\sqrt{3}, 3)$

ヒント (1) 球面の中心から xy 平面に下
ろした垂線の足が，求める円の中心．次
に，この垂線と球面および円の半径がつ
くる直角三角形で三平方の定理を用いる．
　あるいは，与えられた球面の方程式と
xy 平面の方程式 $z=0$ を連立する．
(2) 球面の中心を D，交円の中心を E，
交円の半径を l とすると，

$E(2, 0, 3)$,　$l=\sqrt{13}$
$DE=\sqrt{4^2-l^2}$

144　12

ヒント 球面と直線 AB の交点を P とす
ると，P が直線 AB 上にあることから，
$O(0, 0, 0)$，t を実数として，
$$\overrightarrow{OP}=\overrightarrow{OA}+t\overrightarrow{AB}$$
と表される．さらに P が球面上にある
条件から，t を求める．

145　$a+1\leqq b\leqq -a+5$，$a\geqq 1$
点 (a, b) の存在する範囲は，次の
図の斜線部分（境界を含む）．

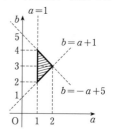

ヒント 題意の直線と平面 ABC との交点
を P とすると，
$$\overrightarrow{CP}=\overrightarrow{CD}+k\vec{d}\quad(k\text{ は実数})$$
と表され，P が三角形 ABC の周および
内部にある条件は，
$$\begin{cases}\overrightarrow{CP}=s\overrightarrow{CA}+t\overrightarrow{CB}\\ s+t\leqq 1, \ s\geqq 0, \ t\geqq 0\end{cases}$$
をみたす実数 s，t が存在すること．
（**9** 基本のまとめ **8** (3) 参照）
　あるいは，3 点 A，B，C がすべて平
面 $z=1$ 上にあることに注目して考え
てもよい．

146 (1) $H\left(\dfrac{1}{3}, \dfrac{2}{3}, \dfrac{5}{3}\right)$

(2) 中心 $\left(-\dfrac{2}{3}, \dfrac{2}{3}, \dfrac{2}{3}\right)$
半径 $\dfrac{2\sqrt{6}}{3}$

(3) $\left(\dfrac{-2+2\sqrt{3}}{3}, \dfrac{2}{3}, \dfrac{2+2\sqrt{3}}{3}\right)$

ヒント (1) $\overrightarrow{AH}=s\overrightarrow{AB}+t\overrightarrow{AC}$
（s，t は実数）と表される．

また,
$$\overrightarrow{\mathrm{DH}} \perp \overrightarrow{\mathrm{AB}}, \quad \overrightarrow{\mathrm{DH}} \perp \overrightarrow{\mathrm{AC}}$$
（**11 基本のまとめ** ⑨ 参照）

あるいは, $\vec{n} \perp T$ となる $\vec{n}$ を見つけると
$$\overrightarrow{\mathrm{DH}} = k\vec{n} \quad (k \text{ は実数})$$

(2) 三角形 ABC は正三角形.

(3) $\mathrm{DP} = \sqrt{\mathrm{DH}^2 + \mathrm{HP}^2}$ であり, DH は一定.

147 (1) A′(5, −3, 3)

　　　(2) (5, 1, 2)　　証明は省略

　　　(3) $3\sqrt{17}$

ヒント O(0, 0, 0) とする.

(1) 線分 AA′ の中点を M とすると, M は α 上にあり,
$$\overrightarrow{\mathrm{AM}} \perp \overrightarrow{\mathrm{CD}}, \quad \overrightarrow{\mathrm{AM}} \perp \overrightarrow{\mathrm{CE}}$$
（**11 基本のまとめ** ⑨ 参照）

あるいは, $\vec{n} \perp \alpha$ となる $\vec{n}$ を見つけると
$$\overrightarrow{\mathrm{AM}} = k\vec{n} \quad (k \text{ は実数})$$

(2) 交点を Q とすると, u を実数として
$$\overrightarrow{\mathrm{OQ}} = \overrightarrow{\mathrm{OA'}} + u\overrightarrow{\mathrm{A'B}}$$
と表され, Q が α 上にあることから u を求める.

(3) $\mathrm{AP} + \mathrm{BP} = \mathrm{A'P} + \mathrm{BP} \geqq \mathrm{A'B}$
　P が Q に一致したときに最小.

148 (1) $|\overrightarrow{\mathrm{AB}}| = 3, \quad |\overrightarrow{\mathrm{AC}}| = 3$
$$\overrightarrow{\mathrm{AB}} \cdot \overrightarrow{\mathrm{AC}} = 0$$

　　　(2) 省略　　(3) $\dfrac{9(1 + \sqrt{2})}{2}$

ヒント (3) P は平面 ABC 上の点.

149 最小値 1
$$\mathrm{P}(2, 3, -1), \quad \mathrm{Q}\left(\frac{4}{3}, \frac{7}{3}, -\frac{2}{3}\right)$$

ヒント l と S が共有点をもたないことに注意する.

S の中心を A とし,
$$\mathrm{AQ} + \mathrm{PQ} = d$$
とすると
$$\mathrm{PQ} = d - \mathrm{AQ} = d - 2$$
から, PQ が最小になるのは d が最小の

とき.

まず P を固定して Q を動かしたときの d の最小値を, 次に P を動かしたときの d の最小値を考える.

150 $\left(x - \dfrac{1}{3}\right)^2 + \left(y - \dfrac{1}{3}\right)^2 + \left(z - \dfrac{1}{3}\right)^2 = \dfrac{1}{9}$

ヒント 内接する球面の半径を r とすると, 中心は I(r, r, r) となり, I と平面 ABC の距離が r に等しい.

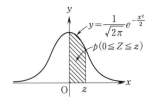

$$y = \frac{1}{\sqrt{2\pi}} e^{-\frac{x^2}{2}}$$

$p(0 \le Z \le z)$

正規分布表

z	0	1	2	3	4	5	6	7	8	9
0.0	.0000	.0040	.0080	.0120	.0160	.0199	.0239	.0279	.0319	.0359
0.1	.0398	.0438	.0478	.0517	.0557	.0596	.0636	.0675	.0714	.0753
0.2	.0793	.0832	.0871	.0910	.0948	.0987	.1026	.1064	.1103	.1141
0.3	.1179	.1217	.1255	.1293	.1331	.1368	.1406	.1443	.1480	.1517
0.4	.1554	.1591	.1628	.1664	.1700	.1736	.1772	.1808	.1844	.1879
0.5	.1915	.1950	.1985	.2019	.2054	.2088	.2123	.2157	.2190	.2224
0.6	.2258	.2291	.2324	.2357	.2389	.2422	.2454	.2486	.2518	.2549
0.7	.2580	.2612	.2642	.2673	.2704	.2734	.2764	.2794	.2823	.2852
0.8	.2881	.2910	.2939	.2967	.2996	.3023	.3051	.3078	.3106	.3133
0.9	.3159	.3186	.3212	.3238	.3264	.3289	.3315	.3340	.3365	.3389
1.0	.3413	.3438	.3461	.3485	.3508	.3531	.3554	.3577	.3599	.3621
1.1	.3643	.3665	.3686	.3708	.3729	.3749	.3770	.3790	.3810	.3830
1.2	.3849	.3869	.3888	.3907	.3925	.3944	.3962	.3980	.3997	.4015
1.3	.4032	.4049	.4066	.4082	.4099	.4115	.4131	.4147	.4162	.4177
1.4	.4192	.4207	.4222	.4236	.4251	.4265	.4279	.4292	.4306	.4319
1.5	.4332	.4345	.4357	.4370	.4382	.4394	.4406	.4418	.4429	.4441
1.6	.4452	.4463	.4474	.4484	.4495	.4505	.4515	.4525	.4535	.4545
1.7	.4554	.4564	.4573	.4582	.4591	.4599	.4608	.4616	.4625	.4633
1.8	.4641	.4649	.4656	.4664	.4671	.4678	.4686	.4693	.4699	.4706
1.9	.4713	.4719	.4726	.4732	.4738	.4744	.4750	.4756	.4761	.4767
2.0	.4772	.4778	.4783	.4788	.4793	.4798	.4803	.4808	.4812	.4817
2.1	.4821	.4826	.4830	.4834	.4838	.4842	.4846	.4850	.4854	.4857
2.2	.4861	.4864	.4868	.4871	.4875	.4878	.4881	.4884	.4887	.4890
2.3	.4893	.4896	.4898	.4901	.4904	.4906	.4909	.4911	.4913	.4916
2.4	.4918	.4920	.4922	.4925	.4927	.4929	.4931	.4932	.4934	.4936
2.5	.4938	.4940	.4941	.4943	.4945	.4946	.4948	.4949	.4951	.4952
2.6	.4953	.4955	.4956	.4957	.4959	.4960	.4961	.4962	.4963	.4964
2.7	.4965	.4966	.4967	.4968	.4969	.4970	.4971	.4972	.4973	.4974
2.8	.4974	.4975	.4976	.4977	.4977	.4978	.4979	.4979	.4980	.4981
2.9	.4981	.4982	.4982	.4983	.4984	.4984	.4985	.4985	.4986	.4986
3.0	.4987	.4987	.4987	.4988	.4988	.4989	.4989	.4989	.4990	.4990
3.1	.4990	.4991	.4991	.4991	.4992	.4992	.4992	.4992	.4993	.4993
3.2	.4993	.4993	.4994	.4994	.4994	.4994	.4994	.4995	.4995	.4995
3.3	.4995	.4995	.4995	.4996	.4996	.4996	.4996	.4996	.4996	.4997
3.4	.4997	.4997	.4997	.4997	.4997	.4997	.4997	.4997	.4997	.4998
3.5	.4998	.4998	.4998	.4998	.4998	.4998	.4998	.4998	.4998	.4998
3.6	.4998	.4998	.4999	.4999	.4999	.4999	.4999	.4999	.4999	.4999
3.7	.4999	.4999	.4999	.4999	.4999	.4999	.4999	.4999	.4999	.4999
3.8	.4999	.4999	.4999	.4999	.4999	.4999	.4999	.4999	.4999	.4999
3.9	.5000	.5000	.5000	.5000	.5000	.5000	.5000	.5000	.5000	.5000

チョイス新標準問題集

数学 B+ベクトル

六訂版　河合塾講師 沖田一雄 [著]

CHOICE

解答・解説編

河合出版

もくじ

2

第1章 数 列（数学B）

1 等差数列と等比数列

1 解答

この数列を $\{a_n\}$ とし，初項を a，公差を d，初項から第 n 項までの和を S_n とする．
$$S_{12}=-12, \quad S_{23}=115$$
から
$$\frac{1}{2}\cdot 12(a_1+a_{12})=-12, \quad \frac{1}{2}\cdot 23(a_1+a_{23})=115$$
よって，
$$a_1+a_{12}=-2, \quad a_1+a_{23}=10$$
ここで，
$$a_1=a, \quad a_{12}=a+11d, \quad a_{23}=a+22d$$
であるから
$$2a+11d=-2, \quad 2a+22d=10$$
ゆえに
$$a={}^\mathcal{ア}\boxed{-7}, \quad d=\frac{12}{11}$$
$$a_{23}=-7+22\cdot\frac{12}{11}={}^\mathcal{イ}\boxed{17}$$

2 解答

この数列を $\{a_n\}$ とし，初項を a，公比を r とすると
$$a_n=ar^{n-1}$$
であり，
$$\begin{cases} a_1+a_2+a_3=21 \\ a_4+a_5+a_6+a_7+a_8+a_9=1512 \end{cases}$$
から
$$\begin{cases} a+ar+ar^2=21 \\ ar^3+ar^4+ar^5+ar^6+ar^7+ar^8=1512 \end{cases}$$
よって，
$$\begin{cases} a(1+r+r^2)=21 & \cdots① \\ a(1+r+r^2)(r^3+r^6)=1512 & \cdots② \end{cases}$$
②÷① から
$$r^3+r^6=72$$
$$(r^3)^2+r^3-72=0$$
$$(r^3+9)(r^3-8)=0$$
$r>0$ なので
$$r^3-8=0 \text{ すなわち } r=2$$
これを ① に代入して

$$a(1+2+2^2)=21$$
よって
$$a={}^\mathcal{ア}\boxed{3}$$
また，
$$a_1+a_2+a_3+a_4+a_5=\frac{3(2^5-1)}{2-1}={}^\mathcal{イ}\boxed{93}$$

3 考え方

$-1<a<b$ なので，等差数列の第2項は a．また，$-1<a<0<b$ なので，等比数列の公比は負となり，第2項は b．

解答

$-1<a<b$ であるから，$-1,\ a,\ b$ を適当に並べてできる等差数列の第2項は a．
よって，
$$2a=-1+b \qquad \cdots①$$
$-1<a<0<b$ であるから，$-1,\ a,\ b$ を適当に並べてできる等比数列の公比は負となり，第2項は b．
よって，
$$b^2=-a \qquad \cdots②$$
①，② から b を消去すると
$$(2a+1)^2=-a$$
$$4a^2+5a+1=0$$
$$(4a+1)(a+1)=0$$
$-1<a<0$ であるから
$$a={}^\mathcal{ア}\boxed{-\frac{1}{4}}$$
すると ① から
$$b={}^\mathcal{イ}\boxed{\frac{1}{2}}$$

4 解答

$\{a_n\}$ は等差数列なので，S_n が $n=8$ で最大となるとき
$$a_8\geqq 0\geqq a_9$$
よって，
$$a+7d\geqq 0\geqq a+8d$$
ゆえに
$$-7d\leqq a\leqq -8d \qquad \cdots①$$
また，$S_8=136$ から
$$\frac{1}{2}\cdot 8(2a+7d)=136$$

よって，

$$a = -\frac{7}{2}d + 17 \qquad \cdots ②$$

② を ① に代入して

$$-7d \leqq -\frac{7}{2}d + 17 \leqq -8d$$

ゆえに

$$-\frac{34}{7} \leqq d \leqq -\frac{34}{9}$$

d は整数であるから

$$d = -4$$

すると ② から

$$a = 31$$

5 （解答）

公比を r，項数を n，初項を a，末項（第 n 項）を a_n とすると，

$$a_n = ar^{n-1}$$

$a = 3$，$a_n = 24\sqrt{2}$ であるから

$$3r^{n-1} = 24\sqrt{2}$$

よって，

$$r^{n-1} = 8\sqrt{2} \qquad \cdots ①$$

① から $r \neq 1$ なので，初項から末項までの和を S_n とすると

$$S_n = \frac{a(1 - r^n)}{1 - r}$$

$a = 3$，$S_n = 45(\sqrt{2} + 1)$ であるから

$$\frac{3(1 - r^n)}{1 - r} = 45(\sqrt{2} + 1)$$

よって，

$$1 - r^n = 15(\sqrt{2} + 1)(1 - r) \qquad \cdots ②$$

① から $r^n = 8\sqrt{2}\,r$ であり，これを ② に代入すると

$$1 - 8\sqrt{2}\,r = 15(\sqrt{2} + 1)(1 - r)$$

よって，

$$(7\sqrt{2} + 15)r = 15\sqrt{2} + 14$$

ゆえに

$$r = {}^{ア}\boxed{\sqrt{2}}$$

これを ① に代入すると

$$(\sqrt{2})^{n-1} = 8\sqrt{2} \ \left(= (\sqrt{2})^7\right)$$

よって，

$$n = {}^{イ}\boxed{8}$$

6 （考え方）

客観式問題なので，厳密な議論をしなくても，具体的にいくつか数値を求めることで答が決まる．

（解答）

$$a_1 = 3, \ a_2 = 8, \ a_3 = 13, \ a_4 = 18, \ \cdots$$

よって，$\{a_n\}$ の各項の一の位は

$${}^{ア}\boxed{3} \quad \text{または} \quad {}^{イ}\boxed{8}$$

$$b_1 = 6, \ b_2 = 18,$$

なので

$$c_1 = a^{\,ウ}\boxed{4} = b^{\,エ}\boxed{2} = {}^{オ}\boxed{18}$$

$\{b_n\}$ は公比が 3 の等比数列であり，b_k が $\{a_n\}$ の中に見つかるとき，b_k の一の位の数が 8 であるから

b_{k+1} の一の位は $8 \times 3 = 24$ から　${}^{カ}\boxed{4}$

b_{k+2} の一の位は $4 \times 3 = 12$ から　${}^{キ}\boxed{2}$

b_{k+3} の一の位は $2 \times 3 = 6$ から　${}^{ク}\boxed{6}$

b_{k+4} の一の位は $6 \times 3 = 18$ から　8

また，b_k の次に一の位の数が 8 になるのは

$$b_{k + {}^{ケ}\boxed{4}}$$

一の位の数が 8 の自然数はすべて $\{a_n\}$ の中に見つかるので，$b_k = c_m$ とすると

$$c_{m+1} = b_{k+4} = b_k \cdot 3^4 = 81b_k$$

ゆえに $\{c_n\}$ は公比 ${}^{コ}\boxed{81}$ の等比数列である．

（解説）

$$a_n = 3 + (n-1) \cdot 5 = 5n - 2 \ (n = 1, 2, 3, \cdots)$$

$n = 2m - 1 \ (m = 1, 2, 3, \cdots)$ のとき

$$a_n = 5(2m-1) - 2 = 10m - 7 = 10(m-1) + 3$$

$n = 2m \ (m = 1, 2, 3, \cdots)$ のとき

$$a_n = 5 \cdot 2m - 2 = 10m - 2 = 10(m-1) + 8$$

したがって，

$$[a_n \text{の一の位の数}] = \begin{cases} 3 & (n \text{ が奇数}) \\ 8 & (n \text{ が偶数}) \end{cases}$$

7 （考え方）

$$\underset{n \text{個}}{\underline{11\cdots1}} = 10^{n-1} + 10^{n-2} + \cdots + 10 + 1 = 1 + 10 + \cdots + 10^{n-2} + 10^{n-1}$$

これは，初項 1，公比 10 の等比数列の初

項から第 n 項までの和.

(解答)

この数列を $\{a_n\}$ とすると,

$$a_n = 11\cdots1 \quad (1 \text{ が } n \text{ 個})$$
$$= 10^{n-1} + 10^{n-2} + \cdots + 1$$
$$= \frac{10^n - 1}{10 - 1} = \frac{1}{9}(10^n - 1)$$

また,

$$S_n = \sum_{k=1}^{n} a_k = \sum_{k=1}^{n} \frac{1}{9}(10^k - 1)$$
$$= \frac{1}{9}\left(\sum_{k=1}^{n} 10^k - \sum_{k=1}^{n} 1\right)$$
$$= \frac{1}{9}\left\{\frac{10(10^n - 1)}{10 - 1} - n\right\}$$
$$= \frac{1}{81}(10^{n+1} - 9n - 10)$$

2 いろいろな数列

8 (解答)

$$1\cdot2\cdot3 + 2\cdot3\cdot4 + \cdots + n(n+1)(n+2)$$
$$= \sum_{k=1}^{n} k(k+1)(k+2) = \sum_{k=1}^{n} (k^3 + 3k^2 + 2k)$$
$$= \sum_{k=1}^{n} k^3 + 3\sum_{k=1}^{n} k^2 + 2\sum_{k=1}^{n} k$$
$$= \frac{1}{4}n^2(n+1)^2 + 3\cdot\frac{1}{6}n(n+1)(2n+1)$$
$$\quad + 2\cdot\frac{n(n+1)}{2}$$
$$= \frac{1}{4}n(n+1)\{n(n+1) + 2(2n+1) + 4\}$$
$$= \frac{1}{4}n(n+1)(n^2 + 5n + 6)$$
$$= \frac{1}{4}n(n+1)(n+2)(n+3)$$

[別解] $k(k+1)(k+2)(k+3)$
$$\quad - (k-1)k(k+1)(k+2)$$
$$= \{(k+3) - (k-1)\}k(k+1)(k+2)$$
$$= 4k(k+1)(k+2)$$

よって,

$$k(k+1)(k+2)$$
$$= \frac{1}{4}\{k(k+1)(k+2)(k+3)$$
$$\quad - (k-1)k(k+1)(k+2)\}$$

したがって

$$1\cdot2\cdot3 + 2\cdot3\cdot4 + \cdots + n(n+1)(n+2)$$
$$= \sum_{k=1}^{n} k(k+1)(k+2)$$
$$= \sum_{k=1}^{n} \frac{1}{4}\{k(k+1)(k+2)(k+3)$$
$$\quad - (k-1)k(k+1)(k+2)\}$$
$$= \frac{1}{4}\sum_{k=1}^{n}\{k(k+1)(k+2)(k+3)$$
$$\quad - (k-1)k(k+1)(k+2)\}$$
$$= \frac{1}{4}[(1\cdot2\cdot3\cdot4 - 0\cdot1\cdot2\cdot3)$$
$$\quad + (2\cdot3\cdot4\cdot5 - 1\cdot2\cdot3\cdot4)$$
$$\quad + (3\cdot4\cdot5\cdot6 - 2\cdot3\cdot4\cdot5) + \cdots$$
$$\quad + \{(n-1)n(n+1)(n+2)$$
$$\quad\quad - (n-2)(n-1)n(n+1)\}$$
$$\quad + \{n(n+1)(n+2)(n+3)$$
$$\quad\quad - (n-1)n(n+1)(n+2)\}]$$
$$= \frac{1}{4}n(n+1)(n+2)(n+3)$$

(解説)

[別解]では, $a_k = k(k+1)(k+2)$ に対して,

$$f(k) = \frac{1}{4}(k-1)k(k+1)(k+2)$$

とすると

$$a_k = f(k+1) - f(k)$$

と表されることを用いて, **基本のまとめ** ③
(1)の考え方で計算した.

9 (解答)

(1)
$$b_1 = 2 - 1 = 1$$
$$b_2 = 4 - 2 = 2$$
$$b_3 = 10 - 4 = 6$$
$$b_4 = 23 - 10 = 13$$
$$b_5 = 46 - 23 = 23$$

(2) $\{b_n\}$ の階差数列を $\{c_n\}$ とすると
$$c_1 = 2 - 1 = 1$$
$$c_2 = 6 - 2 = 4$$
$\{c_n\}$ は等差数列であるから,
$$[公差] = c_2 - c_1 = 3$$
よって,
$$c_n = 1 + (n-1)\cdot3 = 3n - 2$$
したがって, $n \geqq 2$ のとき

$$b_n = b_1 + \sum_{k=1}^{n-1} c_k$$

$$= 1 + \frac{1}{2}(n-1)(c_1 + c_{n-1})$$

$$= 1 + \frac{1}{2}(n-1)\{1 + 3(n-1) - 2\}$$

$$= 1 + \frac{1}{2}(n-1)(3n-4)$$

$$= \frac{3}{2}n^2 - \frac{7}{2}n + 3$$

これと $b_1 = 1$ から，求める一般項は

$$b_n = \frac{3}{2}n^2 - \frac{7}{2}n + 3$$

(3)　$n \geqq 2$ のとき

$$a_n = a_1 + \sum_{k=1}^{n-1} b_k$$

$$= 1 + \sum_{k=1}^{n-1}\left(\frac{3}{2}k^2 - \frac{7}{2}k + 3\right)$$

$$= 1 + \frac{3}{2} \cdot \frac{1}{6}(n-1)n(2n-1)$$

$$\quad - \frac{7}{2} \cdot \frac{1}{2}(n-1)n + 3(n-1)$$

$$= 1 + \frac{1}{4}(2n^3 - 3n^2 + n)$$

$$\quad - \frac{7}{4}(n^2 - n) + 3n - 3$$

$$= \frac{1}{2}n^3 - \frac{5}{2}n^2 + 5n - 2$$

これと $a_1 = 1$ から，求める一般項は

$$a_n = \frac{1}{2}n^3 - \frac{5}{2}n^2 + 5n - 2$$

10　[解答]

(1)
$$\frac{1}{k(k+1)} = \frac{1}{k} - \frac{1}{k+1}$$

であるから

$$\sum_{k=1}^{99} \frac{1}{k(k+1)} = \sum_{k=1}^{99}\left(\frac{1}{k} - \frac{1}{k+1}\right)$$

$$= \left(\frac{1}{1} - \frac{1}{2}\right) + \left(\frac{1}{2} - \frac{1}{3}\right) + \left(\frac{1}{3} - \frac{1}{4}\right) + \cdots$$

$$\quad + \left(\frac{1}{98} - \frac{1}{99}\right) + \left(\frac{1}{99} - \frac{1}{100}\right)$$

$$= 1 - \frac{1}{100} = \frac{99}{100}$$

(2)
$$\frac{1}{k(k+2)} = \frac{1}{2}\left(\frac{1}{k} - \frac{1}{k+2}\right)$$

であるから

$$\sum_{k=1}^{n} \frac{1}{k(k+2)} = \frac{1}{2}\sum_{k=1}^{n}\left(\frac{1}{k} - \frac{1}{k+2}\right)$$

$$= \frac{1}{2}\left\{\left(\frac{1}{1} - \frac{1}{3}\right) + \left(\frac{1}{2} - \frac{1}{4}\right) + \left(\frac{1}{3} - \frac{1}{5}\right)\right.$$

$$\quad + \left(\frac{1}{4} - \frac{1}{6}\right) + \cdots + \left(\frac{1}{n-2} - \frac{1}{n}\right)$$

$$\quad \left. + \left(\frac{1}{n-1} - \frac{1}{n+1}\right) + \left(\frac{1}{n} - \frac{1}{n+2}\right)\right\}$$

$$= \frac{1}{2}\left(1 + \frac{1}{2} - \frac{1}{n+1} - \frac{1}{n+2}\right)$$

$$= \frac{1}{2}\left\{\frac{3}{2} - \frac{(n+2)+(n+1)}{(n+1)(n+2)}\right\}$$

$$= \frac{1}{2} \cdot \frac{3(n+1)(n+2) - 2(2n+3)}{2(n+1)(n+2)}$$

$$= \frac{n(3n+5)}{4(n+1)(n+2)}$$

11　[考え方]

$a_n = 2n - 1$, $b_n = \dfrac{1}{3^n}$ とすると，$\{a_n\}$ は等差数列，$\{b_n\}$ は等比数列であり，

$$\sum_{k=1}^{n} \frac{2k-1}{3^k} = \sum_{k=1}^{n} a_k b_k$$

基本のまとめ ③ (2) の計算方法で求める．

[解答]

$$\sum_{k=1}^{n} \frac{2k-1}{3^k} = S_n \text{ とおく．}$$

$$S_n = \frac{1}{3} + \frac{3}{3^2} + \frac{5}{3^3} + \cdots + \frac{2n-1}{3^n}$$

$$\cdots \text{①}$$

$$\frac{1}{3}S_n = \quad \frac{1}{3^2} + \frac{3}{3^3} + \cdots + \frac{2n-3}{3^n} + \frac{2n-1}{3^{n+1}}$$

$$\cdots \text{②}$$

①－② から

$$\frac{2}{3}S_n = \frac{1}{3} + \frac{2}{3^2} + \frac{2}{3^3} + \cdots + \frac{2}{3^n} - \frac{2n-1}{3^{n+1}}$$

$$= \frac{1}{3} + \frac{\frac{2}{9}\left\{1 - \left(\frac{1}{3}\right)^{n-1}\right\}}{1 - \frac{1}{3}} - \frac{2n-1}{3^{n+1}}$$

6

$$=\frac{1}{3}+\frac{1}{3}\left(1-\frac{1}{3^{n-1}}\right)-\frac{2n-1}{3^{n+1}}$$

$$=\frac{2}{3}-\frac{2n+2}{3^{n+1}}=\frac{2}{3}\left(1-\frac{n+1}{3^n}\right)$$

よって，

$$\sum_{k=1}^{n}\frac{2k-1}{3^k}=S_n$$

$$=1-\frac{n+1}{3^n}$$

〔注〕 $\dfrac{2}{3^2}+\dfrac{2}{3^3}+\cdots+\dfrac{2}{3^n}$ は，初項 $\dfrac{2}{9}$，公比

$\dfrac{1}{3}$，項数 $n-1$ の等比数列の和.

12 考え方

$$1\,|\,2,\ 2\,|\,3,\ 3,\ 3\,|\,4,\ \cdots$$
と群に分けると，第 n 群の最後の項 n は
$$第\ (1+2+3+\cdots+n)\ 項$$

解答

次のように群に分ける.

$$1\ |\ 2,\ 2\,|\,3,\ 3,\ 3\,|\,4,\ \cdots$$
第1群 第2群　第3群

第 n 群は，n 個の n でできているので，
第 n 群の最後の項 n は，

$$1+2+3+\cdots+n=\frac{1}{2}n(n+1)$$

から，第 $\dfrac{1}{2}n(n+1)$ 項.

つまり
$$\underbrace{1}_{1(個)}\,|\,\underbrace{2,\ 2}_{2(個)}\,|\cdots|\,\underbrace{n,\ \cdots,\ n}_{n(個)}\,|$$
$$1(個)+2(個)+\cdots+n(個)=\frac{1}{2}n(n+1)(個)$$

(1) 〔第 2003 項〕$=m$ とする.

これは，第 2003 項が第 m 群に含まれることを意味する. これと，第 $m-1$ 群の最後の項 $m-1$ は第 $\dfrac{1}{2}(m-1)m$ 項，第 m 群の最後の項 m は第 $\dfrac{1}{2}m(m+1)$ 項であることから

$$\frac{1}{2}(m-1)m<2003\leqq\frac{1}{2}m(m+1)\ \cdots①$$

ここで，

$$\frac{1}{2}\cdot62\cdot63=1953,\quad \frac{1}{2}\cdot63\cdot64=2016$$

であるから，① をみたす自然数 m は
$$m=63$$

よって，

$$〔第 2003 項〕=\boldsymbol{63}$$

(2) 第 62 群の最後の項 62 は，

$$\frac{1}{2}\cdot62\cdot63=1953$$

から，第 1953 項.

すると，

$$2003-1953=50$$

から，第 2003 項は
第 63 群の 50 番目の項.

第 n 群に含まれる項の総和は

$$\underbrace{n+n+\cdots+n}_{n個}=n^2$$

であるから，求める和を S とすると

$$S=\sum_{n=1}^{62}n^2+50\cdot63$$

$$=\frac{1}{6}\cdot62\cdot63\cdot(2\cdot62+1)+50\cdot63$$

$$=\boldsymbol{84525}$$

13 解答

$$2013=2\times1007-1$$

から，2013 は 1007 番目の奇数.

第 k 群には，$2k-1$ 個の奇数が含まれているので，第 k 群の最後の奇数は

$$1+3+5+\cdots+(2k-1)=\frac{1}{2}k\{1+(2k-1)\}$$
$$=k^2$$

から，k^2 番目の奇数である.

したがって，2013 が第 n 群に含まれることから

$$(n-1)^2<1007\leqq n^2$$

ここで

$$31^2=961,\quad 32^2=1024$$

であるから

$$n=32$$

また，第 31 群の最後の奇数は 961 番目の奇数なので

$$m=1007-961=46$$

よって

$$(n,\ m)={}^{\text{ア}}\boxed{(32,\ 46)}$$

さらに，第32群には，

$$2\times962-1\quad \text{から}\quad 2\times1024-1$$

までの $2\times32-1$ 個の奇数が含まれているので，それらの総和を N とすると

$$N=\frac{1}{2}\times(2\times32-1)\times\{(2\times962-1)+(2\times1024-1)\}$$
$$={}^{\text{イ}}\boxed{125055}$$

14 解答

(1)
$$a_1=S_1=4\cdot1^2+1=5 \qquad \cdots\text{①}$$

$n\geqq2$ のとき

$$a_n=S_n-S_{n-1}$$
$$=(4n^2+n)-\{4(n-1)^2+(n-1)\}$$
$$=(4n^2+n)-(4n^2-7n+3)$$
$$=8n-3 \qquad \cdots\text{②}$$

①，②から，求める一般項は

$$a_n=8n-3$$

(2)
$$a_1=S_1=1\cdot2^{1+1}+1=5 \qquad \cdots\text{③}$$

$n\geqq2$ のとき

$$a_n=S_n-S_{n-1}$$
$$=(n\cdot2^{n+1}+1)-\{(n-1)2^n+1\}$$
$$=\{2n-(n-1)\}2^n$$
$$=(n+1)2^n \qquad \cdots\text{④}$$

③，④から，求める一般項は

$$a_n=\begin{cases}5 & (n=1)\\(n+1)2^n & (n\geqq2)\end{cases}$$

解説

(1)では，$a_1=5=8\cdot1-3$ なので，$a_n=8n-3$ は $n=1$ のときも成り立つ．

一方，(2)では，$a_1=5\neq(1+1)\cdot2^1$ なので，$a_n=(n+1)2^n$ は $n=1$ のときには成り立たない．

15 考え方

(1) 数列

$$1\cdot n,\ 2\cdot(n-1),\ 3\cdot(n-2),\ \cdots,\ (n-1)\cdot2,\ n\cdot1$$
の第 k 項は

$$k(n-k+1)\quad(k=1,\ 2,\ 3,\ \cdots,\ n)$$

(2) 数列

$$(n+1)^2,\ (n+2)^2,\ (n+3)^2,\ \cdots,\ (n+n)^2$$
の第 k 項は

$$(n+k)^2\quad(k=1,\ 2,\ 3,\ \cdots,\ n)$$

解答

(1)
$$1\cdot n+2\cdot(n-1)+3\cdot(n-2)+\cdots$$
$$+(n-1)\cdot2+n\cdot1$$
$$=\sum_{k=1}^{n}k(n-k+1)=\sum_{k=1}^{n}\{(n+1)k-k^2\}$$
$$=(n+1)\sum_{k=1}^{n}k-\sum_{k=1}^{n}k^2$$
$$=(n+1)\cdot\frac{1}{2}n(n+1)-\frac{1}{6}n(n+1)(2n+1)$$
$$=\frac{1}{6}n(n+1)\{3(n+1)-(2n+1)\}$$
$$=\frac{1}{6}n(n+1)(n+2)$$

(2)
$$(n+1)^2+(n+2)^2+(n+3)^2+\cdots$$
$$+(n+n)^2$$
$$=\sum_{k=1}^{n}(n+k)^2=\sum_{k=1}^{n}(n^2+2nk+k^2)$$
$$=n^2\sum_{k=1}^{n}1+2n\sum_{k=1}^{n}k+\sum_{k=1}^{n}k^2$$
$$=n^2\cdot n+2n\cdot\frac{1}{2}n(n+1)$$
$$+\frac{1}{6}n(n+1)(2n+1)$$
$$=\frac{1}{6}n\{6n^2+6n(n+1)+(n+1)(2n+1)\}$$
$$=\frac{1}{6}n(14n^2+9n+1)$$
$$=\frac{1}{6}n(2n+1)(7n+1)$$

[(2)の別解]
$$(n+1)^2+(n+2)^2+(n+3)^2+\cdots$$
$$+(n+n)^2$$
$$=\sum_{k=n+1}^{n+n}k^2=\sum_{k=1}^{2n}k^2-\sum_{k=1}^{n}k^2$$
$$=\frac{1}{6}\cdot2n(2n+1)(2\cdot2n+1)$$
$$-\frac{1}{6}n(n+1)(2n+1)$$
$$=\frac{1}{6}n(2n+1)\{2(4n+1)-(n+1)\}$$
$$=\frac{1}{6}n(2n+1)(7n+1)$$

8

16 考え方

n と 1, 100 との大小で場合を分ける.

絶対値記号をはずして, 等差数列の和の公式を用いる.

解答

(i) $n \leqq 1$ の場合.
$$n - k \leqq 0 \quad (1 \leqq k \leqq 100)$$
であるから
$$|n-k| = -(n-k) = k-n \\ (1 \leqq k \leqq 100)$$
よって,
$$\begin{aligned} S(n) &= (1-n) + (2-n) + (3-n) + \cdots \\ &\quad + (100-n) \\ &= \frac{1}{2} \cdot 100 \{(1-n) + (100-n)\} \\ &= -100n + 5050 \end{aligned}$$

(ii) $2 \leqq n \leqq 99$ の場合.
$$\begin{cases} n - k \geqq 0 & (1 \leqq k \leqq n) \\ n - k < 0 & (n+1 \leqq k \leqq 100) \end{cases}$$
であるから
$$|n-k| = \begin{cases} n-k & (1 \leqq k \leqq n) \\ k-n & (n+1 \leqq k \leqq 100) \end{cases}$$
よって,
$$\begin{aligned} S(n) &= (n-1) + (n-2) + \cdots + 1 + 0 \\ &\quad + 1 + 2 + \cdots + (99-n) + (100-n) \\ &= \frac{1}{2}(n-1)n + \frac{1}{2}(100-n)(101-n) \\ &= n^2 - 101n + 5050 \end{aligned}$$

(iii) $n \geqq 100$ の場合.
$$n - k \geqq 0 \quad (1 \leqq k \leqq 100)$$
であるから
$$|n-k| = n-k \quad (1 \leqq k \leqq 100)$$
よって,
$$\begin{aligned} S(n) &= (n-1) + (n-2) + (n-3) + \cdots \\ &\quad + (n-100) \\ &= \frac{1}{2} \cdot 100 \{(n-1) + (n-100)\} \\ &= 100n - 5050 \end{aligned}$$

以上 (i), (ii), (iii) から
$$S(n) = \begin{cases} -100n + 5050 & (n \leqq 1) \\ n^2 - 101n + 5050 & (1 \leqq n \leqq 100) \\ 100n - 5050 & (n \geqq 100) \end{cases}$$

[注] $-100n + 5050$ と $n^2 - 101n + 5050$ は $n=1$ のとき一致し,
$100n - 5050$ と $n^2 - 101n + 5050$ は $n=100$ のとき一致する.

よって,
$$S(n) = n^2 - 101n + 5050$$
は $n=1$, 100 のときも成り立つ.

n の増加にともなって, $S(n)$ の値は

$n \leqq 1$ のとき減少, $n \geqq 100$ のとき増加するから, $S(n)$ は $1 \leqq n \leqq 100$ の範囲において最小値をとる.

$1 \leqq n \leqq 100$ のとき
$$S(n) = \left(n - \frac{101}{2}\right)^2 - \frac{101^2}{4} + 5050$$
であり, $\frac{101}{2} = 50.5$ は 50 と 51 のまん中の値であるから, $S(n)$ は
$$n = 50, \ 51$$
のとき最小となり
$$\begin{aligned} [最小値] &= S(50)(=S(51)) \\ &= 50^2 - 101 \times 50 + 5050 \\ &= \mathbf{2500} \end{aligned}$$

17 考え方

(1) n が奇数のとき, a_n を 3 で割った余りは 1, n が偶数のとき, a_n を 3 で割った余りは 2.

(2) n の偶奇で場合分けをする.

(3) (2)の結果から, 見当をつける.

解答

(1) a_{2m} は, 3 で割った余りが 2 である m 番目の数であり, 3 で割った余りが 2 である数列は
$$初項 2, \quad 公差 3$$
の等差数列であるから
$$a_{2m} = 2 + (m-1) \cdot 3 = 3m - 1 \quad \cdots ①$$

(2) m を正の整数とすると, ①から
$$a_{2m-1} = a_{2m} - 1 = 3m - 2 \quad \cdots ②$$
よって,
$$\begin{aligned} S_{2m} &= (a_1 + a_2) + (a_3 + a_4) + \cdots \\ &\quad + (a_{2m-1} + a_{2m}) \\ &= \sum_{k=1}^{m} (a_{2k-1} + a_{2k}) \end{aligned}$$

$$= \sum_{k=1}^{m}\{(3k-2)+(3k-1)\}$$
$$\text{（①，②による）}$$
$$= \sum_{k=1}^{m}(6k-3)$$
$$= \frac{1}{2}m\{(6\cdot1-3)+(6m-3)\}$$

$$\left(\begin{array}{l}\text{なぜなら，数列}\\ 6\cdot1-3,\ 6\cdot2-3,\ \cdots,\ 6m-3\\ \text{は，初項 } 6\cdot1-3,\text{ 第 } m \text{ 項 } 6m-3 \text{ の等}\\ \text{差数列}\\ \qquad=3m^2 \qquad\qquad\cdots③\end{array}\right)$$

さらに，①，③ から，
$$S_{2m-1}=S_{2m}-a_{2m}$$
$$=3m^2-(3m-1)$$
$$=3m^2-3m+1 \qquad\cdots④$$

したがって，n が偶数のときは
$$n=2m \ \text{すなわち} \ m=\frac{1}{2}n$$

とすると，③ から
$$S_n=3\left(\frac{1}{2}n\right)^2=\frac{3}{4}n^2$$

n が奇数のときは
$$n=2m-1 \ \text{すなわち} \ m=\frac{1}{2}(n+1)$$

とすると，④ から
$$S_n=3\left\{\frac{1}{2}(n+1)\right\}^2-3\cdot\frac{1}{2}(n+1)+1$$
$$=\frac{1}{4}(3n^2+1)$$

以上，まとめると
$$S_n=\begin{cases}\dfrac{1}{4}(3n^2+1) & (n \text{ が奇数})\\[2mm] \dfrac{3}{4}n^2 & (n \text{ が偶数})\end{cases}$$

(3) n の増加にともなって，S_n は増加することと，
$$S_{28}=\frac{3}{4}\cdot28^2=3\cdot14^2=588<600$$
$$S_{29}=\frac{1}{4}(3\cdot29^2+1)=631>600$$

であることから，求める n は
$$\boldsymbol{n=29}$$

18 解答

(1)
$$\boldsymbol{b_n}=a_{n+1}-a_n$$
$$=\{(n+1)n\}^2-\{n(n-1)\}^2$$
$$=n^2\{(n+1)^2-(n-1)^2\}$$
$$\boldsymbol{=4n^3}$$

(2) $a_n=\{n(n-1)\}^2$ とすると，(1) の結果から
$$n^3=\frac{1}{4}b_n=\frac{1}{4}(a_{n+1}-a_n)$$

よって，
$$\sum_{k=1}^{n}k^3=\frac{1}{4}\sum_{k=1}^{n}(a_{k+1}-a_k)$$
$$=\frac{1}{4}\{(a_2-a_1)+(a_3-a_2)+\cdots$$
$$\qquad\qquad +(a_{n+1}-a_n)\}$$
$$=\frac{1}{4}(a_{n+1}-a_1)$$
$$=\frac{1}{4}[\{(n+1)n\}^2-\{1\cdot(1-1)\}^2]$$
$$\boldsymbol{=\frac{1}{4}n^2(n+1)^2}$$

(3)
$$\boldsymbol{b_n}=a_{n+1}-a_n$$
$$=\{(n+1)n\}^3-\{n(n-1)\}^3$$
$$=n^3\{(n+1)^3-(n-1)^3\}$$
$$=n^3(6n^2+2)$$
$$\boldsymbol{=6n^5+2n^3}$$

(4) $a_n=\{n(n-1)\}^3$ とすると，(3) の結果から
$$n^5=\frac{1}{6}b_n-\frac{1}{3}n^3$$
$$=\frac{1}{6}(a_{n+1}-a_n)-\frac{1}{3}n^3$$

よって，(2) の結果も用いると，
$$\sum_{k=1}^{n}k^5=\sum_{k=1}^{n}\left\{\frac{1}{6}(a_{k+1}-a_k)-\frac{1}{3}k^3\right\}$$
$$=\frac{1}{6}\sum_{k=1}^{n}(a_{k+1}-a_k)-\frac{1}{3}\sum_{k=1}^{n}k^3$$
$$=\frac{1}{6}\{(a_2-a_1)+(a_3-a_2)+\cdots$$
$$\qquad\qquad +(a_{n+1}-a_n)\}$$
$$\qquad -\frac{1}{3}\cdot\frac{1}{4}n^2(n+1)^2$$
$$=\frac{1}{6}(a_{n+1}-a_1)-\frac{1}{12}n^2(n+1)^2$$

$$=\frac{1}{6}\left[\{(n+1)n\}^3-\{1\cdot(1-1)\}^3\right]$$

$$-\frac{1}{12}n^2(n+1)^2$$

$$=\frac{1}{12}n^2(n+1)^2\{2(n+1)n-1\}$$

$$=\frac{1}{12}n^2(n+1)^2(2n^2+2n-1)$$

19 [考え方]

〔第 n 項〕$=f(n+1)-f(n)$ となる n の式 $f(n)$ をみつける.

[解答]

$$a_n=\frac{\sqrt{n+1}-\sqrt{n}}{(\sqrt{n+1}+\sqrt{n})(\sqrt{n+1}-\sqrt{n})}$$
$$=\sqrt{n+1}-\sqrt{n}$$

であるから

$$\sum_{k=1}^{n}a_k$$
$$=\sum_{k=1}^{n}\left(\sqrt{k+1}-\sqrt{k}\right)$$
$$=(\sqrt{2}-\sqrt{1})+(\sqrt{3}-\sqrt{2})+(\sqrt{4}-\sqrt{3})$$
$$+\cdots+(\sqrt{n}-\sqrt{n-1})+(\sqrt{n+1}-\sqrt{n})$$
$$={}^{\scriptscriptstyle\mathcal{ア}}\boxed{\sqrt{n+1}-1}$$
$$b_n=\frac{(n+1)-1}{(n+1)!}=\frac{1}{n!}-\frac{1}{(n+1)!}$$

であるから

$$\sum_{k=1}^{n}b_k=\sum_{k=1}^{n}\left\{\frac{1}{k!}-\frac{1}{(k+1)!}\right\}$$
$$=\left(\frac{1}{1!}-\frac{1}{2!}\right)+\left(\frac{1}{2!}-\frac{1}{3!}\right)+\left(\frac{1}{3!}-\frac{1}{4!}\right)+\cdots$$
$$+\left\{\frac{1}{(n-1)!}-\frac{1}{n!}\right\}+\left\{\frac{1}{n!}-\frac{1}{(n+1)!}\right\}$$
$$={}^{\scriptscriptstyle\mathcal{イ}}\boxed{1-\frac{1}{(n+1)!}}$$
$$c_n=\log_2(n+1)-\log_2 n$$

であるから

$$\sum_{k=1}^{n}c_k=\sum_{k=1}^{n}\{\log_2(k+1)-\log_2 k\}$$
$$=(\log_2 2-\log_2 1)+(\log_2 3-\log_2 2)$$
$$+(\log_2 4-\log_2 3)+\cdots$$
$$+\{\log_2 n-\log_2(n-1)\}$$
$$+\{\log_2(n+1)-\log_2 n\}$$

$$={}^{\scriptscriptstyle\mathcal{ウ}}\boxed{\log_2(n+1)}$$

〔ウの別解〕

$$\sum_{k=1}^{n}c_k$$
$$=\log_2\frac{2}{1}+\log_2\frac{3}{2}+\log_2\frac{4}{3}+\cdots$$
$$+\log_2\frac{n}{n-1}+\log_2\frac{n+1}{n}$$
$$=\log_2\left(\frac{2}{1}\cdot\frac{3}{2}\cdot\frac{4}{3}\cdot\cdots\cdot\frac{n}{n-1}\cdot\frac{n+1}{n}\right)$$
$$={}^{\scriptscriptstyle\mathcal{ウ}}\boxed{\log_2(n+1)}$$

20 [考え方]

(3) 数列 $\{b_n\}$ を

$$b_n=a_{5n-4}+a_{5n-3}+a_{5n-2}+a_{5n-1}+a_{5n}$$
$$(n=1,\ 2,\ 3,\ \cdots)$$

で定めると,$\{b_n\}$ は公差 3×5 の等差数列であり,

$$\sum_{k=1}^{5n}a_k=\sum_{m=1}^{n}b_m$$

[解答]

(1) $a_1=\left[\dfrac{3}{5}\right]=0,\quad a_2=\left[\dfrac{6}{5}\right]=1,$

$a_3=\left[\dfrac{9}{5}\right]=1,\quad a_4=\left[\dfrac{12}{5}\right]=2,$

$a_5=[3]=3$

(2) $a_{n+5}=\left[\dfrac{3(n+5)}{5}\right]=\left[\dfrac{3n}{5}+3\right]$ …①

一方,

$$a_n=\left[\frac{3n}{5}\right]$$

から

$$a_n\leqq\frac{3n}{5}<a_n+1$$

ゆえに

$$a_n+3\leqq\frac{3n}{5}+3<a_n+4$$

よって,

$$\left[\frac{3n}{5}+3\right]=a_n+3 \qquad\cdots②$$

①,②から

$$a_{n+5}=a_n+3 \qquad\cdots③$$

(3) ③から 数列

$$a_1,\ a_6,\ a_{11},\ \cdots$$

すなわち　数列 $\{a_{5n-4}\}$ は公差 3 の等差数列である.

同様にして，数列 $\{a_{5n-3}\}$，$\{a_{5n-2}\}$，$\{a_{5n-1}\}$，$\{a_{5n}\}$ もすべて公差 3 の等差数列である.

よって，数列 $\{b_n\}$ を
$$b_n=a_{5n-4}+a_{5n-3}+a_{5n-2}+a_{5n-1}+a_{5n}$$
$$(n=1,\ 2,\ 3,\ \cdots)$$
で定めると，
$$b_{n+1}-b_n=(a_{5n+1}+a_{5n+2}+a_{5n+3}+a_{5n+4}+a_{5n+5})$$
$$-(a_{5n-4}+a_{5n-3}+a_{5n-2}+a_{5n-1}+a_{5n})$$
$$=(a_{5n+1}-a_{5n-4})+(a_{5n+2}-a_{5n-3})+(a_{5n+3}-a_{5n-2})$$
$$+(a_{5n+4}-a_{5n-1})+(a_{5n+5}-a_{5n})$$
$$=3+3+3+3+3=15$$

から，$\{b_n\}$ は公差 15 の等差数列である.

さらに，(1) から
$$b_1=a_1+a_2+a_3+a_4+a_5$$
$$=0+1+1+2+3=7$$
なので
$$\sum_{k=1}^{5n}a_k=\sum_{m=1}^{n}b_m=\frac{1}{2}n\{2\times7+(n-1)\cdot15\}$$
$$=\frac{1}{2}n(15n-1)$$

[(3) の別解] (1)と③から
$$a_1,\ a_6,\ a_{11},\ \cdots$$
すなわち数列 $\{a_{5n-4}\}$ は初項 0, 公差 3 の等差数列であるから
$$a_{5n-4}=0+(n-1)\cdot3=3n-3$$

同様にして，(1)と③から
数列 $\{a_{5n-3}\}$ は初項 1, 公差 3
数列 $\{a_{5n-2}\}$ は初項 1, 公差 3
数列 $\{a_{5n-1}\}$ は初項 2, 公差 3
数列 $\{a_{5n}\}$ は初項 3, 公差 3
の等差数列であるから
$$a_{5n-3}=1+(n-1)\cdot3=3n-2$$
$$a_{5n-2}=1+(n-1)\cdot3=3n-2$$
$$a_{5n-1}=2+(n-1)\cdot3=3n-1$$
$$a_{5n}=3+(n-1)\cdot3=3n$$
したがって
$$\sum_{k=1}^{5n}a_k=\sum_{k=1}^{n}a_{5k-4}+\sum_{k=1}^{n}a_{5k-3}+\sum_{k=1}^{n}a_{5k-2}$$

$$+\sum_{k=1}^{n}a_{5k-1}+\sum_{k=1}^{n}a_{5k}$$
$$=\sum_{k=1}^{n}(a_{5k-4}+a_{5k-3}+a_{5k-2}+a_{5k-1}+a_{5k})$$
$$=\sum_{k=1}^{n}\{(3k-3)+(3k-2)+(3k-2)$$
$$+(3k-1)+3k\}$$
$$=\sum_{k=1}^{n}(15k-8)=15\cdot\frac{1}{2}n(n+1)-8n$$
$$=\frac{1}{2}n(15n-1)$$

21 【解答】

次のように群に分けた数列を考える.
$$1\ |\ 2,\ 3\ |\ 4,\ 5,\ 6\ |\ 7,\ \cdots$$
第1群　第2群　　第3群

第 n 群は n 個の項からできているから
$$[第 n 群の最後の項]=\sum_{k=1}^{n}k$$
$$=\frac{1}{2}n(n+1)$$

(1) 求める数を x とすると
$$x=[第 n 群の最後の項]$$
$$=\frac{1}{2}n(n+1)$$

(2) 求める数を y とすると
$$y=[第 n 群の最初の項]$$
$$=[第 n-1 群の最後の項]+1$$
$$=\frac{1}{2}(n-1)n+1$$

(3) 1000 が第 n 群に含まれるとすると
$$\frac{1}{2}(n-1)n<1000\leqq\frac{1}{2}n(n+1)$$
ここで，
$$\frac{1}{2}\cdot44\cdot45=990,\quad \frac{1}{2}\cdot45\cdot46=1035$$
であるから
$$n=45$$
さらに
$$1000=990+10$$
であるから，1000 は第 45 群の 10 番目の項.
(2)の結果から，1番上の段の左から 45 番目の数は
$$\frac{1}{2}\cdot44\cdot45+1=991$$

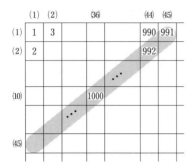

よって，上の図のようになるから，1000
は

左から 36 番目，上から 10 段目

にある．

22 考え方

$$1\,|\,2,\ 1\,|\,3,\ 2,\ 1\,|\,4,\ 3,\ \cdots$$

という具合に群に分けると，第 n 群は

$$n,\ n-1,\ n-2,\ \cdots,\ 2,\ 1$$

解 答

次のように群に分ける．

$$1\,|\,2,\ 1\,|\,3,\ 2,\ 1\,|\,4,\ 3,\ \cdots$$

このとき，第 n 群は

$$n,\ n-1,\ n-2,\ \cdots,\ 2,\ 1$$

(1) m 度目の n は第 $n+m-1$ 群に現れる．
さらに，第 $n+m-1$ 群は

$$n+m-1,\ n+m-2,\ \cdots,$$
$$n(=n+m-m),\ \cdots,\ 2,\ 1$$

であるから，m 度目の n は

第 $n+m-1$ 群の m 番目の項
第 $n+m-2$ 群の最後の項は，

$$1+2+3+\cdots+(n+m-2)$$
$$=\sum_{k=1}^{n+m-2}k=\frac{1}{2}(n+m-2)(n+m-1)$$

より

第 $\frac{1}{2}(n+m-2)(n+m-1)$ 項

であるから，m 度目の n は

第 $\frac{1}{2}(n+m-2)(n+m-1)+m$ 項

(2) 第 200 項が第 N 群に含まれているとすると

$$\sum_{k=1}^{N-1}k<200\le\sum_{k=1}^{N}k$$

すなわち

$$\frac{1}{2}(N-1)N<200\le\frac{1}{2}N(N+1)$$

ここで，

$$\frac{1}{2}\cdot19\cdot20=190,\quad \frac{1}{2}\cdot20\cdot21=210$$

であるから

$$N=20$$

さらに，

$$200=190+10$$

から，第 200 項は

第 20 群の 10 番目の項
第 20 群は

$$20,\ 19,\ 18,\ \cdots,\ 2,\ 1$$

であるから，10 番目の項すなわち第 200 項
は

11

$$\begin{bmatrix} 20(第\ 191\ 項),\ 19(第\ 192\ 項),\ \cdots \\ \cdots,\ 11(第\ 200\ 項),\ \cdots \\ \cdots,\ 2(第\ 209\ 項),\ 1(第\ 210\ 項) \end{bmatrix}$$

3 漸化式

23 考え方

基本のまとめ 2 (1)（解法 1）による．

$$a_{n+1}=5a_n-8 \qquad \cdots \text{⑦}$$

⑦ を変形して

$$a_{n+1}-\alpha=5(a_n-\alpha) \qquad \cdots \text{⑦}$$

となるとする．⑦ から

$$a_{n+1}=5a_n-4\alpha$$

となるので，これと ⑦ を比較すると

$$\alpha=2$$

つまり ⑦ は

$$a_{n+1}-2=5(a_n-2) \qquad \cdots \text{⑦}$$

と変形される．

[注] ⑦ が成り立つことは，展開する
と ⑦ が得られることからすぐにわかる．
したがって，上述のような ⑦ を導く手
続きを答案に書く必要はない．

[解 答]
$$a_1 = -1 \qquad \cdots ①$$
$$a_{n+1} = 5a_n - 8 \qquad \cdots ②$$

② は
$$a_{n+1} - 2 = 5(a_n - 2)$$

と変形できるから，数列 $\{a_n - 2\}$ は

公比 5

の等比数列であり，① から初項は
$$a_1 - 2 = -1 - 2 = -3$$

したがって，数列 $\{a_n - 2\}$ の一般項は
$$a_n - 2 = -3 \cdot 5^{n-1}$$

ゆえに
$$\boldsymbol{a_n = -3 \cdot 5^{n-1} + 2}$$

[注] 数列 $\{a_n - 2\}$ とは
$$a_1 - 2,\ a_2 - 2,\ a_3 - 2,\ \cdots,\ a_n - 2,\ \cdots$$
のことである.

　数列 $\{a_n - 2\}$ という表し方に慣れない
うちは，次のようにするとよい.
$$a_{n+1} - 2 = 5(a_n - 2)$$
　ここで
$$a_n - 2 = b_n \quad (n = 1,\ 2,\ 3,\ \cdots)$$
とおくと
$$b_{n+1} = 5b_n$$
　また，① から
$$b_1 = a_1 - 2 = -1 - 2 = -3$$
　よって，数列 $\{b_n\}$ は初項 -3，公比 5
の等比数列であるから，その一般項は
$$b_n = -3 \cdot 5^{n-1}$$
　ゆえに
$$a_n - 2 = -3 \cdot 5^{n-1}$$
$$a_n = -3 \cdot 5^{n-1} + 2$$

[別解]（基本のまとめ ②(1)（解法 2）に
よる）
$$a_1 = -1 \qquad \cdots ①$$
$$a_{n+1} = 5a_n - 8 \qquad \cdots ②$$
　② から
$$a_{n+2} = 5a_{n+1} - 8 \qquad \cdots ③$$
　③ − ② から
$$a_{n+2} - a_{n+1} = 5(a_{n+1} - a_n) \qquad \cdots ④$$
　よって，$\{a_n\}$ の階差数列を $\{b_n\}$，すなわ
ち
$$b_n = a_{n+1} - a_n \quad (n = 1,\ 2,\ 3,\ \cdots)$$

とすると ④ から
$$b_{n+1} = 5b_n \qquad \cdots ⑤$$
　また，①，② から
$$b_1 = a_2 - a_1 = (5a_1 - 8) - a_1$$
$$= 4a_1 - 8 = 4(-1) - 8 = -12 \qquad \cdots ⑥$$
　⑤，⑥ から $\{b_n\}$ は，
初項 -12，　公比 5

の等比数列である.
　したがって，$n \geqq 2$ のとき
$$a_n = a_1 + \sum_{k=1}^{n-1} b_k = -1 + \frac{-12(5^{n-1} - 1)}{5 - 1}$$
$$= -3 \cdot 5^{n-1} + 2$$
　これと ① から，求める一般項は
$$\boldsymbol{a_n = -3 \cdot 5^{n-1} + 2}$$

[注]
$$b_n = -12 \cdot 5^{n-1}$$
であるから，
$$a_{n+1} - a_n = -12 \cdot 5^{n-1}$$
　これに ② を代入すると
$$(5a_n - 8) - a_n = -12 \cdot 5^{n-1}$$
　これを整理すると
$$a_n = -3 \cdot 5^{n-1} + 2$$
　このように求めてもよい.

[解 説]
　[解 答] の方法（（解法 1））の方が，[別解]
の方法（（解法 2））よりも，答案が短くてす
むので，このタイプの漸化式を解くときには，
[解 答] の方法を選ぶ方が得である.

24　[解 答]
(1)
$$a_1 = 0 \qquad \cdots ①$$
$$a_{n+1} = \frac{1}{2}a_n + n \qquad \cdots ②$$

　② から
$$a_{n+2} = \frac{1}{2}a_{n+1} + n + 1 \qquad \cdots ③$$

　③ − ② から
$$a_{n+2} - a_{n+1} = \frac{1}{2}(a_{n+1} - a_n) + 1$$

　ここで，
$$a_{n+1} - a_n = b_n,\ a_{n+2} - a_{n+1} = b_{n+1}$$
であるから
$$\boldsymbol{b_{n+1} = \frac{1}{2}b_n + 1} \qquad \cdots ④$$

14

(2) ④ から

$$b_{n+1} - 2 = \frac{1}{2}(b_n - 2)$$

> [注] この変形の仕方については
> **基本のまとめ 2** (1) (**解法 1**) あるいは
> **23 考え方** を参照せよ.

よって, 数列 $\{b_n - 2\}$ は公比 $\frac{1}{2}$ の等比数列であり ①, ② から,

$$b_1 - 2 = a_2 - a_1 - 2 = \left(\frac{1}{2}a_1 + 1\right) - a_1 - 2$$

$$= -\frac{1}{2}a_1 - 1 = -\frac{1}{2}\cdot 0 - 1 = -1$$

となるので

$$b_n - 2 = (-1)\left(\frac{1}{2}\right)^{n-1}$$

ゆえに

$$b_n = -\frac{1}{2^{n-1}} + 2 \qquad \cdots ⑤$$

(3) ⑤ から

$$a_{n+1} - a_n = -\frac{1}{2^{n-1}} + 2$$

これに ② を代入して

$$\left(\frac{1}{2}a_n + n\right) - a_n = -\frac{1}{2^{n-1}} + 2$$

よって,

$$\frac{1}{2}a_n = n + \frac{1}{2^{n-1}} - 2$$

ゆえに

$$a_n = 2n + \frac{1}{2^{n-2}} - 4$$

[(3)の別解] $n \geq 2$ のとき

$$a_n = a_1 + \sum_{k=1}^{n-1} b_k = 0 + \sum_{k=1}^{n-1}\left(-\frac{1}{2^{k-1}} + 2\right)$$

$$= -\frac{1 - \left(\frac{1}{2}\right)^{n-1}}{1 - \frac{1}{2}} + 2(n-1)$$

$$= 2n + \frac{1}{2^{n-2}} - 4$$

これと $a_1 = 0$ から

$$a_n = 2n + \frac{1}{2^{n-2}} - 4$$

[解説]

本問では, 基本のまとめ **2** (2) (**解法 2**) で解くことが指示されている. (1), (2) を無視して (**解法 1**) で解くと次のようになる.

> $$a_{n+1} = \frac{1}{2}a_n + n \qquad \cdots ⑦$$
>
> ⑦ を変形して
>
> $$a_{n+1} - \alpha(n+1) - \beta = \frac{1}{2}(a_n - \alpha n - \beta)$$
> $$\cdots ④$$
>
> となるとする. ④ から
>
> $$a_{n+1} = \frac{1}{2}a_n + \frac{1}{2}\alpha n + \alpha + \frac{1}{2}\beta$$
>
> となるので, これと ⑦ を比較すると
>
> $$\frac{1}{2}\alpha = 1, \quad \alpha + \frac{1}{2}\beta = 0$$
>
> よって,
>
> $$\alpha = 2, \quad \beta = -4$$
>
> つまり, ⑦ は
>
> $$a_{n+1} - 2(n+1) + 4 = \frac{1}{2}(a_n - 2n + 4)$$
>
> と変形される.

$$a_1 = 0 \qquad \cdots ①$$
$$a_{n+1} = \frac{1}{2}a_n + n \qquad \cdots ②$$

② は

$$a_{n+1} - 2(n+1) + 4 = \frac{1}{2}(a_n - 2n + 4)$$

と変形できる.

よって, 数列 $\{a_n - 2n + 4\}$ は,

$$公比 \frac{1}{2}$$

の等比数列であり, ① から初項は

$$a_1 - 2\cdot 1 + 4 = 0 + 2 = 2$$

したがって, 数列 $\{a_n - 2n + 4\}$ の一般項は

$$a_n - 2n + 4 = 2\left(\frac{1}{2}\right)^{n-1} = \frac{1}{2^{n-2}}$$

ゆえに

$$a_n = 2n + \frac{1}{2^{n-2}} - 4$$

25 考え方

基本のまとめ ②(2)(解法1)と同じ考え方の誘導があるので，それに従って解けばよい．

解答

$$a_1 = 1 \qquad \cdots ①$$
$$a_n - 2a_{n-1} = n \quad (n = 2, 3, \cdots) \cdots ②$$
$$f(n) = pn + q,$$
$$f(n-1) = p(n-1) + q$$

を

$$a_n + f(n) = 2(a_{n-1} + f(n-1))$$

に代入して

$$a_n + pn + q = 2\{a_{n-1} + p(n-1) + q\} \cdots ③$$

整理すると

$$a_n - 2a_{n-1} = pn - 2p + q \qquad \cdots ④$$

②，④ を比較して

$$p = 1, \quad -2p + q = 0$$

ゆえに

$$p = {}^{ア}\boxed{1}, \quad q = {}^{イ}\boxed{2}$$

よって，③ から

$$a_n + n + 2 = 2\{a_{n-1} + (n-1) + 2\}$$

したがって，数列 $\{a_n + n + 2\}$ は

公比 2

の等比数列であり，① から初項は

$$a_1 + 1 + 2 = 1 + 3 = 4$$

ゆえに，数列 $\{a_n + n + 2\}$ の一般項は

$$a_n + n + 2 = 4 \cdot 2^{n-1} = 2^{n+1}$$

となり，

$$a_n = {}^{ウ}\boxed{2^{n+1} - n - 2}$$

26 考え方

漸化式の両辺を 2^{n+1} で割る．

解答

$$a_1 = 1 \qquad \cdots ①$$
$$a_{n+1} = 2a_n + 2^n \qquad \cdots ②$$

② の両辺を 2^{n+1} で割ると

$$\frac{a_{n+1}}{2^{n+1}} = \frac{a_n}{2^n} + \frac{1}{2}$$

よって，数列 $\left\{\dfrac{a_n}{2^n}\right\}$ は，

公差 $\dfrac{1}{2}$

の等差数列であり，① から初項は

$$\frac{a_1}{2} = \frac{1}{2}$$

したがって，数列 $\left\{\dfrac{a_n}{2^n}\right\}$ の一般項は

$$\frac{a_n}{2^n} = \frac{1}{2} + (n-1) \cdot \frac{1}{2} = \frac{1}{2}n$$

ゆえに，

$$a_n = \boxed{n \cdot 2^{n-1}}$$

27 考え方

漸化式の両辺を 3^{n+1} で割る．

解答

$$a_1 = 3 \qquad \cdots ①$$
$$a_{n+1} = 2a_n + 3^{n+1} \qquad \cdots ②$$

② の両辺を 3^{n+1} で割ると

$$\frac{a_{n+1}}{3^{n+1}} = \frac{2}{3} \cdot \frac{a_n}{3^n} + 1 \qquad \cdots ③$$

数列 $\{b_n\}$ を

$$b_n = \frac{a_n}{3^n} \quad (n = 1, 2, 3, \cdots) \quad \cdots ④$$

で定めると，③ から

$$b_{n+1} = \frac{2}{3}b_n + 1$$

これは

$$b_{n+1} - 3 = \frac{2}{3}(b_n - 3)$$

と変形できる．

実際

$$b_{n+1} - \alpha = \frac{2}{3}(b_n - \alpha)$$

と変形できたとすると

$$b_{n+1} = \frac{2}{3}b_n + \frac{1}{3}\alpha$$

これと

$$b_{n+1} = \frac{2}{3}b_n + 1$$

を比較して

$$\frac{1}{3}\alpha = 1 \quad \text{すなわち} \quad \alpha = 3$$

よって，数列 $\{b_n - 3\}$ は

公比 $\dfrac{2}{3}$

の等比数列であり，初項は①，④ から

16

$$b_1 - 3 = \frac{a_1}{3} - 3 = \frac{3}{3} - 3 = -2$$

したがって，数列 $\{b_n - 3\}$ の一般項は

$$b_n - 3 = -2\left(\frac{2}{3}\right)^{n-1} = -\frac{2^n}{3^{n-1}}$$

ゆえに

$$b_n = 3 - \frac{2^n}{3^{n-1}}$$

したがって，④から

$$\frac{a_n}{3^n} = 3 - \frac{2^n}{3^{n-1}}$$

となり，求める一般項は

$$a_n = 3^{n+1} - 3 \cdot 2^n$$

28 考え方

$b_n = \frac{1}{a_n}$，$b_{n+1} = \frac{1}{a_{n+1}}$ と $a_{n+1} = \frac{2a_n}{a_n + 5}$

とから，b_n と b_{n+1} の間に成り立つ関係式をつくる.

解答

$$a_1 = 1 \qquad \cdots ①$$

$$a_{n+1} = \frac{2a_n}{a_n + 5} \qquad \cdots ②$$

②から

$$\frac{1}{a_{n+1}} = \frac{a_n + 5}{2a_n} = \frac{1}{2} + \frac{5}{2} \cdot \frac{1}{a_n} \quad \cdots ②'$$

一方，

$$b_n = \frac{1}{a_n} \qquad \cdots ③$$

とすると

$$b_{n+1} = \frac{1}{a_{n+1}} \qquad \cdots ④$$

②′，③，④から，a_n，a_{n+1} を消去すると

$$\boxed{b_{n+1} = \frac{5}{2}b_n + \frac{1}{2}} \qquad \cdots ⑤$$

⑤から

$$b_{n+1} + \frac{1}{3} = \frac{5}{2}\left(b_n + \frac{1}{3}\right)$$

実際

$$b_{n+1} - \alpha = \frac{5}{2}(b_n - \alpha)$$

を展開した式

$$b_{n+1} = \frac{5}{2}b_n - \frac{3}{2}\alpha$$

と⑤を比較して

$$-\frac{3}{2}\alpha = \frac{1}{2}$$

これから

$$\alpha = -\frac{1}{3}$$

よって，

$$b_{n+1} + \frac{1}{3} = \frac{5}{2}\left(b_n + \frac{1}{3}\right)$$

よって，数列 $\left\{b_n + \frac{1}{3}\right\}$ は

$$公比 \frac{5}{2}$$

の等比数列であり，初項は①，③から

$$b_1 + \frac{1}{3} = \frac{1}{a_1} + \frac{1}{3} = \frac{1}{1} + \frac{1}{3} = \frac{4}{3}$$

したがって，数列 $\left\{b_n + \frac{1}{3}\right\}$ の一般項は

$$b_n + \frac{1}{3} = \frac{4}{3}\left(\frac{5}{2}\right)^{n-1}$$

ゆえに

$$b_n = \frac{4}{3}\left(\frac{5}{2}\right)^{n-1} - \frac{1}{3} = \frac{1}{3}\left\{4\left(\frac{5}{2}\right)^{n-1} - 1\right\}$$

よって，③から

$$a_n = \frac{1}{b_n} = \boxed{\frac{3}{4\left(\frac{5}{2}\right)^{n-1} - 1}}$$

解説

b_n と b_{n+1} の関係式つまり $\frac{1}{a_n}$ と $\frac{1}{a_{n+1}}$ の関係式をつくればよいと考えて，②の両辺の逆数をとり②′をつくった．これによって，ただちに⑤が得られる.

②の逆数をとるとうまくいくことに気がつかない場合でも，次のように，機械的に求めることができる.

$b_n = \frac{1}{a_n}$ から $a_n = \frac{1}{b_n}$

よって，$a_{n+1} = \frac{1}{b_{n+1}}$

これらを $a_{n+1} = \frac{2a_n}{a_n + 5}$ に代入すると

$$\frac{1}{b_{n+1}}=\frac{2\cdot\dfrac{1}{b_n}}{\dfrac{1}{b_n}+5}=\frac{2}{1+5b_n}$$

よって，

$$b_{n+1}=\frac{5}{2}b_n+\frac{1}{2}$$

29　解答

$$a_1=0,\ b_1=1 \qquad \cdots\text{①}$$
$$a_{n+1}=\frac{1}{2}a_n+\frac{1}{2}b_n \qquad \cdots\text{②}$$
$$b_{n+1}=\frac{1}{4}a_n+\frac{3}{4}b_n \qquad \cdots\text{③}$$

(1) ①，②から
$$a_2=\frac{1}{2}a_1+\frac{1}{2}b_1=\frac{1}{2}\cdot0+\frac{1}{2}\cdot1=\frac{1}{2} \quad\cdots\text{④}$$
①，③から
$$b_2=\frac{1}{4}a_1+\frac{3}{4}b_1=\frac{1}{4}\cdot0+\frac{3}{4}\cdot1=\frac{3}{4} \quad\cdots\text{⑤}$$
②，④，⑤から
$$a_3=\frac{1}{2}a_2+\frac{1}{2}b_2=\frac{1}{2}\cdot\frac{1}{2}+\frac{1}{2}\cdot\frac{3}{4}=^{\text{ア}}\boxed{\frac{5}{8}}$$
③，④，⑤から
$$b_3=\frac{1}{4}a_2+\frac{3}{4}b_2=\frac{1}{4}\cdot\frac{1}{2}+\frac{3}{4}\cdot\frac{3}{4}=^{\text{イ}}\boxed{\frac{11}{16}}$$

(2) ②，③から
$$b_{n+1}-a_{n+1}=\left(\frac{1}{4}a_n+\frac{3}{4}b_n\right)-\left(\frac{1}{2}a_n+\frac{1}{2}b_n\right)$$
$$=^{\text{ウ}}\boxed{\frac{1}{4}}(b_n-a_n)$$

数列 $\{b_n-a_n\}$ は公比が $\frac{1}{4}$ の等比数列であるので，①から
$$b_n-a_n=(b_1-a_1)\left(\frac{1}{4}\right)^{n-1}$$
$$=(1-0)\left(\frac{1}{4}\right)^{n-1}=^{\text{エ}}\boxed{\frac{1}{4^{n-1}}} \quad\cdots\text{⑥}$$

(3) ②から
$$b_n=2a_{n+1}-a_n$$
これを⑥に代入すると
$$(2a_{n+1}-a_n)-a_n=\frac{1}{4^{n-1}}$$
よって，

$$a_{n+1}=a_n+\frac{1}{2\cdot4^{n-1}}$$

$n\geqq2$ のとき
$$a_n=a_1+\sum_{k=1}^{n-1}\frac{1}{2\cdot4^{k-1}}=0+\frac{\dfrac{1}{2}\left\{1-\left(\dfrac{1}{4}\right)^{n-1}\right\}}{1-\dfrac{1}{4}}$$
$$=\frac{2}{3}\left(1-\frac{1}{4^{n-1}}\right)$$
これと①から
$$a_n=^{\text{オ}}\boxed{\frac{2}{3}\left(1-\frac{1}{4^{n-1}}\right)} \quad(n=1,\ 2,\ 3,\ \cdots)$$

(4) $4^{k-1}a_k=\frac{2}{3}(4^{k-1}-1)$
であるから
$$\sum_{k=1}^{n}4^{k-1}a_k=\sum_{k=1}^{n}\frac{2}{3}(4^{k-1}-1)$$
$$=\frac{2}{3}\left(\sum_{k=1}^{n}4^{k-1}-\sum_{k=1}^{n}1\right)$$
$$=\frac{2}{3}\left(\frac{4^n-1}{4-1}-n\right)$$
$$=^{\text{カ}}\boxed{\frac{2}{9}\cdot4^n-\frac{2}{3}n-\frac{2}{9}}$$

$S_n=\sum_{k=1}^{n}k(b_k-a_k)=\sum_{k=1}^{n}\dfrac{k}{4^{k-1}}$ とすると
$$S_n=1+\frac{2}{4}+\frac{3}{4^2}+\cdots+\frac{n}{4^{n-1}} \qquad\cdots\text{⑦}$$
$$\frac{1}{4}S_n=\quad\frac{1}{4}+\frac{2}{4^2}+\cdots+\frac{n-1}{4^{n-1}}+\frac{n}{4^n} \quad\cdots\text{⑧}$$
⑦−⑧から
$$\frac{3}{4}S_n=1+\frac{1}{4}+\frac{1}{4^2}+\cdots+\frac{1}{4^{n-1}}-\frac{n}{4^n}$$
$$=\frac{1-\left(\dfrac{1}{4}\right)^n}{1-\dfrac{1}{4}}-\frac{n}{4^n}=\frac{4}{3}\left(1-\frac{1}{4^n}\right)-\frac{n}{4^n}$$
よって，
$$S_n=\frac{16}{9}\left(1-\frac{1}{4^n}\right)-\frac{4n}{3\cdot4^n}$$
$$=\frac{4}{9}\left\{^{\text{キ}}\boxed{4-\frac{3n+4}{4^n}}\right\}$$

18

30 [解答]

$$2\sum_{k=1}^{n} a_k = n^2 - a_n \qquad \cdots ①$$

(1) ①から

$$2\sum_{k=1}^{n+1} a_k = (n+1)^2 - a_{n+1} \qquad \cdots ②$$

②-① から

$$2a_{n+1} = a_n - a_{n+1} + 2n + 1$$

よって,

$$a_{n+1} = \frac{1}{3}(a_n + 2n + 1) \qquad \cdots ③$$

(2) ③から

$$a_{n+1} - (n+1) + 1 = \frac{1}{3}(a_n - n + 1) \qquad \cdots ③'$$

実際, ③ が

$$a_{n+1} - \alpha(n+1) - \beta = \frac{1}{3}(a_n - \alpha n - \beta)$$

と変形されたとすると

$$a_{n+1} = \frac{1}{3}(a_n + 2\alpha n + 3\alpha + 2\beta)$$

これと ③ を比較して

$$2\alpha = 2, \quad 3\alpha + 2\beta = 1$$

ゆえに

$$\alpha = 1, \quad \beta = -1$$

また, ① で $n=1$ とすると,

$$2a_1 = 1^2 - a_1$$

となり, これから

$$a_1 = \frac{1}{3} \qquad \cdots ④$$

③', ④ より, 数列 $\{a_n - n + 1\}$ は

初項 $a_1 - 1 + 1 = \frac{1}{3}$, 公比 $\frac{1}{3}$

の等比数列であるから, その一般項は

$$a_n - n + 1 = \frac{1}{3}\left(\frac{1}{3}\right)^{n-1} = \frac{1}{3^n}$$

したがって,

$$a_n = \frac{1}{3^n} + n - 1$$

[[(2) の別解]] ③ から

$$a_{n+2} = \frac{1}{3}\{a_{n+1} + 2(n+1) + 1\} \qquad \cdots ③''$$

③''-③ から

$$a_{n+2} - a_{n+1} = \frac{1}{3}(a_{n+1} - a_n) + \frac{2}{3}$$

ここで,

$$b_n = a_{n+1} - a_n \quad (n=1, 2, 3, \cdots) \qquad \cdots ⑤$$

とすると

$$b_{n+1} = \frac{1}{3}b_n + \frac{2}{3}$$

よって,

$$b_{n+1} - 1 = \frac{1}{3}(b_n - 1) \qquad \cdots ⑥$$

① で $n=1$ とすると

$$2a_1 = 1^2 - a_1$$

となり, これから

$$a_1 = \frac{1}{3}$$

さらに, これと ③ から

$$a_2 = \frac{1}{3}(a_1 + 2 + 1)$$

$$= \frac{1}{3}\left(\frac{1}{3} + 3\right) = \frac{10}{9}$$

したがって, ⑤ から

$$b_1 = a_2 - a_1$$

$$= \frac{10}{9} - \frac{1}{3} = \frac{7}{9} \qquad \cdots ⑦$$

⑥, ⑦ より, 数列 $\{b_n - 1\}$ は

初項 $b_1 - 1 = \frac{7}{9} - 1 = -\frac{2}{9}$, 公比 $\frac{1}{3}$

の等比数列であるから, その一般項は

$$b_n - 1 = \left(-\frac{2}{9}\right)\left(\frac{1}{3}\right)^{n-1} = -\frac{2}{3^{n+1}}$$

ゆえに

$$b_n = 1 - \frac{2}{3^{n+1}}$$

よって, ⑤ から

$$a_{n+1} - a_n = 1 - \frac{2}{3^{n+1}} \qquad \cdots ⑧$$

③ を ⑧ に代入して,

$$\frac{1}{3}(a_n + 2n + 1) - a_n = 1 - \frac{2}{3^{n+1}}$$

これを整理して

$$a_n = \frac{1}{3^n} + n - 1$$

[注] $n \geqq 2$ のとき,

$$a_n = a_1 + \sum_{k=1}^{n-1} b_k$$

$$=\frac{1}{3}+\sum_{k=1}^{n-1}\left(1-\frac{2}{3^{k+1}}\right)$$

$$=\frac{1}{3}+(n-1)-\frac{\dfrac{2}{9}\left\{1-\left(\dfrac{1}{3}\right)^{n-1}\right\}}{1-\dfrac{1}{3}}$$

$$=\frac{1}{3^n}+n-1$$

という具合に a_n を求めてもよいが，③と⑧から a_{n+1} を消去して a_n を求める方が楽である．

31　解　答

[解答1]　　　　$a_1=1$　　　　　…①

$$2(n+1)a_{n+1}=na_n+(-1)^{n+1}　…②$$

数列 $\{b_n\}$ を

$$b_n=na_n \quad (n=1,\ 2,\ 3,\ \cdots)　…③$$

で定めると，①，②から

$$\begin{cases} b_1=1\cdot a_1=1 & …④ \\ 2b_{n+1}=b_n+(-1)^{n+1} & …⑤ \end{cases}$$

⑤の両辺を $(-1)^{n+1}$ で割ると

$$2\cdot\frac{b_{n+1}}{(-1)^{n+1}}=-\frac{b_n}{(-1)^n}+1　…⑤'$$

よって，数列 $\{c_n\}$ を

$$c_n=\frac{b_n}{(-1)^n} \quad (n=1,\ 2,\ 3,\ \cdots)…⑥$$

で定めると，④，⑤' から

$$\begin{cases} c_1=\dfrac{b_1}{-1}=-1 & …⑦ \\ 2c_{n+1}=-c_n+1 & …⑧ \end{cases}$$

⑧から

$$c_{n+1}-\frac{1}{3}=-\frac{1}{2}\left(c_n-\frac{1}{3}\right)　…⑨$$

⑦，⑨より，数列 $\left\{c_n-\dfrac{1}{3}\right\}$ は

初項 $c_1-\dfrac{1}{3}=-1-\dfrac{1}{3}=-\dfrac{4}{3}$

公比 $-\dfrac{1}{2}$

の等比数列であるから，その一般項は

$$c_n-\frac{1}{3}=-\frac{4}{3}\left(-\frac{1}{2}\right)^{n-1}=\frac{(-1)^n}{3\cdot2^{n-3}}$$

よって，

$$c_n=\frac{1}{3}\left\{\frac{(-1)^n}{2^{n-3}}+1\right\}$$

ゆえに，⑥から

$$b_n=(-1)^nc_n$$

$$=\frac{1}{3}\left\{\frac{1}{2^{n-3}}+(-1)^n\right\}$$

$$\begin{bmatrix} なぜなら \\ \{(-1)^n\}^2=(-1)^{2n}=1 \end{bmatrix}$$

さらに，③から

$$a_n=\frac{b_n}{n}=\frac{1}{3n}\left\{\frac{1}{2^{n-3}}+(-1)^n\right\}$$

[注]　上のように，新しい数列 $\{b_n\}$，$\{c_n\}$ を登場させないで，答案をつくれるように練習するとよい．つまり，次のような答案がつくれると，時間が節約できる．

$$2(n+1)a_{n+1}=na_n+(-1)^{n+1}$$

を変形して，

$$(n+1)a_{n+1}=\frac{1}{2}na_n+\frac{1}{2}(-1)^{n+1}$$

$$\frac{n+1}{(-1)^{n+1}}a_{n+1}=-\frac{1}{2}\cdot\frac{n}{(-1)^n}a_n+\frac{1}{2}$$

$$\frac{n+1}{(-1)^{n+1}}a_{n+1}-\frac{1}{3}=-\frac{1}{2}\left\{\frac{n}{(-1)^n}a_n-\frac{1}{3}\right\}$$

よって，数列 $\left\{\dfrac{n}{(-1)^n}a_n-\dfrac{1}{3}\right\}$ は，公比

$-\dfrac{1}{2}$ の等比数列であるから，その一般項は

$$\frac{n}{(-1)^n}a_n-\frac{1}{3}=\left(\frac{1}{-1}a_1-\frac{1}{3}\right)\left(-\frac{1}{2}\right)^{n-1}$$

$$=\left(-1-\frac{1}{3}\right)\left(-\frac{1}{2}\right)^{n-1}$$

$$=-\frac{4}{3}\left(-\frac{1}{2}\right)^{n-1}=\frac{(-1)^n}{3\cdot2^{n-3}}$$

したがって，

$$a_n=\frac{(-1)^n}{n}\left\{\frac{(-1)^n}{3\cdot2^{n-3}}+\frac{1}{3}\right\}$$

$$=\frac{1}{3n}\left\{\frac{1}{2^{n-3}}+(-1)^n\right\}$$

[解答2]　　　　$a_1=1$　　　　　…①

$$2(n+1)a_{n+1}=na_n+(-1)^{n+1}　…②$$

② の両辺に 2^n を掛けて

$$2^{n+1}(n+1)a_{n+1}=2^n na_n-(-2)^n$$

ここで,

$$2^n na_n=b_n \quad (n=1,\ 2,\ 3,\ \cdots)$$

とおくと

$$b_{n+1}=b_n-(-2)^n$$

よって, $n\geqq 2$ のとき

$$b_n=b_1+\sum_{k=1}^{n-1}\{-(-2)^k\}$$

$$=2^1\cdot 1\cdot a_1+\frac{2\{1-(-2)^{n-1}\}}{1-(-2)}$$

$$=2+\frac{2}{3}\{1+(-1)^n 2^{n-1}\}$$

$$\hspace{4cm} (\text{① による})$$

$$=\frac{1}{3}\{8+(-2)^n\}$$

ここで, ① より

$$b_1=2^1\cdot 1\cdot a_1=2=\frac{1}{3}\{8+(-2)^1\}$$

となるから,

$$b_n=\frac{1}{3}\{8+(-2)^n\} \quad (n=1,\ 2,\ 3,\ \cdots)$$

よって

$$\boldsymbol{a_n}=\frac{b_n}{2^n n}=\frac{1}{3n}\left\{\frac{8}{2^n}+\frac{(-2)^n}{2^n}\right\}$$

$$=\boldsymbol{\frac{1}{3n}\left\{\frac{1}{2^{n-3}}+(-1)^n\right\}}$$

[注] この解答においても, b_n を登場させずに答案が書けると, 時間の節約になる.

32 [解答]

$$a_1=0 \hspace{3cm} \cdots①$$

$$a_2=1 \hspace{3cm} \cdots②$$

$$(n-1)^2 a_n=S_n \hspace{1.5cm} \cdots③$$

③ から

$$n^2 a_{n+1}=S_{n+1} \hspace{2cm} \cdots④$$

④ − ③ から

$$n^2 a_{n+1}-(n-1)^2 a_n=a_{n+1}$$

よって

$$(n+1)(n-1)a_{n+1}=(n-1)^2 a_n$$

ゆえに,

$$(n+1)a_{n+1}=(n-1)a_n \quad (n\geqq 2)$$

両辺に n を掛けて

$$n(n+1)a_{n+1}=(n-1)na_n \quad (n\geqq 2)$$

したがって, 数列 $\{(n-1)na_n\}$ は, 第2項以降が定数であり, ② から

$$(n-1)na_n=(2-1)\cdot 2a_2=2 \quad (n\geqq 2)$$

よって,

$$a_n=\frac{2}{n(n-1)} \quad (n\geqq 2)$$

これと ① から, 求める一般項は

$$a_n=\begin{cases} 0 & (n=1) \\[2mm] \dfrac{2}{n(n-1)} & (n\geqq 2) \end{cases}$$

[別解] [解答] と同様にして

$$(n+1)(n-1)a_{n+1}=(n-1)^2 a_n$$

よって,

$$a_{n+1}=\frac{n-1}{n+1}a_n \quad (n\geqq 2)$$

すると,

$$a_n=\frac{n-2}{n}a_{n-1}$$

$$=\frac{n-2}{n}\cdot\frac{n-3}{n-1}a_{n-2}$$

$$=\frac{n-2}{n}\cdot\frac{n-3}{n-1}\cdot\frac{n-4}{n-2}a_{n-3}$$

$$=\cdots\cdots$$

$$=\frac{n-2}{n}\cdot\frac{n-3}{n-1}\cdot\frac{n-4}{n-2}\cdots\cdots\frac{3}{5}\cdot\frac{2}{4}\cdot\frac{1}{3}a_2$$

$$=\frac{2}{n(n-1)}\cdot 1$$

$$=\frac{2}{n(n-1)} \quad (n\geqq 3)$$

これと $a_1=0$, $a_2=1$ から

$$a_n=\begin{cases} 0 & (n=1) \\[2mm] \dfrac{2}{n(n-1)} & (n\geqq 2) \end{cases}$$

33 [解答]

$$a_1=2 \hspace{3cm} \cdots①$$

$$a_{n+1}=\frac{9a_n+1}{a_n+9} \hspace{1.5cm} \cdots②$$

(1)

$$b_n=\frac{a_n-1}{a_n+1} \hspace{2cm} \cdots③$$

とすると, ② から

$$b_{n+1}=\frac{a_{n+1}-1}{a_{n+1}+1}$$

$$=\frac{\dfrac{9a_n+1}{a_n+9}-1}{\dfrac{9a_n+1}{a_n+9}+1}=\frac{9a_n+1-(a_n+9)}{9a_n+1+(a_n+9)}$$

$$=\frac{8(a_n-1)}{10(a_n+1)}=\frac{4}{5}b_n$$

よって，$\{b_n\}$ は

$$公比 \ \frac{4}{5}$$

の等比数列である．

　さらに，①，③ から $\{b_n\}$ の初項は

$$b_1=\frac{a_1-1}{a_1+1}=\frac{2-1}{2+1}=\frac{1}{3}$$

となるので，一般項は

$$\boldsymbol{b_n=\frac{1}{3}\left(\frac{4}{5}\right)^{n-1}}$$

(2)　③ から

$$b_n(a_n+1)=a_n-1$$
$$(b_n-1)a_n=-(b_n+1)$$

ゆえに

$$\boldsymbol{a_n=-\frac{b_n+1}{b_n-1}}$$

$$=-\frac{\dfrac{1}{3}\left(\dfrac{4}{5}\right)^{n-1}+1}{\dfrac{1}{3}\left(\dfrac{4}{5}\right)^{n-1}-1}=\frac{3\cdot5^{n-1}+4^{n-1}}{3\cdot5^{n-1}-4^{n-1}}$$

次に，$a_n<\dfrac{25}{24}$ から

$$\frac{3\cdot5^{n-1}+4^{n-1}}{3\cdot5^{n-1}-4^{n-1}}<\frac{25}{24}$$

$$24(3\cdot5^{n-1}+4^{n-1})<25(3\cdot5^{n-1}-4^{n-1})$$

ゆえに

$$49\cdot4^{n-1}<3\cdot5^{n-1}$$

すなわち

$$7^2\cdot2^{2(n-1)}<3\cdot5^{n-1}$$

よって，

$$\log_{10}(7^2\cdot2^{2(n-1)})<\log_{10}(3\cdot5^{n-1})$$
$$2\log_{10}7+2(n-1)\log_{10}2$$
$$<\log_{10}3+(n-1)\log_{10}5$$

ここで，

$$\log_{10}5=\log_{10}\frac{10}{2}=\log_{10}10-\log_{10}2$$

$$=1-\log_{10}2$$

であるから

$$2\log_{10}7+2(n-1)\log_{10}2$$
$$<\log_{10}3+(n-1)(1-\log_{10}2)$$
$$(1-3\log_{10}2)n$$
$$>1-3\log_{10}2-\log_{10}3+2\log_{10}7$$

よって，

$$(1-3\times0.3010)n>1-3\times0.3010$$
$$-0.4771+2\times0.8451$$
$$0.0970\times n>1.3101$$
$$n>13.5\cdots$$

これをみたす最小の n は

$$\boldsymbol{n=14}$$

[(1) (前半) の別解]　$b_n=\dfrac{a_n-1}{a_n+1}$ から

$$(b_n-1)a_n=-(b_n+1)$$

よって，

$$a_n=-\frac{b_n+1}{b_n-1}$$

すると

$$a_{n+1}=-\frac{b_{n+1}+1}{b_{n+1}-1}$$

となり，これらを $a_{n+1}=\dfrac{9a_n+1}{a_n+9}$ に代入して

$$-\frac{b_{n+1}+1}{b_{n+1}-1}=\frac{9\left(-\dfrac{b_n+1}{b_n-1}\right)+1}{-\dfrac{b_n+1}{b_n-1}+9}$$

$$=\frac{-9(b_n+1)+b_n-1}{-(b_n+1)+9(b_n-1)}$$

$$=\frac{-8b_n-10}{8b_n-10}$$

$$=-\frac{4b_n+5}{4b_n-5}$$

よって，

$$(b_{n+1}+1)(4b_n-5)=(b_{n+1}-1)(4b_n+5)$$
$$-5b_{n+1}+4b_n=5b_{n+1}-4b_n$$

ゆえに

$$b_{n+1}=\frac{4}{5}b_n$$

したがって，$\{b_n\}$ は公比 $\dfrac{4}{5}$ の等比数列で

22

ある．（以下，省略．）

34 　解答

$$a_1=1 \qquad \cdots ①$$
$$a_2=2 \qquad \cdots ②$$
$$a_{n+2}=2a_{n+1}-a_n+6 \qquad \cdots ③$$

(1) ①，②，③から
$$a_3=2a_2-a_1+6$$
$$=2\cdot2-1+6=9$$
$$\boldsymbol{a_4}=2a_3-a_2+6$$
$$=2\cdot9-2+6=\boldsymbol{22}$$

(2) ③から
$$a_{n+2}-a_{n+1}=a_{n+1}-a_n+6$$
よって，
$$b_n=a_{n+1}-a_n \qquad \cdots ④$$
とすると
$$b_{n+1}=b_n+6$$
したがって，数列 $\{b_n\}$ は公差6の等差数列である．

(3) ①，②，④から，
$$b_1=a_2-a_1=2-1=1$$
よって，数列 $\{b_n\}$ の一般項は
$$b_n=1+(n-1)\cdot6=6n-5$$
④から，$\{b_n\}$ は $\{a_n\}$ の階差数列であるから，$n\geqq2$ のとき
$$a_n=a_1+\sum_{k=1}^{n-1}b_k=1+\frac{1}{2}(n-1)(b_1+b_{n-1})$$
$$=1+\frac{1}{2}(n-1)\{1+6(n-1)-5\}$$
$$=1+(n-1)(3n-5)$$
$$=3n^2-8n+6$$
これと①から
$$\boldsymbol{a_n=3n^2-8n+6}$$

35 　解答

$$a_1=0 \qquad \cdots ①$$
$$a_2=1 \qquad \cdots ②$$
$$a_{n+2}=a_{n+1}+6a_n \qquad \cdots ③$$
$$a_{n+2}-\alpha a_{n+1}=\beta(a_{n+1}-\alpha a_n) \cdots ④$$
④から
$$a_{n+2}=(\alpha+\beta)a_{n+1}-\alpha\beta a_n$$
これと③を比較して

$$\alpha+\beta=1,\quad \alpha\beta=-6$$
よって，α，β は2次方程式
$$x^2-x-6=0 \qquad \cdots ⑤$$
の2つの解．
⑤から
$$(x+2)(x-3)=0$$
よって，
$$x=-2,\ 3$$
したがって
$$(\alpha,\ \beta)=(-2,\ 3),\ (3,\ -2)$$
これらを④に代入すると
$$\begin{cases}a_{n+2}+2a_{n+1}=3(a_{n+1}+2a_n)\\ a_{n+2}-3a_{n+1}=-2(a_{n+1}-3a_n)\end{cases}$$
よって，数列 $\{a_{n+1}+2a_n\}$，$\{a_{n+1}-3a_n\}$ はともに等比数列であるから，①，②にも注意して，一般項を求めると
$$\begin{cases}a_{n+1}+2a_n=(a_2+2a_1)3^{n-1}\\ \qquad\qquad =3^{n-1} \qquad \cdots ⑥\\ a_{n+1}-3a_n=(a_2-3a_1)(-2)^{n-1}\\ \qquad\qquad =(-2)^{n-1} \qquad \cdots ⑦\end{cases}$$
⑥－⑦から
$$5a_n=3^{n-1}-(-2)^{n-1}$$
したがって，
$$\boldsymbol{a_n=\frac{1}{5}\{3^{n-1}-(-2)^{n-1}\}}$$

36 　解答

$$a_1=1,\ b_1=3 \qquad \cdots ①$$
$$a_{n+1}=3a_n+b_n \qquad \cdots ②$$
$$b_{n+1}=2a_n+4b_n \qquad \cdots ③$$

(1) ②，③から
$$a_{n+1}+\alpha b_{n+1}$$
$$=(3a_n+b_n)+\alpha(2a_n+4b_n)$$
$$=(3+2\alpha)a_n+(1+4\alpha)b_n$$
よって，
$$a_{n+1}+\alpha b_{n+1}=\beta(a_n+\alpha b_n)$$
のとき
$$(3+2\alpha)a_n+(1+4\alpha)b_n=\beta a_n+\alpha\beta b_n$$
よって，
$$\begin{cases}3+2\alpha=\beta \qquad \cdots ④\\ 1+4\alpha=\alpha\beta \qquad \cdots ⑤\end{cases}$$
④，⑤から β を消去して

$$1+4\alpha=\alpha(3+2\alpha)$$
$$2\alpha^2-\alpha-1=0$$
$$(\alpha-1)(2\alpha+1)=0$$

ゆえに

$$\alpha=1,\quad -\frac{1}{2}$$

よって，④から

$$(\alpha,\ \beta)=(1,\ 5),\ \left(-\frac{1}{2},\ 2\right)$$

(2)　(1)の結果から

$$\begin{cases} a_{n+1}+b_{n+1}=5(a_n+b_n) & \cdots⑥ \\ a_{n+1}-\dfrac{1}{2}b_{n+1}=2\left(a_n-\dfrac{1}{2}b_n\right) & \cdots⑦ \end{cases}$$

⑥，⑦から，数列 $\{a_n+b_n\}$，$\left\{a_n-\dfrac{1}{2}b_n\right\}$
はともに等比数列なので，①に注意すると，
その一般項は

$$a_n+b_n=(a_1+b_1)5^{n-1}$$
$$=(1+3)5^{n-1}=4\cdot5^{n-1}\quad\cdots⑧$$
$$a_n-\frac{1}{2}b_n=\left(a_1-\frac{1}{2}b_1\right)2^{n-1}$$
$$=\left(1-\frac{1}{2}\cdot3\right)2^{n-1}$$
$$=-\frac{1}{2}\cdot2^{n-1}\quad\cdots⑨$$

⑧＋⑨×2 から

$$3a_n=4\cdot5^{n-1}-2^{n-1}$$

よって，

$$\boldsymbol{a_n=\frac{1}{3}(4\cdot5^{n-1}-2^{n-1})}$$

⑧－⑨ から

$$\frac{3}{2}b_n=4\cdot5^{n-1}+\frac{1}{2}\cdot2^{n-1}$$

よって，

$$\boldsymbol{b_n=\frac{1}{3}(8\cdot5^{n-1}+2^{n-1})}$$

(3)　　　　　$b_n>xa_n$
に(2)の結果を代入すると

$$\frac{1}{3}(8\cdot5^{n-1}+2^{n-1})>x\left\{\frac{1}{3}(4\cdot5^{n-1}-2^{n-1})\right\}$$

すなわち

$$(4\cdot5^{n-1}-2^{n-1})x<(8\cdot5^{n-1}+2^{n-1})\quad\cdots⑩$$

⑩で $n=1$ とすると

$$3x<9$$

ゆえに

$$x<3$$

これをみたす最大の正の整数 x は

$$x=2$$

逆に

$$x=2$$

とすると，

$$8\cdot5^{n-1}+2^{n-1}-(4\cdot5^{n-1}-2^{n-1})x$$
$$=8\cdot5^{n-1}+2^{n-1}-(4\cdot5^{n-1}-2^{n-1})\cdot2$$
$$=3\cdot2^{n-1}>0$$

となるから，すべての自然数 n に対して⑩
が成り立つ．
　以上から，求める最大値は

$$2$$

[(3)の別解]　(2)の結果から

$$a_n>0\quad(n=1,\ 2,\ 3,\ \cdots)$$

であるので

$$b_n>xa_n\iff x<\frac{b_n}{a_n}\qquad\cdots⑪$$

一方

$$\frac{b_n}{a_n}=\frac{\dfrac{1}{3}(8\cdot5^{n-1}+2^{n-1})}{\dfrac{1}{3}(4\cdot5^{n-1}-2^{n-1})}=\frac{8\cdot5^{n-1}+2^{n-1}}{4\cdot5^{n-1}-2^{n-1}}$$

$$=\frac{2(4\cdot5^{n-1}-2^{n-1})+3\cdot2^{n-1}}{4\cdot5^{n-1}-2^{n-1}}$$

$$=2+\frac{3\cdot2^{n-1}}{4\cdot5^{n-1}-2^{n-1}}=2+\frac{3}{4\left(\dfrac{5}{2}\right)^{n-1}-1}$$

であり，ここで，

$$4\left(\frac{5}{2}\right)^{n-1}-1\geqq3\quad(n=1,\ 2,\ 3,\ \cdots)$$

から

$$0<\frac{3}{4\left(\dfrac{5}{2}\right)^{n-1}-1}\leqq1\quad(n=1,\ 2,\ 3,\ \cdots)$$

となるので，

$$2<\frac{b_n}{a_n}\leqq3\quad(n=1,\ 2,\ 3,\ \cdots)$$

　よって，⑪をみたす正の整数 x の最大値
は

$$2$$

4 数学的帰納法

37 [解答]

正の整数 n に対して

$$\sum_{k=1}^{n} k^3 = \left\{\frac{n(n+1)}{2}\right\}^2 \quad \cdots ①$$

が成り立つことを示す.

(I) $n=1$ のとき,

$$[①\text{の左辺}] = \sum_{k=1}^{1} k^3 = 1^3 = 1,$$

$$[①\text{の右辺}] = \left\{\frac{1\cdot(1+1)}{2}\right\}^2 = 1$$

であるから,① は成り立つ.

(II) $n=m$ のとき ① が成り立つ,すなわち

$$\sum_{k=1}^{m} k^3 = \left\{\frac{m(m+1)}{2}\right\}^2$$

であると仮定すると,

$$\sum_{k=1}^{m+1} k^3 = \sum_{k=1}^{m} k^3 + (m+1)^3$$

$$= \left\{\frac{m(m+1)}{2}\right\}^2 + (m+1)^3$$

$$\text{(仮定による)}$$

$$= \frac{(m+1)^2}{4}\{m^2 + 4(m+1)\}$$

$$= \left\{\frac{(m+1)(m+2)}{2}\right\}^2$$

となるから,$n=m+1$ のときも ① は成り立つ.

以上 (I),(II) から示された.

[解説]

$$\sum_{k=1}^{n} k^3 = \left\{\frac{n(n+1)}{2}\right\}^2$$

は,**2 基本のまとめ** ① (4) にあるように覚えておかなければならない公式である.

この公式の証明は,**18**(1),(2) にもある.

38 [解答]

$$a_1 = \frac{1}{4} \quad \cdots ①$$

$$a_{n+1} = \frac{1}{2-a_n} \quad \cdots ②$$

(1) ①,② から

$$a_2 = \frac{1}{2-a_1} = \frac{1}{2-\frac{1}{4}} = \frac{4}{7}$$

$$a_3 = \frac{1}{2-a_2} = \frac{1}{2-\frac{4}{7}} = \frac{7}{10}$$

$$a_4 = \frac{1}{2-a_3} = \frac{1}{2-\frac{7}{10}} = \frac{10}{13}$$

よって,

$$a_n = \frac{3n-2}{3n+1} \quad \cdots ③$$

と推定される.

(2) (I) $n=1$ のとき,

$$[③\text{の左辺}] = a_1 = \frac{1}{4} \quad (①\text{による})$$

$$[③\text{の右辺}] = \frac{3\cdot 1 - 2}{3\cdot 1 + 1} = \frac{1}{4}$$

となるから ③ は成り立つ.

(II) $n=k$ のとき ③ が成り立つ,すなわち

$$a_k = \frac{3k-2}{3k+1} \quad \cdots ④$$

であると仮定すると,②,④ より

$$a_{k+1} = \frac{1}{2-a_k} = \frac{1}{2-\dfrac{3k-2}{3k+1}}$$

$$= \frac{3k+1}{2(3k+1)-(3k-2)}$$

$$= \frac{3(k+1)-2}{3(k+1)+1}$$

となるから,$n=k+1$ のときも ③ は成り立つ.

以上 (I),(II) から,すべての自然数 n に対して ③ が成り立つ,すなわち,(1)での推定は正しいことが示された.

39 [解答]

n が自然数のとき

「$2^{2n+1} + 3(-1)^n$ は 5 の倍数」 $\cdots ①$

であることを示す.

(I) $n=1$ のとき,

$$2^{2n+1} + 3(-1)^n = 2^{2\cdot 1 + 1} + 3(-1)^1$$

$$= 2^3 + 3(-1) = 5$$

となるので,① は成り立つ.

(II) $n=k$ のとき ① が成り立つ,すなわち

「$2^{2k+1} + 3(-1)^k$ は 5 の倍数」

であること,つまり,m を整数として

$$2^{2k+1}+3(-1)^k=5m$$

と表されると仮定すると，

$$2^{2(k+1)+1}+3(-1)^{k+1}$$
$$=4\cdot2^{2k+1}-3(-1)^k$$
$$=4\{5m-3(-1)^k\}-3(-1)^k$$
$$=5\{4m-3(-1)^k\}$$

となるので，$n=k+1$ のときも ① は成り立つ．

以上 (I), (II) から示された．

40 　解答

5 以上の整数 n について，

$$2^n>n^2 \qquad \cdots①$$

が成り立つことを示す．

(I)　$n=5$ のとき，

$$〔① の左辺〕=2^5=32$$
$$〔① の右辺〕=5^2=25$$

であるから，① は成り立つ．

(II)　k を 5 以上の整数とする．

$n=k$ のとき ① が成り立つ，すなわち

$$2^k>k^2$$

であると仮定すると，

$$2^{k+1}-(k+1)^2=2\cdot2^k-(k+1)^2$$
$$>2k^2-(k+1)^2 \ (仮定による)$$
$$=k^2-2k-1$$
$$=(k-1)^2-2$$
$$\geqq(5-1)^2-2 \ (k\geqq5 \ による)$$
$$>0$$

すなわち

$$2^{k+1}>(k+1)^2$$

となるから，$n=k+1$ のときも ① は成り立つ．

以上 (I), (II) から示された．

41 　解答

n を 3 以上の自然数とするとき

$$\sum_{k=3}^{n}{}_kC_3={}_{n+1}C_4 \qquad \cdots①$$

が成り立つことを示す．

(I)　$n=3$ のとき

$$〔① の左辺〕={}_3C_3=1,$$
$$〔① の右辺〕={}_4C_4=1$$

であるから，① は成り立つ．

(II)　m を 3 以上の整数とする．

$n=m$ のとき ① が成り立つ，すなわち

$$\sum_{k=3}^{m}{}_kC_3={}_{m+1}C_4 \qquad \cdots②$$

であると仮定すると，

$$\sum_{k=3}^{m+1}{}_kC_3=\sum_{k=3}^{m}{}_kC_3+{}_{m+1}C_3$$
$$={}_{m+1}C_4+{}_{m+1}C_3 \ (② による)$$
$$=\frac{(m+1)!}{4!(m-3)!}+\frac{(m+1)!}{3!(m-2)!}$$
$$=\frac{(m+1)!\{(m-2)+4\}}{4!(m-2)!}$$
$$=\frac{(m+2)!}{4!(m-2)!}$$
$$={}_{m+2}C_4$$

となるから，$n=m+1$ のときも ① は成り立つ．

以上 (I), (II) から示された．

[注]　${}_nC_r={}_{n-1}C_{r-1}+{}_{n-1}C_r \qquad \cdots㋐$

を用いると，解答 の (II) における計算は

$$\sum_{k=3}^{m+1}{}_kC_3=\sum_{k=3}^{m}{}_kC_3+{}_{m+1}C_3$$
$$={}_{m+1}C_4+{}_{m+1}C_3$$
$$={}_{m+2}C_4 \qquad \left(\begin{array}{l}㋐ で \ n=m+2,\\ r=4 \ とする．\end{array}\right)$$

となる．

また，㋐ から，$k\geqq4$ のとき

$${}_{k+1}C_4={}_kC_3+{}_kC_4$$

よって，

$${}_kC_3={}_{k+1}C_4-{}_kC_4$$

これを用いると，$n\geqq4$ のとき

$$\sum_{k=3}^{n}{}_kC_3={}_3C_3+\sum_{k=4}^{n}{}_kC_3$$
$$=1+\sum_{k=4}^{n}({}_{k+1}C_4-{}_kC_4)$$
$$=1+\{({}_5C_4-{}_4C_4)+({}_6C_4-{}_5C_4)+\cdots$$
$$\cdots+({}_{n+1}C_4-{}_nC_4)\}$$
$$={}_{n+1}C_4$$

となる．（$n=3$ の場合は 解答 の (I) のように示しておけばよい．）

[別解]　$(k+1)k(k-1)(k-2)$
$$-k(k-1)(k-2)(k-3)$$
$$=\{(k+1)-(k-3)\}k(k-1)(k-2)$$

$$=4k(k-1)(k-2)$$

から

$$k(k-1)(k-2)$$
$$=\frac{1}{4}\{(k+1)k(k-1)(k-2)$$
$$-k(k-1)(k-2)(k-3)\}$$

(**8** [別解] [解 説] 参照)

よって,

$$\sum_{k=3}^{n}{}_k\mathrm{C}_3=\sum_{k=3}^{n}\frac{k!}{3!(k-3)!}$$
$$=\sum_{k=3}^{n}\frac{k(k-1)(k-2)}{6}$$
$$=\frac{1}{6}\cdot\frac{1}{4}\sum_{k=3}^{n}\{(k+1)k(k-1)(k-2)$$
$$-k(k-1)(k-2)(k-3)\}$$
$$=\frac{1}{24}[(4\cdot3\cdot2\cdot1-3\cdot2\cdot1\cdot0)$$
$$+(5\cdot4\cdot3\cdot2-4\cdot3\cdot2\cdot1)$$
$$+\cdots$$
$$+\{(n+1)n(n-1)(n-2)$$
$$-n(n-1)(n-2)(n-3)\}]$$
$$=\frac{1}{24}(n+1)n(n-1)(n-2)$$
$$=\frac{(n+1)!}{4!(n-3)!}$$
$$={}_{n+1}\mathrm{C}_4$$

42 [解 答]

2 以上のすべての自然数 n に対して
「$0<a_k<1$ ($k=1, 2, \cdots, n$) ならば
$a_1a_2\cdots a_n>a_1+a_2+\cdots+a_n+1-n$」 …①
が成り立つことを示す.

(I) $n=2$ のとき,
$$0<a_1<1, \quad 0<a_2<1$$
とすると,
$$a_1a_2-(a_1+a_2-1)$$
$$=(1-a_1)(1-a_2)$$
$$>0$$
したがって
$$a_1a_2>a_1+a_2-1$$
となるので, ① は成り立つ.

(II) m を 2 以上の自然数とする.
$n=m$ のとき ① が成り立つ, すなわち

「$0<a_k<1$ ($k=1, 2, \cdots, m$) ならば
$a_1a_2\cdots a_m>a_1+a_2+\cdots+a_m+1-m$」
であると仮定し,
$$a_1, \quad a_2, \quad \cdots, \quad a_m, \quad a_{m+1}$$
について
$$0<a_k<1 \quad (k=1, 2, \cdots, m+1) \cdots②$$
であるとする.

仮定から
$$a_1a_2\cdots a_m>a_1+a_2+\cdots+a_m+1-m \cdots③$$
また,
$$a_1a_2\cdots a_m=b_1, \quad a_{m+1}=b_2$$
とおくと, ② から
$$0<b_1<1, \quad 0<b_2<1$$
なので, (I) で示したことから
$$b_1b_2>b_1+b_2-1 \qquad \cdots④$$
すると,
$$a_1a_2\cdots a_ma_{m+1}$$
$$=b_1b_2$$
$$>b_1+b_2-1 \quad (④ による)$$
$$=a_1a_2\cdots a_m+a_{m+1}-1$$
$$>(a_1+a_2+\cdots+a_m+1-m)+a_{m+1}-1$$
$$\qquad\qquad\qquad (③ による)$$
$$=a_1+a_2+\cdots+a_m+a_{m+1}-m$$
$$=a_1+a_2+\cdots+a_m+a_{m+1}+1-(m+1)$$
したがって, $n=m+1$ のときも ① は成り立つ.

以上 (I), (II) から示された.

[別解] (③ まで [解 答] と同じ)
このとき,
$$a_1a_2\cdots a_ma_{m+1}$$
$$-\{a_1+a_2+\cdots+a_m+a_{m+1}+1-(m+1)\}$$
$$>(a_1+a_2+\cdots+a_m+1-m)a_{m+1}$$
$$-(a_1+a_2+\cdots+a_m+a_{m+1}-m)$$
$$=(a_1+a_2+\cdots+a_m)(a_{m+1}-1)$$
$$-m(a_{m+1}-1)$$
$$=(a_1+a_2+\cdots+a_m-m)(a_{m+1}-1)$$
$$>0$$

実際, ② から
$$a_1+a_2+\cdots+a_m-m<0,$$
$$a_{m+1}-1<0$$

したがって,
$$a_1a_2\cdots a_ma_{m+1}$$

$> a_1 + a_2 + \cdots + a_m + a_{m+1} + 1 - (m+1)$

となるから，$n = m+1$ のときも①は成り立つ．

以上(I)，(II)から示された．

43 解答

[解答1]　　　$a_1 = a_2 = 1$　　　…①

$a_n = a_{n-1} + a_{n-2}$　$(n \geq 3)$　…②

(1) ①，②から

$a_3 = a_2 + a_1 = 1 + 1 = 2$

$a_4 = a_3 + a_2 = 2 + 1 = 3$

$a_5 = a_4 + a_3 = 3 + 2 = 5$

$a_6 = a_5 + a_4 = 5 + 3 = 8$

$a_7 = a_6 + a_5 = 8 + 5 = 13$

$a_8 = a_7 + a_6 = 13 + 8 = 21$

$a_9 = a_8 + a_7 = 21 + 13 = 34$

(2) すべての自然数 m に対して，

「a_{3m-2}，a_{3m-1} は奇数，a_{3m} は偶数」…③

であることを示す．

(I) $m=1$ のとき，①および(1)の結果から

$a_1 = 1$，　$a_2 = 1$，　$a_3 = 2$

なので，③は成り立つ．

(II) $m=k$ のとき③が成り立つ，すなわち

「a_{3k-2}，a_{3k-1} は奇数，a_{3k} は偶数」…④

であると仮定する．

このとき，②，④から

$a_{3k+1} = a_{3k} + a_{3k-1}$

$= 〔偶数〕 + 〔奇数〕 = 〔奇数〕$　…⑤

よって，②，④，⑤から

$a_{3k+2} = a_{3k+1} + a_{3k}$

$= 〔奇数〕 + 〔偶数〕 = 〔奇数〕$　…⑥

さらに，②，⑤，⑥から

$a_{3k+3} = a_{3k+2} + a_{3k+1}$

$= 〔奇数〕 + 〔奇数〕 = 〔偶数〕$　…⑦

⑤，⑥，⑦から $m=k+1$ のときも③は成り立つ．

以上(I)，(II)から示された．

したがって

n が3の倍数ならば a_n は偶数

n が3の倍数でなければ a_n は奇数

である．

[解答2]　（①，②と(1)は[解答1]と同じ）

(2) (A)　（a_n（$n=1, 2, 3, \cdots$）が自然数であること）

すべての自然数 n に対して，

「a_n は自然数」　　　…③

であることを示す．

(I) $n=1, 2$ のとき，①によって③は成り立つ．

(II) $n=k$，$k+1$ のとき③が成り立つ，すなわち

「a_k，a_{k+1} は自然数」

であると仮定すると，②から

$a_{k+2} = a_{k+1} + a_k$

となり，a_{k+2} は自然数となるから，$n=k+2$ のときも③は成り立つ．

以上(I)，(II)から示された．

(B)　（a_n と a_{n+3} の偶奇が一致すること）

②から

$a_{n+3} = a_{n+2} + a_{n+1}$

$= (a_{n+1} + a_n) + a_{n+1}$

$= a_n + 2a_{n+1}$

ここで，(A)で示したことから $2a_{n+1}$ は偶数なので

$a_{n+3} = a_n + 〔偶数〕$

したがって，

$\begin{cases} a_n \text{ が偶数なら } a_{n+3} \text{ も偶数} \\ a_n \text{ が奇数なら } a_{n+3} \text{ も奇数} \end{cases}$

すなわち

a_n と a_{n+3} の偶奇は一致する．

$(n = 1, 2, 3, \cdots)$

(C) $\begin{pmatrix} n \text{ が3の倍数ならば } a_n \text{ は偶数，} n \\ \text{ が3の倍数でなければ } a_n \text{ は奇数で} \\ \text{あること} \end{pmatrix}$

すべての自然数 m に対して，

「a_{3m-2}，a_{3m-1} は奇数，a_{3m} は偶数」…④

であることを示す．

(I) $m=1$ のとき，①と(1)の結果から

$a_1 = 1$，　$a_2 = 1$，　$a_3 = 2$

なので，④は成り立つ．

(II) $m=k$ のとき④が成り立つ，すなわち

「a_{3k-2}，a_{3k-1} は奇数，a_{3k} は偶数」

であると仮定すると，(B)で示したことから

「a_{3k+1}，a_{3k+2} は奇数，a_{3k+3} は偶数」

28

となるから，$m=k+1$ のときも ④ は成り立つ.

以上 (I)，(II) から示された.

したがって，

n が 3 の倍数ならば a_n は偶数

n が 3 の倍数でなければ a_n は奇数

である.

44 解答

$$\left(3+\sqrt{2}\right)^n = a_n + b_n\sqrt{2} \quad \cdots①$$

(1) ① から

$$3+\sqrt{2} = a_1 + b_1\sqrt{2}$$

a_1，b_1 は正の整数であるから

$$\boldsymbol{a_1=3, \quad b_1=1}$$

同様に ① から

$$\left(3+\sqrt{2}\right)^2 = a_2 + b_2\sqrt{2}$$

よって，

$$11+6\sqrt{2} = a_2 + b_2\sqrt{2}$$

a_2，b_2 は正の整数であるから

$$\boldsymbol{a_2=11, \quad b_2=6}$$

(2) ① から

$$a_{n+1} + b_{n+1}\sqrt{2}$$
$$=\left(3+\sqrt{2}\right)^{n+1}$$
$$=\left(3+\sqrt{2}\right)\left(3+\sqrt{2}\right)^n$$
$$=\left(3+\sqrt{2}\right)\left(a_n + b_n\sqrt{2}\right)$$
$$=3a_n+2b_n+(a_n+3b_n)\sqrt{2}$$

ここで，a_n，b_n，a_{n+1}，b_{n+1} は正の整数であるから

$$\begin{cases} a_{n+1}=3a_n+2b_n \\ b_{n+1}=a_n+3b_n \end{cases} \quad \cdots②$$

(3) すべての自然数 m に対して，

「a_{2m-1}，b_{2m-1}，a_{2m} は奇数，b_{2m} は偶数」
$\quad\cdots③$

であることを示せばよい.

(I) $m=1$ のとき，(1) の結果から ③ は成り立つ.

(II) $m=k$ のとき ③ が成り立つ，すなわち

「a_{2k-1}，b_{2k-1}，a_{2k} は奇数，b_{2k} は偶数」

であると仮定する.

このとき，p，q を正の整数として

$$a_{2k}=2p-1, \quad b_{2k}=2q$$

とおけるので，② から

$$a_{2k+1}=3a_{2k}+2b_{2k}$$
$$=3(2p-1)+2\cdot2q$$
$$=2(3p+2q-1)-1$$
$$b_{2k+1}=a_{2k}+3b_{2k}$$
$$=2p-1+3\cdot2q$$
$$=2(p+3q)-1$$

となり，

「a_{2k+1}，b_{2k+1} は奇数」

よって，さらに，r，s を正の整数として

$$a_{2k+1}=2r-1, \quad b_{2k+1}=2s-1$$

とおくと

$$a_{2k+2}=3a_{2k+1}+2b_{2k+1}$$
$$=3(2r-1)+2(2s-1)$$
$$=2(3r+2s-2)-1$$
$$b_{2k+2}=a_{2k+1}+3b_{2k+1}$$
$$=2r-1+3(2s-1)$$
$$=2(r+3s-2)$$

となり

「a_{2k+2} は奇数，b_{2k+2} は偶数」

したがって，$m=k+1$ のときも ③ は成り立つ.

以上 (I)，(II) から示された.

45 解答

$$a_1=1, \quad a_2=2 \quad \cdots①$$
$$x^2-2a_{n-1}x-4a_{n-2}=0 \quad \cdots②$$

(1) ② で $n=3$ とすると

$$x^2-2a_2x-4a_1=0$$

① から

$$x^2-4x-4=0$$

ゆえに

$$x=2\pm\sqrt{8}$$

大きい方の解は

$$2+\sqrt{8}$$

$2<\sqrt{8}<3$ から

$$4<2+\sqrt{8}<5$$

よって，大きい方の解の整数部分は 4

ゆえに

$$\boldsymbol{a_3=4} \quad \cdots③$$

② で，$n=4$ とすると

$$x^2-2a_3x-4a_2=0$$

①，③から

$$x^2-8x-8=0$$

ゆえに

$$x=4\pm\sqrt{24}$$

大きい方の解は

$$4+\sqrt{24}$$

$4<\sqrt{24}<5$ から

$$8<4+\sqrt{24}<9$$

よって，大きい方の解の整数部分は 8

ゆえに

$$a_4=8$$

(2) すべての自然数 n に対して

$$a_n=2^{n-1} \quad\cdots④$$

であることが予想される．以下，この予想が正しいことを証明する．

(Ⅰ) $n=1$，2 のとき，①から④は成り立つ．

(Ⅱ) $n=k$，$k+1$ のとき④が成り立つ，すなわち

$$a_k=2^{k-1}, \quad a_{k+1}=2^k$$

であると仮定する．

②で $n=k+2$ として得られる 2 次方程式

$$x^2-2a_{k+1}x-4a_k=0$$

すなわち

$$x^2-2^{k+1}x-2^{k+1}=0$$

の解は

$$x=2^k\pm\sqrt{(2^k)^2+2^{k+1}}$$

大きい方の解を α とすると

$$\alpha=2^k+\sqrt{(2^k)^2+2^{k+1}} \quad\cdots⑤$$

ここで，

$$(2^k)^2<(2^k)^2+2^{k+1}$$
$$=(2^k)^2+2\cdot2^k$$
$$<(2^k+1)^2$$

であるから

$$2^k<\sqrt{(2^k)^2+2^{k+1}}<2^k+1$$

これと⑤から

$$2^{k+1}=2^k+2^k<\alpha<2^k+2^k+1=2^{k+1}+1$$

したがって，

$$a_{k+2}=[\alpha\text{の整数部分}]=2^{k+1}$$

となるから，$n=k+2$ のときも④は成り立つ．

以上 (Ⅰ)，(Ⅱ) から示された．

(解説)

$a_n=2^{n-1}$ という予想が正しいならば

$a_{k+2}=2^{k+1}$ すなわち〔αの整数部分〕$=2^{k+1}$

したがって，

$$2^{k+1}\leqq\alpha=2^k+\sqrt{(2^k)^2+2^{k+1}}<2^{k+1}+1\cdots㋐$$

のはずである．

ここで，

$$2^{k+1}=2\cdot2^k=2^k+2^k$$

であるから，㋐は

$$2^k\leqq\sqrt{(2^k)^2+2^{k+1}}<2^k+1 \quad\cdots㋑$$

と同値である．

つまり，㋑が成り立つことを示せばよいことがわかる．

46 (解答)

(1) $$\alpha+\beta=\frac{1-\sqrt{7}\,i}{2}+\frac{1+\sqrt{7}\,i}{2}=1$$

$$\alpha\beta=\frac{1-\sqrt{7}\,i}{2}\cdot\frac{1+\sqrt{7}\,i}{2}=\frac{1+7}{4}=2$$

よって，

$$\alpha^{n+1}+\beta^{n+1}=(\alpha+\beta)(\alpha^n+\beta^n)-(\alpha^n\beta+\alpha\beta^n)$$
$$=1\cdot(\alpha^n+\beta^n)-\alpha\beta(\alpha^{n-1}+\beta^{n-1})$$
$$=\alpha^n+\beta^n-2(\alpha^{n-1}+\beta^{n-1})$$

(2) すべての正整数 n に対して，

「$\alpha^n+\beta^n$ は奇数」 $\quad\cdots①$

であることを示す．

(Ⅰ) $n=1$，2 のとき，

$$\alpha+\beta=1$$
$$\alpha^2+\beta^2=(\alpha+\beta)^2-2\alpha\beta$$
$$=1^2-2\cdot2=-3$$

であるから，①は成り立つ．

(Ⅱ) $n=k$，$k+1$ のとき①が成り立つ，すなわち

「$\alpha^k+\beta^k$，$\alpha^{k+1}+\beta^{k+1}$ は奇数」

であると仮定する．

このとき，l，m を整数として

$$\alpha^k+\beta^k=2l-1, \quad \alpha^{k+1}+\beta^{k+1}=2m-1$$

とおけて，(1)で示したことを用いると

$$\alpha^{k+2}+\beta^{k+2}=\alpha^{k+1}+\beta^{k+1}-2(\alpha^k+\beta^k)$$
$$=2m-1-2(2l-1)$$
$$=2(m-2l)+1$$

となるから，
$$\lceil \alpha^{k+2}+\beta^{k+2} \text{ は奇数} \rfloor$$
よって，$n=k+2$ のときも ① は成り立つ.
以上 (I)，(II) から示された.

[(1) の別解] $\alpha+\beta=1$，$\alpha\beta=2$
であるから，α，β は 2 次方程式
$$x^2-x+2=0$$
の 2 つの解である.

よって，
$$\alpha^2-\alpha+2=0, \quad \beta^2-\beta+2=0$$
辺々にそれぞれ α^{n-1}，β^{n-1} を掛けると
$$\alpha^{n+1}-\alpha^n+2\alpha^{n-1}=0,$$
$$\beta^{n+1}-\beta^n+2\beta^{n-1}=0$$
両式を辺々を加えると
$$\alpha^{n+1}+\beta^{n+1}-(\alpha^n+\beta^n)+2(\alpha^{n-1}+\beta^{n-1})=0$$
したがって，
$$\alpha^{n+1}+\beta^{n+1}=\alpha^n+\beta^n-2(\alpha^{n-1}+\beta^{n-1})$$

47 解答

$$a_1=1 \qquad \cdots①$$
$$a_{n+1}=\frac{3}{n}(a_1+a_2+\cdots+a_n) \quad \cdots②$$

(1) ①，② から
$$a_2=\frac{3}{1}a_1=\frac{3}{1}\cdot1=\mathbf{3}$$
$$a_3=\frac{3}{2}(a_1+a_2)=\frac{3}{2}(1+3)=\mathbf{6}$$
$$a_4=\frac{3}{3}(a_1+a_2+a_3)=1\cdot(1+3+6)=\mathbf{10}$$
$$a_5=\frac{3}{4}(a_1+a_2+a_3+a_4)$$
$$=\frac{3}{4}(1+3+6+10)=\mathbf{15}$$
$$a_6=\frac{3}{5}(a_1+a_2+a_3+a_4+a_5)$$
$$=\frac{3}{5}(1+3+6+10+15)=\mathbf{21}$$
$\{a_n\}$ の階差数列を $\{b_n\}$ とすると
$$b_1=a_2-a_1=3-1=2$$
$$b_2=a_3-a_2=6-3=3$$
$$b_3=a_4-a_3=10-6=4$$
$$b_4=a_5-a_4=15-10=5$$
$$b_5=a_6-a_5=21-15=6$$

よって，
$$b_n=n+1$$
と推定され，$n\geqq2$ のとき
$$a_n=a_1+\sum_{k=1}^{n-1}b_k$$
$$=1+\sum_{k=1}^{n-1}(k+1)$$
$$=1+\frac{1}{2}(n-1)(2+n)$$
$$=\frac{1}{2}n(n+1)$$

これと ① から，$n=1$ のときも含めて，
一般項は
$$a_n=\frac{1}{2}n(n+1) \qquad \cdots③$$
と推定される.

(2) すべての自然数 n に対して，③ が成り立つことを示す.

(I) $n=1$ のとき，① から，③ は成り立つ.

(II) $n=1, 2, \cdots, k$ のとき ③ が成り立つ，すなわち
$$a_1=\frac{1}{2}\cdot1\cdot2,$$
$$a_2=\frac{1}{2}\cdot2\cdot3, \cdots,$$
$$a_k=\frac{1}{2}k(k+1)$$
であると仮定すると，② から
$$a_{k+1}$$
$$=\frac{3}{k}(a_1+a_2+\cdots+a_k)$$
$$=\frac{3}{k}\left\{\frac{1}{2}\cdot1\cdot2+\frac{1}{2}\cdot2\cdot3+\cdots+\frac{1}{2}k(k+1)\right\}$$
$$=\frac{3}{k}\sum_{m=1}^{k}\frac{1}{2}m(m+1)$$
$$=\frac{3}{k}\cdot\frac{1}{2}\sum_{m=1}^{k}(m^2+m)$$
$$=\frac{3}{2k}\left\{\frac{1}{6}k(k+1)(2k+1)+\frac{1}{2}k(k+1)\right\}$$
$$=\frac{1}{4}(k+1)\{(2k+1)+3\}$$
$$=\frac{1}{2}(k+1)(k+2)$$
よって，$n=k+1$ のときも ③ は成り立つ.

以上 (I), (II) から示された.

[注] 解答 の(2)(II)の a_{k+1} の計算の部分は次のようにするのもよい.

$$a_{k+1}$$
$$=\cdots\cdots$$
$$=\frac{3}{k}\sum_{m=1}^{k}\frac{1}{2}m(m+1)$$

ここで,

$$m(m+1)=\frac{1}{3}\{m(m+1)(m+2)$$
$$-(m-1)m(m+1)\}$$

であるから

$$a_{k+1}$$
$$=\frac{3}{k}\cdot\frac{1}{2}\cdot\frac{1}{3}\sum_{m=1}^{k}\{m(m+1)(m+2)$$
$$-(m-1)m(m+1)\}$$
$$=\frac{1}{2k}[(1\cdot2\cdot3-0\cdot1\cdot2)+(2\cdot3\cdot4-1\cdot2\cdot3)+\cdots$$
$$\cdots+\{k(k+1)(k+2)-(k-1)k(k+1)\}]$$
$$=\frac{1}{2k}\{k(k+1)(k+2)-0\cdot1\cdot2\}$$
$$=\frac{1}{2}(k+1)(k+2)$$

(2 基本のまとめ 3 (1) 参照)

48 解答

$$a_1=2 \quad\cdots\text{①}$$
$$a_n<2n^2+\frac{1}{n}\sum_{j=1}^{n-1}a_j \quad(n=2,3,4,\cdots)$$
$$\cdots\text{②}$$

すべての正の整数 n に対して
$$a_n<3n^2 \quad\cdots\text{③}$$
であることを示す.

(I) $n=1$ のとき, ① から
$$a_1=2<3\cdot1^2$$
となるので ③ は成り立つ.

(II) $n=1,2,3,\cdots,k$ のとき ③ が成り立つ, すなわち
$$a_1<3\cdot1^2,\ a_2<3\cdot2^2,\ a_3<3\cdot3^2,\ \cdots,\ a_k<3k^2$$
$$\cdots\text{④}$$
であると仮定すると,
$$3(k+1)^2-a_{k+1}$$

$$>3(k+1)^2-\left\{2(k+1)^2+\frac{1}{k+1}\sum_{j=1}^{k}a_j\right\}$$
$$(\text{② による})$$
$$>(k+1)^2-\frac{1}{k+1}\sum_{j=1}^{k}3j^2 \quad(\text{④ による})$$
$$=(k+1)^2-\frac{1}{k+1}\cdot3\cdot\frac{1}{6}k(k+1)(2k+1)$$
$$=(k+1)^2-\frac{1}{2}k(2k+1)$$
$$=\frac{3}{2}k+1$$
$$>0$$
したがって,
$$a_{k+1}<3(k+1)^2$$
となり, $n=k+1$ のときも ③ は成り立つ.
以上 (I), (II) から示された.

5 数列の応用

49 解答

(1) 1回目の預金額 a 円は, 2回目の預金の直後(つまり, 1年後)には,
$$a+ar=a(1+r)\ (\text{円})$$
になり, 3回目の預金の直後(つまり, 2年後)には
$$a(1+r)+a(1+r)r=a(1+r)^2\ (\text{円})$$
になる.

同様に考えて, 10回目の預金の直後(つまり, 9年後)には,
$$a(1+r)^9\ \text{円}$$
になる.

(2) (1)と同様にして, 2回目の預金額 a 円は10回目の預金の直後(つまり, 8年後)には
$$a(1+r)^8\ \text{円}$$
になる.

(3) (1), (2)と同様にして, n 回目の預金額 a 円は10回目の預金の直後には,
$$a(1+r)^{10-n}\ \text{円}\quad(n=1,2,\cdots,9)$$
になる.

したがって
$$b=\sum_{n=1}^{9}a(1+r)^{10-n}+a$$

$$=a+a(1+r)+a(1+r)^2+\cdots$$
$$+a(1+r)^8+a(1+r)^9$$
$$=\frac{a\{(1+r)^{10}-1\}}{(1+r)-1}$$
$$=\frac{a\{(1+r)^{10}-1\}}{r}\quad(\text{円})$$

50 [解答]

(1)

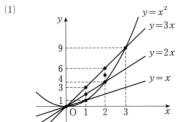

D_1 に含まれる格子点は
$$(0,\,0),\ (1,\,1)$$
であるから
$$d_1=2$$
D_2 に含まれる格子点は
$$(0,\,0),\ (1,\,1),\ (1,\,2),\ (2,\,4)$$
であるから
$$d_2=4$$
D_3 に含まれる格子点は
$$(0,\,0),\ (1,\,1),\ (1,\,2),\ (1,\,3),$$
$$(2,\,4),\ (2,\,5),\ (2,\,6),\ (3,\,9)$$
であるから
$$d_3=8$$

(2)

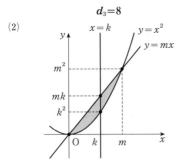

直線 $x=k$ 上の格子点で D_m に含まれる
ものは,
$$(k,\,k^2),\ (k,\,k^2+1),\ (k,\,k^2+2),$$
$$\cdots,\ (k,\,mk)$$

であるから, その個数を a_k とすると
$$a_k=mk-(k^2-1)$$
$$=mk-k^2+1$$

(3) $$d_m=\sum_{k=0}^{m}a_k$$
$$=\sum_{k=0}^{m}(mk-k^2+1)$$
$$=m\sum_{k=1}^{m}k-\sum_{k=1}^{m}k^2+\sum_{k=0}^{m}1$$
$$=m\cdot\frac{1}{2}m(m+1)$$
$$-\frac{1}{6}m(m+1)(2m+1)+(m+1)$$
$$=\frac{1}{6}(m+1)\{3m^2-m(2m+1)+6\}$$
$$=\frac{1}{6}(m+1)(m^2-m+6)$$

51 [解答]

[解答1]

(1)

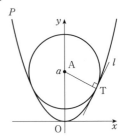

$A(0,\,a)$ とし, 円と P の接点を
$T(t,\,t^2)\ (t\neq0)$ とする.
$y=x^2$ から
$$y'=2x$$
なので, T における P の接線を l とすると
$$[l\text{ の傾き}]=2t\qquad\cdots\text{①}$$
$$[\text{直線 AT の傾き}]=\frac{t^2-a}{t-0}=\frac{t^2-a}{t}\ \cdots\text{②}$$

A を中心とする円が T において l に接す
る条件は
$$AT\perp l\qquad\cdots\text{③}$$
①, ②, ③ から
$$\frac{t^2-a}{t}\cdot2t=-1$$

よって, $a>\dfrac{1}{2}$ であり

$$t=\pm\sqrt{a-\dfrac{1}{2}}$$

ゆえに

$$r^2=\mathrm{AT}^2=(t-0)^2+(t^2-a)^2$$
$$=\left(a-\dfrac{1}{2}\right)+\left\{\left(a-\dfrac{1}{2}\right)-a\right\}^2=a-\dfrac{1}{4}$$

したがって

$$\boldsymbol{a=r^2+\dfrac{1}{4}}$$

(2)

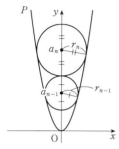

$$a_n-a_{n-1}=r_n+r_{n-1} \qquad \cdots \text{④}$$

(1) の結果から

$$a_n=r_n{}^2+\dfrac{1}{4}, \quad a_{n-1}=r_{n-1}{}^2+\dfrac{1}{4}$$

であり，これらを ④ に代入して

$$\left(r_n{}^2+\dfrac{1}{4}\right)-\left(r_{n-1}{}^2+\dfrac{1}{4}\right)=r_n+r_{n-1}$$
$$r_n{}^2-r_{n-1}{}^2-(r_n+r_{n-1})=0$$
$$(r_n+r_{n-1})(r_n-r_{n-1}-1)=0$$

$r_n+r_{n-1}>0$ なので

$$r_n-r_{n-1}-1=0$$

すなわち

$$r_n=r_{n-1}+1$$

よって $\{r_n\}$ は公差が 1 の等差数列であり，仮定から $r_1=1$ なので

$$\boldsymbol{r_n=1+(n-1)\cdot 1=n}$$

(3) (1), (2) の結果から

$$\boldsymbol{a_n=n^2+\dfrac{1}{4}}$$

[[(1) の解答 2]]

$$P: y=x^2 \qquad \cdots \text{①}$$

点 $(0, a)$ を中心とする半径 r の円の方程式は

$$x^2+(y-a)^2=r^2 \qquad \cdots \text{②}$$

①，② から x を消去すると

$$y+(y-a)^2=r^2$$
$$y^2-(2a-1)y+a^2-r^2=0 \qquad \cdots \text{③}$$

円 ② が P に原点以外で接するとき，y の 2 次方程式 ③ は正の重解をもつ.

よって，判別式について

$$(2a-1)^2-4(a^2-r^2)=0$$
$$\boldsymbol{a=r^2+\dfrac{1}{4}}$$

> [注] 重解は $\dfrac{1}{2}(2a-1)$ であり，これが正である条件は
> $$a>\dfrac{1}{2}$$
> 本問では，このことは述べなくてもよいだろう.

52 　解 答

$$f_1(x)=x+1 \qquad \cdots \text{①}$$
$$x^2 f_{n+1}(x)=x^3+x^2+\int_0^x t f_n(t)\,dt \qquad \cdots \text{②}$$

数列 $\{a_n\}$, $\{b_n\}$ によって，

$$f_n(x)=a_n x+b_n \quad (n=1, 2, 3, \cdots)$$

とする.

① から

$$a_1=1, \quad b_1=1 \qquad \cdots \text{③}$$

② から

$$x^2(a_{n+1}x+b_{n+1})$$
$$=x^3+x^2+\int_0^x t(a_n t+b_n)\,dt$$
$$=x^3+x^2+\left[\dfrac{1}{3}a_n t^3+\dfrac{1}{2}b_n t^2\right]_0^x$$
$$=x^3+x^2+\left(\dfrac{1}{3}a_n x^3+\dfrac{1}{2}b_n x^2\right)$$
$$=\left(\dfrac{1}{3}a_n+1\right)x^3+\left(\dfrac{1}{2}b_n+1\right)x^2$$

したがって，

$$a_{n+1}x^3+b_{n+1}x^2$$
$$=\left(\dfrac{1}{3}a_n+1\right)x^3+\left(\dfrac{1}{2}b_n+1\right)x^2$$

ゆえに

$$\begin{cases} a_{n+1}=\dfrac{1}{3}a_n+1 & \cdots④ \\ b_{n+1}=\dfrac{1}{2}b_n+1 & \cdots⑤ \end{cases}$$

④ から

$$a_{n+1}-\frac{3}{2}=\frac{1}{3}\left(a_n-\frac{3}{2}\right)$$

よって，数列 $\left\{a_n-\dfrac{3}{2}\right\}$ は公比 $\dfrac{1}{3}$ の等比

数列であるから，その一般項は

$$\begin{aligned} a_n-\frac{3}{2}&=\left(a_1-\frac{3}{2}\right)\left(\frac{1}{3}\right)^{n-1} \\ &=\left(1-\frac{3}{2}\right)\left(\frac{1}{3}\right)^{n-1} \quad (③ による) \\ &=-\frac{1}{2}\left(\frac{1}{3}\right)^{n-1} \end{aligned}$$

したがって，

$$a_n=\frac{1}{2}\left\{3-\left(\frac{1}{3}\right)^{n-1}\right\}$$

また，⑤ から

$$b_{n+1}-2=\frac{1}{2}(b_n-2)$$

よって，数列 $\{b_n-2\}$ は公比 $\dfrac{1}{2}$ の等比数

列であるから，その一般項は

$$\begin{aligned} b_n-2&=(b_1-2)\left(\frac{1}{2}\right)^{n-1} \\ &=(1-2)\left(\frac{1}{2}\right)^{n-1} \quad (③ による) \\ &=-\left(\frac{1}{2}\right)^{n-1} \end{aligned}$$

したがって

$$b_n=2-\left(\frac{1}{2}\right)^{n-1}$$

以上から

$$f_n(x)=\frac{1}{2}\left\{3-\left(\frac{1}{3}\right)^{n-1}\right\}x+2-\left(\frac{1}{2}\right)^{n-1}$$

53 解答

(1) 1回の操作の後にAの袋に赤球が入っているのは，1回目にAの袋から黒球が取り出される場合で，

$$a_1=\frac{3}{4} \qquad \cdots①$$

2回の操作の後にAの袋に赤球が入っているのは，次の(i)または(ii)の場合である．
(i) 1回目にAの袋から黒球が取り出され，2回目にもAの袋から黒球が取り出される．
(ii) 1回目にAの袋から赤球が取り出され，2回目にBの袋から赤球が取り出される．

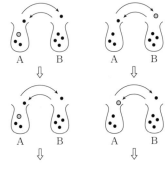

(i)が起こる確率は

$$\frac{3}{4}\times\frac{3}{4}$$

(ii)が起こる確率は

$$\frac{1}{4}\times\frac{1}{5}$$

したがって

$$a_2=\frac{3}{4}\times\frac{3}{4}+\frac{1}{4}\times\frac{1}{5}=\frac{49}{80}$$

(2) $n+1$ 回の操作の後にAに赤球が入っているのは，次の(i)，(ii)の場合である．
(i) n 回の操作の後にAの袋に赤球が入っていて，$n+1$ 回目にAの袋から黒球が取り出される．
(ii) n 回の操作の後にAの袋に赤球が入っていなくて，$n+1$ 回目にBの袋から赤球が取り出される．

(i)が起こる確率は

$$a_n\times\frac{3}{4}$$

(ii)が起こる確率は

$$(1-a_n)\times\frac{1}{5}$$

したがって,

$$a_{n+1}=a_n\times\frac{3}{4}+(1-a_n)\times\frac{1}{5}$$

すなわち

$$a_{n+1}=\frac{11}{20}a_n+\frac{1}{5}\qquad\cdots②$$

(3) ②から

$$a_{n+1}-\frac{4}{9}=\frac{11}{20}\left(a_n-\frac{4}{9}\right)$$

よって, 数列 $\left\{a_n-\dfrac{4}{9}\right\}$ は公比 $\dfrac{11}{20}$ の等比数列であるから, その一般項は

$$\begin{aligned}a_n-\frac{4}{9}&=\left(a_1-\frac{4}{9}\right)\left(\frac{11}{20}\right)^{n-1}\\&=\left(\frac{3}{4}-\frac{4}{9}\right)\left(\frac{11}{20}\right)^{n-1}\quad(①による)\\&=\frac{11}{36}\left(\frac{11}{20}\right)^{n-1}\end{aligned}$$

ゆえに

$$a_n=\frac{11}{36}\left(\frac{11}{20}\right)^{n-1}+\frac{4}{9}$$

54 解答

(1)
$$\begin{aligned}&\log_{10}1.024\\&=\log_{10}\frac{1024}{1000}\\&=\log_{10}\frac{2^{10}}{10^3}\\&=\log_{10}2^{10}-\log_{10}10^3\\&=10\log_{10}2-3\\&=10\times0.30103-3\\&=\mathbf{0.0103}\end{aligned}$$

(2) n 年後の負債は

$$1000\times1.024^n\text{ 万円}$$

これが 2000 万円を超えるとき

$$1000\times1.024^n>2000$$

よって,

$$\begin{aligned}1.024^n&>2\\\log_{10}1.024^n&>\log_{10}2\\n\log_{10}1.024&>\log_{10}2\end{aligned}$$

ゆえに

$$n>\frac{\log_{10}2}{\log_{10}1.024}=\frac{0.30103}{0.0103}=29.2\cdots$$

したがって, 負債が 2000 万円を超えるのは

30 年後

(3) n 年後の負債を a_n 万円とすると

$$\begin{cases}a_0=1000, & \cdots①\\a_{n+1}=1.024a_n-48 & \cdots②\end{cases}$$

②から

$$a_{n+1}-2000=1.024(a_n-2000)$$

よって, 数列 $\{a_n-2000\}$ は公比 1.024 の等比数列であるから,

$$\begin{aligned}a_n-2000&=(a_0-2000)\times1.024^n\\&=-1000\times1.024^n\quad(①による)\end{aligned}$$

ゆえに

$$a_n=2000-1000\times1.024^n$$

n 年後に返済が完了するとすれば

$$a_n\leqq0$$

から

$$2000-1000\times1.024^n\leqq0$$

すなわち

$$1000\times1.024^n\geqq2000$$

よって, (2)における計算と同様にして

$$n\geqq\frac{0.30103}{0.0103}=29.2\cdots$$

したがって, 返済が完了するのは

30 年後

[(3)の別解] 1 年後の負債は

$$1000\times1.024-48\text{ (万円)}$$

2 年後の負債は

$$\begin{aligned}&(1000\times1.024-48)\times1.024-48\\&=1000\times1.024^2-48(1.024+1)\text{ (万円)}\end{aligned}$$

3 年後の負債は

$$\begin{aligned}&\{1000\times1.024^2-48(1.024+1)\}\times1.024-48\\&=1000\times1.024^3-48(1.024^2+1.024+1)\text{ (万円)}\end{aligned}$$

同様に考えて, n 年後の負債は

$$\begin{aligned}&1000\times1.024^n\\&\quad-48(1.024^{n-1}+1.024^{n-2}+\cdots+1.024+1)\\&=1000\times1.024^n-48\cdot\frac{1.024^n-1}{1.024-1}\end{aligned}$$

$$\left(\begin{array}{l}1.024^{n-1}+1.024^{n-2}+\cdots+1.024+1\\ \text{を初項1, 公比 1.024, 項数 } n \text{ の等比数}\\ \text{列の和とみる.}\end{array}\right)$$

$$=1000\times1.024^n-2000(1.024^n-1)$$

$=2000-1000\times1.024^n$ （万円）

（以下，解答 と同様.）

55 解答

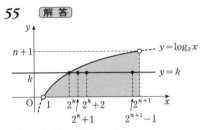

座標平面上の領域

$$1<x<2^{n+1}, \quad 0<y\leqq\log_2 x \quad \cdots ①$$

に含まれる格子点の個数を求めればよい.

k を整数とするとき，直線 $y=k$ と領域 ① が共有点をもつ条件は

$$1\leqq k\leqq n \qquad \cdots ②$$

$y=k$ と ① から

$$1<x<2^{n+1}, \quad 0<k\leqq\log_2 x$$

となり，

$$2^k\leqq x<2^{n+1}$$

したがって，領域 ① に含まれかつ直線 $y=k$ 上にある格子点は

$$(2^k, k), (2^k+1, k), (2^k+2, k),$$
$$\cdots, (2^{n+1}-1, k)$$

であり，その個数を a_k とすると

$$a_k=2^{n+1}-1-(2^k-1)=2^{n+1}-2^k \quad \cdots ③$$

②，③ から求める個数を N とすると

$$N=\sum_{k=1}^{n}(2^{n+1}-2^k)=2^{n+1}\sum_{k=1}^{n}1-\sum_{k=1}^{n}2^k$$
$$=2^{n+1}\cdot n-\frac{2(2^n-1)}{2-1}$$
$$=(n-1)2^{n+1}+2$$

56 解答

(1) 2^m の約数を小さい順に並べると

$$1, 2, 2^2, \cdots, 2^m$$

となり，これは

初項 1，　公比 2，　項数 $m+1$

の等比数列であるから，求める和を S とすると

$$S=1+2+2^2+\cdots+2^m$$

$$=\frac{1\cdot(2^{m+1}-1)}{2-1}=2^{m+1}-1$$

(2) $2^m\cdot3^n$ の約数は

$$2^k\cdot3^l$$
$$(k=0, 1, 2, \cdots, m ; l=0, 1, 2, \cdots, n)$$

であり，全部で $(m+1)(n+1)$ 個ある.

求める和を T とすると

$$\begin{aligned}
T=& 1\cdot1+2\cdot1+2^2\cdot1+\cdots+2^m\cdot1\\
&+1\cdot3+2\cdot3+2^2\cdot3+\cdots+2^m\cdot3\\
&+1\cdot3^2+2\cdot3^2+2^2\cdot3^2+\cdots+2^m\cdot3^2\\
&+\cdots\cdots\\
&+1\cdot3^n+2\cdot3^n+2^2\cdot3^n+\cdots+2^m\cdot3^n\\
=& (1+2+2^2+\cdots+2^m)\cdot1\\
&+(1+2+2^2+\cdots+2^m)\cdot3\\
&+(1+2+2^2+\cdots+2^m)\cdot3^2\\
&+\cdots\cdots\\
&+(1+2+2^2+\cdots+2^m)\cdot3^n\\
=&(1+2+2^2+\cdots+2^m)\\
&\times(1+3+3^2+\cdots+3^n)\\
=&\frac{1\cdot(2^{m+1}-1)}{2-1}\cdot\frac{1\cdot(3^{n+1}-1)}{3-1}\\
=&\frac{1}{2}(2^{m+1}-1)(3^{n+1}-1)
\end{aligned}$$

57 解答

(1) $$a_1=2 \qquad \cdots ①$$

条件をみたす n 本の直線 l_k $(k=1, 2, 3, \cdots, n)$ によって，平面が a_n 個の部分に分けられているとする.

条件をみたす $n+1$ 本目の直線 l_{n+1} をひくと，l_{n+1} は各 l_k $(k=1, 2, 3, \cdots, n)$ と 1 点で交わり，これらの交点によって，l_{n+1} は $n+1$ 個の部分に分けられる. さらに，この $n+1$ 個の部分は，それが含まれる平面の部分を 2 つに分けるので，平面の部分の数は $n+1$ 個増える.

したがって，

$$a_{n+1}=a_n+n+1 \qquad \cdots ②$$

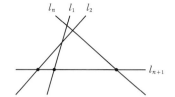

l_n l_1 l_2
l_{n+1}

② から $\{a_n\}$ の階差数列が $\{n+1\}$ である
ので，①，② より，$n \geqq 2$ のとき

$$a_n = a_1 + \sum_{k=1}^{n-1}(a_{k+1}-a_k)$$
$$= 2 + \sum_{k=1}^{n-1}(k+1)$$
$$= 2 + \frac{1}{2}(n-1)\{2+(n-1+1)\}$$
$$= \frac{1}{2}(n^2+n+2)$$

これと ① から

$$a_n = \frac{1}{2}(n^2+n+2)$$

(2) 条件をみたす n 本の直線 m_k（$k=1$, 2,
3, $\cdots$, n）のうち，m_n 以外の $n-1$ 本の直
線については，どの 2 本の直線も平行でない
とする．

このとき，(1) の結果から，m_n をひく前の
$n-1$ 本の直線によって，平面は a_{n-1} 個の
部分に分けられている．m_n をひくと，m_n
は m_k（$k=1$, 2, 3, $\cdots$, $n-1$）のいずれか 1
本と平行であるから，m_k（$k=1$, 2, 3, $\cdots$,
$n-1$）のうちの $n-2$ 本と交わり，これら
の $n-2$ 個の交点によって，m_n は $n-1$
個の部分に分けられる．さらに，この $n-1$
個の部分はそれが含まれる平面の部分を 2 つ
に分けるので，平面の部分の数は $n-1$ 個
増える．

したがって，

$$b_n = a_{n-1} + n - 1$$
$$= \frac{1}{2}\{(n-1)^2+(n-1)+2\}+n-1$$
$$= \frac{1}{2}(n^2+n)$$

58 解 答

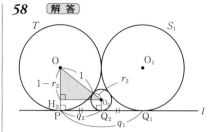

T の中心を O，S_n の中心を O_n（$n=1$,
2, 3, $\cdots$），O_n から直線 OP に下ろした垂線
の足を H_n（$n=2$, 3, 4, $\cdots$）とする．

T と S_1 の半径はともに 1 であるから，Q_2
は線分 PQ_1 の中点であり，

$$q_2 = PQ_2 = \frac{1}{2}PQ_1 = \frac{1}{2}q_1 = \frac{1}{2}\cdot 2 = 1$$

ゆえに

$$O_2 H_2 = q_2 = 1 \qquad \cdots①$$

また，T と S_2 が外接することから

$$OO_2 = 1 + r_2 \qquad \cdots②$$
$$OH_2 = OP - H_2 P = 1 - r_2 \qquad \cdots③$$

直角三角形 $OO_2 H_2$ で三平方の定理を用い
ると

$$OO_2{}^2 = O_2 H_2{}^2 + OH_2{}^2 \qquad \cdots④$$

④ に ①，②，③ を代入して

$$(1+r_2)^2 = 1^2 + (1-r_2)^2$$

ゆえに

$$r_2 = {}^ア\boxed{\frac{1}{4}}$$

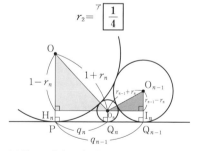

同様に，直角三角形 $OO_n H_n$ で三平方の定
理を用いて

$$OO_n{}^2 = O_n H_n{}^2 + OH_n{}^2$$

であり，これに

$$OO_n = 1 + r_n$$
$$O_n H_n = q_n$$

$$OH_n = 1 - r_n$$

を代入して

$$(1 + r_n)^2 = q_n^2 + (1 - r_n)^2$$

ゆえに

$$r_n = \boxed{\frac{1}{4}q_n^2}^{\text{イ}} \qquad \cdots \text{⑤}$$

また，O_n から直線 $O_{n-1}Q_{n-1}$ に下ろした垂線の足を $I_n(n=2, 3, 4, \cdots)$ とし，直角三角形 $O_{n-1}O_nI_n$ で三平方の定理を用いると

$$O_{n-1}O_n^2 = O_nI_n^2 + O_{n-1}I_n^2$$

ここで，

$$O_{n-1}O_n = r_{n-1} + r_n$$
$$O_nI_n = Q_nQ_{n-1} = q_{n-1} - q_n$$
$$O_{n-1}I_n = r_{n-1} - r_n$$

であるから

$$(r_{n-1} + r_n)^2 = (q_{n-1} - q_n)^2 + (r_{n-1} - r_n)^2$$

ゆえに

$$r_{n-1}r_n = \frac{1}{4}(q_{n-1} - q_n)^2 \qquad \cdots \text{⑥}$$

⑤から

$$r_{n-1} = \frac{1}{4}q_{n-1}^2$$

であり，これと⑤を⑥に代入して

$$\frac{1}{4}q_{n-1}^2 \cdot \frac{1}{4}q_n^2 = \frac{1}{4}(q_{n-1} - q_n)^2$$

$q_{n-1} - q_n > 0$ に注意すると，

$$q_{n-1}q_n = 2(q_{n-1} - q_n)$$
$$(q_{n-1} + 2)q_n = 2q_{n-1}$$

よって，

$$q_n = \boxed{\frac{2q_{n-1}}{q_{n-1} + 2}}^{\text{ウ}}$$

さらに

$$\frac{1}{q_n} = \frac{q_{n-1} + 2}{2q_{n-1}} = \frac{1}{q_{n-1}} + \frac{1}{2}$$

したがって，数列 $\left\{\dfrac{1}{q_n}\right\}$ は，

$$\text{初項} \quad \frac{1}{q_1} = \frac{1}{2}, \quad \text{公差} \quad \frac{1}{2}$$

の等差数列であるから，その一般項は

$$\frac{1}{q_n} = \frac{1}{2} + (n-1) \cdot \frac{1}{2} = \frac{1}{2}n$$

ゆえに

$$q_n = \boxed{\frac{2}{n}}^{\text{エ}}$$

これと，⑤から

$$r_n = \frac{1}{4}\left(\frac{2}{n}\right)^2 = \boxed{\frac{1}{n^2}}^{\text{オ}}$$

59 解答

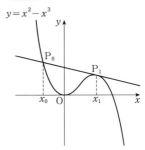

$y = x^2 - x^3$ から

$$y' = 2x - 3x^2$$

接線 P_0P_1 は，曲線 $y = x^2 - x^3$ 上の点 $P_1(x_1, x_1^2 - x_1^3)$ における接線であるから，その方程式は

$$y - (x_1^2 - x_1^3) = (2x_1 - 3x_1^2)(x - x_1)$$

この直線上に $P_0(x_0, x_0^2 - x_0^3)$ があるから

$$(x_0^2 - x_0^3) - (x_1^2 - x_1^3) = (2x_1 - 3x_1^2)(x_0 - x_1)$$
$$(x_0^2 - x_1^2) - (x_0^3 - x_1^3) = (2x_1 - 3x_1^2)(x_0 - x_1)$$
$$(x_0 - x_1)\{(x_0 + x_1) - (x_0^2 + x_0x_1 + x_1^2)\}$$
$$= (2x_1 - 3x_1^2)(x_0 - x_1)$$
$$(x_0 - x_1)(x_0^2 + x_0x_1 - 2x_1^2 - x_0 + x_1) = 0$$
$$(x_0 - x_1)\{(x_0 - x_1)(x_0 + 2x_1) - (x_0 - x_1)\} = 0$$

よって，

$$(x_0 - x_1)^2(x_0 + 2x_1 - 1) = 0$$

$x_0 \neq x_1$ であるから

$$x_0 + 2x_1 - 1 = 0$$

ゆえに

$$x_1 = -\frac{1}{2}x_0 + \frac{1}{2}$$

(2) (1)と同様にして

$$x_n = -\frac{1}{2}x_{n-1} + \frac{1}{2}$$

よって，

$$x_n - \frac{1}{3} = -\frac{1}{2}\left(x_{n-1} - \frac{1}{3}\right)$$

したがって，$x_n - \dfrac{1}{3}$ は

$$初項\ x_0 - \frac{1}{3}, \quad 公比\ -\frac{1}{2}$$

の等比数列の $n+1$ 番目の項であるから

$$x_n - \frac{1}{3} = \left(x_0 - \frac{1}{3}\right)\left(-\frac{1}{2}\right)^n$$

よって，

$$\boldsymbol{x_n} = \left(\boldsymbol{x_0} - \frac{1}{3}\right)\left(-\frac{1}{2}\right)^n + \frac{1}{3}$$

［注］　$x_n - \dfrac{1}{3} = a_n\ (n=0, 1, 2, \cdots)$ と

おくと，数列

$$a_0, a_1, a_2, \cdots, a_{n-1}, a_n, \cdots$$

について，

$$a_0\ を第\ 1\ 項$$

というならば

　a_{n-1} は第 n 項，a_n は第 $n+1$ 項

であるが，

$$a_0\ を第\ 0\ 項$$

というならば

　a_{n-1} は第 $n-1$ 項，a_n は第 n 項

となる．

　いずれにしても，

$$a_n\ は\ n+1\ 番目の項$$

である．

［(1)の別解］　接線 P_0P_1 の方程式を

$$y = mx + n$$

とし，P_1 が接点であることに注意すると，

3次方程式

$$x^2 - x^3 = mx + n$$

すなわち

$$x^3 - x^2 + mx + n = 0$$

の解は

$$x = x_0, \ x_1\ (重解)$$

である．

　したがって，解と係数の関係から

$$x_0 + 2x_1 = 1$$

となり

$$\boldsymbol{x_1} = -\frac{1}{2}\boldsymbol{x_0} + \frac{1}{2}$$

［注］　一般に，曲線 $y = f(x)$（$f(x)$ は x の多項式）と直線 $y = mx + n$ が

点

$$(\alpha,\ f(\alpha))$$

で接するとき，

　「多項式 $f(x) - (mx + n)$ は
　　$(x - \alpha)^2$ で割り切れる」

　したがって，

　「方程式 $f(x) - (mx + n) = 0$ は
　　$x = \alpha$ を重解にもつ」

が成り立つ．

第2章　統計的な推測（数学B）

6　確率分布

60　解答

(1) 2つの目の数の和を表にまとめると右のようになる。

	1	2	3	4	5	6
1	2	3	4	5	6	7
2	3	4	5	6	7	8
3	4	5	6	7	8	9
4	5	6	7	8	9	10
5	6	7	8	9	10	11
6	7	8	9	10	11	12

1つのサイコロについてどの目が出る確率も $\dfrac{1}{6}$ であるから、右の表のどのマスについても、その確率は $\left(\dfrac{1}{6}\right)^2=\dfrac{1}{36}$ である。

したがって、X の確率分布は次の表のようになる。

X	2	3	4	5	6	7	8	9	10	11	12	計
$P(X)$	$\dfrac{1}{36}$	$\dfrac{2}{36}$	$\dfrac{3}{36}$	$\dfrac{4}{36}$	$\dfrac{5}{36}$	$\dfrac{6}{36}$	$\dfrac{5}{36}$	$\dfrac{4}{36}$	$\dfrac{3}{36}$	$\dfrac{2}{36}$	$\dfrac{1}{36}$	1

(2) 上の表より

$$P(X=3)=\frac{2}{36}=\frac{1}{18}$$

$$P(5 \leqq X \leqq 7)=\frac{4}{36}+\frac{5}{36}+\frac{6}{36}=\frac{15}{36}=\frac{5}{12}$$

$$P(X \geqq 10)=\frac{3}{36}+\frac{2}{36}+\frac{1}{36}=\frac{6}{36}=\frac{1}{6}$$

61　解答

(1) 2つのサイコロを同時に投げるとき、X の値は右の表のようになる。

	1	2	3	4	5	6
1	1	1	1	1	1	1
2	1	2	2	2	2	2
3	1	2	3	3	3	3
4	1	2	3	4	4	4
5	1	2	3	4	5	5
6	1	2	3	4	5	6

表のどのマスについても、そのような目が出る確率は $\left(\dfrac{1}{6}\right)^2=\dfrac{1}{36}$ であるから、X の確率分布は次の表のようになる。

X	1	2	3	4	5	6	計
$P(X)$	$\dfrac{11}{36}$	$\dfrac{9}{36}$	$\dfrac{7}{36}$	$\dfrac{5}{36}$	$\dfrac{3}{36}$	$\dfrac{1}{36}$	1

(2) $E(X)=1 \cdot \dfrac{11}{36}+2 \cdot \dfrac{9}{36}+3 \cdot \dfrac{7}{36}+4 \cdot \dfrac{5}{36}+5 \cdot \dfrac{3}{36}$

$$+6 \cdot \frac{1}{36}$$

$$=\frac{91}{36}$$

$$V(X)=E(X^2)-\{E(X)^2\}$$

$$=1^2 \cdot \frac{11}{36}+2^2 \cdot \frac{9}{36}+3^2 \cdot \frac{7}{36}+4^2 \cdot \frac{5}{36}$$

$$+5^2 \cdot \frac{3}{36}+6^2 \cdot \frac{1}{36}-\left(\frac{91}{36}\right)^2=\frac{301}{36}-\frac{91^2}{36^2}$$

$$=\frac{2555}{1296}$$

62　解答

(1) 10個の玉から4個を取り出す方法は全部で $_{10}C_4=210$（通り）。

$X=1$ となるのは、赤玉3個、白玉1個を取り出すときで

$$_3C_3 \cdot {}_7C_1=7 \text{（通り）}$$

$X=2$ となるのは、赤玉2個、白玉2個を取り出すときで

$$_3C_2 \cdot {}_7C_2=3 \cdot 21=63 \text{（通り）}$$

$X=3$ となるのは、赤玉1個、白玉3個を取り出すときで

$$_3C_1 \cdot {}_7C_3=3 \cdot 35=105 \text{（通り）}$$

$X=4$ となるのは、白玉4個を取り出すときで

$$_7C_4=35 \text{（通り）}$$

以上から X の確率分布は

X	1	2	3	4	計
$P(X)$	$\dfrac{1}{30}$	$\dfrac{9}{30}$	$\dfrac{15}{30}$	$\dfrac{5}{30}$	1

である。

$$E(X)=1 \cdot \frac{1}{30}+2 \cdot \frac{9}{30}+3 \cdot \frac{15}{30}+4 \cdot \frac{5}{30}$$

$$=\frac{84}{30}=\frac{14}{5}$$

$$V(X)=E(X^2)-\{E(X)\}^2$$

$$=1^2 \cdot \frac{1}{30}+2^2 \cdot \frac{9}{30}+3^2 \cdot \frac{15}{30}+4^2 \cdot \frac{5}{30}$$

$$-\left(\frac{14}{5}\right)^2$$

$$=\frac{42}{5}-\frac{196}{25}=\frac{14}{25}$$

(2) $\quad V(Y)=V(3X+2)=3^2V(X)$

$$=9 \cdot \frac{14}{25}=\frac{126}{25}$$

$$\sigma(Y)=\sqrt{V(Y)}=\frac{3\sqrt{14}}{5}$$

63 （解答）

$$E(Z)=\frac{1}{\sigma}E(X)-\frac{m}{\sigma}$$
$$=\frac{m}{\sigma}-\frac{m}{\sigma}=0$$
$$\sigma(Z)=\left|\frac{1}{\sigma}\right|\sigma(X)$$
$$=\frac{\sigma}{\sigma}=1$$

64 （解答）

箱Aから取り出したカードに書かれた数を X とすると，X の確率分布は

X	1	2	3	4	5	6	計
$P(X)$	$\frac{1}{6}$	$\frac{1}{6}$	$\frac{1}{6}$	$\frac{1}{6}$	$\frac{1}{6}$	$\frac{1}{6}$	1

となるから，

$$E(X)=1\cdot\frac{1}{6}+2\cdot\frac{1}{6}+3\cdot\frac{1}{6}+4\cdot\frac{1}{6}+5\cdot\frac{1}{6}$$
$$+6\cdot\frac{1}{6}$$
$$=\frac{7}{2}$$

箱Bから取り出したカードに書かれた数を Y とすると，Y の確率分布は

Y	5	6	7	8	9	計
$P(Y)$	$\frac{1}{5}$	$\frac{1}{5}$	$\frac{1}{5}$	$\frac{1}{5}$	$\frac{1}{5}$	1

となるから，

$$E(Y)=5\cdot\frac{1}{5}+6\cdot\frac{1}{5}+7\cdot\frac{1}{5}+8\cdot\frac{1}{5}+9\cdot\frac{1}{5}$$
$$=7$$

したがって，求める平均は

$$E(X+Y)=E(X)+E(Y)=\frac{7}{2}+7=\frac{21}{2}$$

65 （解答）

出る目の数を順に X，Y とすると，

$$E(X)=1\cdot\frac{1}{6}+2\cdot\frac{1}{6}+3\cdot\frac{1}{6}+4\cdot\frac{1}{6}+5\cdot\frac{1}{6}$$

$$+6\cdot\frac{1}{6}$$
$$=\frac{7}{2}$$

同様に，

$$E(Y)=\frac{7}{2}$$

出る目の数を順に並べてできる2けたの数は $10X+Y$ であるから，求める平均は

$$E(10X+Y)=E(10X)+E(Y)$$
$$=10E(X)+E(Y)$$
$$=10\cdot\frac{7}{2}+\frac{7}{2}$$
$$=\frac{77}{2}$$

66 （解答）

2つのサイコロの出る目の数をそれぞれ X，Y とする．

(1) $E(X)(=E(Y))$

$$=1\cdot\frac{1}{6}+2\cdot\frac{1}{6}+3\cdot\frac{1}{6}+4\cdot\frac{1}{6}+5\cdot\frac{1}{6}+6\cdot\frac{1}{6}$$
$$=\frac{7}{2}$$

X と Y は独立であるから

$$E(XY)=E(X)E(Y)=\frac{7}{2}\cdot\frac{7}{2}=\frac{49}{4}$$

(2) $E(X^2)(=E(Y^2))$

$$=1^2\cdot\frac{1}{6}+2^2\cdot\frac{1}{6}+3^2\cdot\frac{1}{6}+4^2\cdot\frac{1}{6}+5^2\cdot\frac{1}{6}+6^2\cdot\frac{1}{6}$$
$$=\frac{91}{6}$$
$$V(X)(=V(Y))=E(X^2)-\{E(X)\}^2$$
$$=\frac{91}{6}-\left(\frac{7}{2}\right)^2=\frac{35}{12}$$

X と Y は独立であるから

$$V(X+Y)=V(X)+V(Y)$$
$$=\frac{35}{12}+\frac{35}{12}=\frac{35}{6}$$

67 （解答）

10円硬貨2枚を投げるとき，表の出る枚数を X とすると，X の確率分布は

X	0	1	2	計
$P(X)$	$\dfrac{1}{4}$	$\dfrac{1}{2}$	$\dfrac{1}{4}$	1

となるから,

$$E(X)=0\cdot\frac{1}{4}+1\cdot\frac{1}{2}+2\cdot\frac{1}{4}=1$$

$$V(X)=E(X^2)-\{E(X)\}^2$$
$$=0^2\cdot\frac{1}{4}+1^2\cdot\frac{1}{2}+2^2\cdot\frac{1}{4}-1^2$$
$$=\frac{1}{2}$$

次に, 5円硬貨を1枚投げるとき, 表の出る枚数を Y とすると Y の確率分布は

Y	0	1	計
$P(Y)$	$\dfrac{1}{2}$	$\dfrac{1}{2}$	1

となるから,

$$E(Y)=0\cdot\frac{1}{2}+1\cdot\frac{1}{2}=\frac{1}{2}$$

$$V(Y)=E(Y^2)-\{E(Y)\}^2$$
$$=0^2\cdot\frac{1}{2}+1^2\cdot\frac{1}{2}-\left(\frac{1}{2}\right)^2$$
$$=\frac{1}{4}$$

10枚硬貨2枚, 5円硬貨1枚を同時に投げるとき, 表の出る硬貨の金額の合計は $10X+5Y$(円)であるから, その平均は

$$E(10Y+5Y)=10E(X)+5E(Y)$$
$$=10\cdot1+5\cdot\frac{1}{2}=\frac{25}{2}$$

また, X と Y は独立であるから, 分散は

$$V(10X+5Y)=V(10X)+V(5Y)$$
$$=10^2V(X)+5^2V(Y)$$
$$=10^2\cdot\frac{1}{2}+5^2\cdot\frac{1}{4}=\frac{225}{4}$$

68 〔解答〕

数0, 2, 6の記されたカードの枚数をそれぞれ a 枚, b 枚, c 枚とする. ただし,

$$a+b+c=10 \quad\cdots\text{①}$$

このとき, X の確率分布は

X	0	2	6	計
$P(X)$	$\dfrac{a}{10}$	$\dfrac{b}{10}$	$\dfrac{c}{10}$	1

X の平均が3であることにより

$$0\cdot\frac{a}{10}+2\cdot\frac{b}{10}+6\cdot\frac{c}{10}=3$$
$$b+3c=15 \quad\cdots\text{②}$$

また, X の分散が6以下であることより

$$0^2\cdot\frac{a}{10}+2^2\cdot\frac{b}{10}+6^2\cdot\frac{c}{10}-3^2\leqq6$$
$$2b+18c\leqq75 \quad\cdots\text{③}$$

②より

$$b=3(5-c) \quad\cdots\text{②}'$$

となるので b は3の倍数である. また題意より $0\leqq b\leqq10$ であるから $b=0,\ 3,\ 6,\ 9$ のいずれかであり, ②' より

$$(b,\ c)=(0,\ 5),\ (3,\ 4),\ (6,\ 3),\ (9,\ 2)$$

このうち③をみたすのは

$$(b,\ c)=(6,\ 3),\ (9,\ 2)$$

さらに, ①より $b+c\leqq10$ だから,

$$(b,\ c)=(6,\ 3)$$

したがって,

$$(a,\ b,\ c)=(1,\ 6,\ 3)$$

すなわち数0, 2, 6の記されたカードをそれぞれ**1枚**, **6枚**, **3枚**とすればよい.

69 〔解答〕

袋の中のカードの枚数を S とすると

$$S=\sum_{k=1}^{n}k=\frac{1}{2}n(n+1)$$

よって,

$$P(X=k)=\frac{k}{S}=\frac{2k}{n(n+1)}$$
$$(k=1,\ 2,\ \cdots,\ n)$$

$$E(X)=\sum_{k=1}^{n}kP(X=k)=\sum_{k=1}^{n}\frac{2k^2}{n(n+1)}$$
$$=\frac{2}{n(n+1)}\cdot\frac{1}{6}n(n+1)(2n+1)$$
$$=\frac{2n+1}{3}$$

$$E(X^2)=\sum_{k=1}^{n}k^2P(X=k)=\sum_{k=1}^{n}\frac{2k^3}{n(n+1)}$$
$$=\frac{2}{n(n+1)}\cdot\frac{1}{4}n^2(n+1)^2$$

$$= \frac{n(n+1)}{2}$$

であるから

$$\begin{aligned}
V(X) &= E(X^2) - \{E(X)\}^2 \\
&= \frac{n(n+1)}{2} - \left(\frac{2n+1}{3}\right)^2 \\
&= \frac{9n(n+1) - 2(2n+1)^2}{18} \\
&= \boldsymbol{\frac{n^2 + n - 2}{18}}
\end{aligned}$$

70 　解答

(1) $X \geqq k$ となるのは，3回とも k 以上のカードを引く場合で，k 以上のカードは，$5-k$ 枚あるから

$$P(X \geqq k) = \left(\frac{5-k}{5}\right)^3 \quad (k=0,\ 1,\ 2,\ 3,\ 4)$$

よって，

$$P(X \geqq 0) = \left(\frac{5}{5}\right)^3 = 1, \quad P(X \geqq 1) = \left(\frac{4}{5}\right)^3 = \frac{64}{125}$$

$$P(X \geqq 2) = \left(\frac{3}{5}\right)^3 = \frac{27}{125}, \quad P(X \geqq 3) = \left(\frac{2}{5}\right)^3 = \frac{8}{125}$$

$$P(X \geqq 4) = \left(\frac{1}{5}\right)^3 = \frac{1}{125}$$

(2) $P(X=k) = P(X \geqq k) - P(X \geqq k+1)$
$(k=0,\ 1,\ 2,\ 3)$ であるから

$$P(X=0) = 1 - \frac{64}{125} = \frac{61}{125}$$

$$P(X=1) = \frac{64}{125} - \frac{27}{125} = \frac{37}{125}$$

$$P(X=2) = \frac{27}{125} - \frac{8}{125} = \frac{19}{125}$$

$$P(X=3) = \frac{8}{125} - \frac{1}{125} = \frac{7}{125}$$

また，

$$P(X=4) = P(X \geqq 4) = \frac{1}{125}$$

以上から，X の確率分布は次の表のようになる

X	0	1	2	3	4	計
$P(X)$	$\frac{61}{125}$	$\frac{37}{125}$	$\frac{19}{125}$	$\frac{7}{125}$	$\frac{1}{125}$	1

(3) $E(X) = 0 \times \frac{61}{125} + 1 \times \frac{37}{125} + 2 \times \frac{19}{125}$

$$+ 3 \times \frac{7}{125} + 4 \times \frac{1}{125}$$

$$= \frac{100}{125} = \boldsymbol{\frac{4}{5}} \qquad \cdots ①$$

(4) $E(X^2) = 0^2 \times \frac{61}{125} + 1^2 \times \frac{37}{125} + 2^2 \times \frac{19}{125}$

$$+ 3^2 \times \frac{7}{125} + 4^2 \times \frac{1}{125}$$

$$= \frac{192}{125} \qquad \cdots ②$$

①，②から

$$V(X) = E(X^2) - \{E(X)\}^2$$

$$= \frac{192}{125} - \left(\frac{4}{5}\right)^2 = \boldsymbol{\frac{112}{125}}$$

71 　解答

(1) $X=1$ になるのは，さいころの目が1または6のときで，1以外の X の各値に対しては，さいころの目の出方が1通りであるから，X の確率分布は次の表のようになる．

X	0	1	2	3	4	計
$P(X)$	$\frac{1}{6}$	$\frac{2}{6}$	$\frac{1}{6}$	$\frac{1}{6}$	$\frac{1}{6}$	1

$Y=0$ になるのは，$X=4$ のときには，さいころの目が1または6の2通りの場合で，4以外の X の各値に対しては，さいころの目の出方が1通りであるから

$$\begin{aligned}
P(Y=0) &= \frac{1}{6} \cdot \frac{1}{6} + \frac{2}{6} \cdot \frac{1}{6} + \frac{1}{6} \cdot \frac{1}{6} \\
&\quad + \frac{1}{6} \cdot \frac{1}{6} + \frac{1}{6} \cdot \frac{2}{6} = \frac{7}{36}
\end{aligned}$$

よって，

$$P(X=0)P(Y=0) = \frac{1}{6} \cdot \frac{7}{36} = \frac{7}{216}$$

一方

$$P(X=0,\ Y=0) = \frac{1}{6} \cdot \frac{1}{6} = \frac{1}{36}$$

ゆえに

$$P(X=0,\ Y=0) \neq P(X=0)P(Y=0)$$

なので，**X と Y は独立でない．**

(2) $X=k\ (0 \leqq k \leqq 5)$ になるさいころの目の出方は1通りなので

$$P(X=k) = \frac{1}{6} \quad (0 \leqq k \leqq 5)$$

$Y=l$ $(0 \le l \le 5)$ になるのは，X の各値に対して，さいころの目の出方が1通りであることから

$$P(Y=l)=6 \cdot \frac{1}{6} \cdot \frac{1}{6}=\frac{1}{6} \quad (0 \le l \le 5)$$

また，

$$P(X=k, \ Y=l)=\frac{1}{6} \cdot \frac{1}{6}=\frac{1}{36}$$
$$(0 \le k \le 5, \ 0 \le l \le 5)$$

よって，

$$P(X=k, \ Y=l)=P(X=k)P(Y=l)$$
$$(0 \le k \le 5, \ 0 \le l \le 5)$$

ゆえに，**X と Y は互いに独立である．**

72 　考え方

(1) X のとる値が x_i，$P(X=x_i)=p_i$，Y のとる値が y_j，$P(Y=y_j)=q_j$
$(i=1, 2; j=1, 2)$ のとき
X，Y が独立なので

$$P(X=x_i, \ Y=y_j)=p_i q_j$$
$(i=1, 2; j=1, 2)$ であり

$$\begin{aligned}
E(XY)&=x_1 y_1 p_1 q_1 + x_2 y_1 p_2 q_1 \\
&\quad + x_1 y_2 p_1 q_2 + x_2 y_2 p_2 q_2 \\
&=(x_1 p_1 + x_2 p_2) y_1 q_1 \\
&\quad + (x_1 p_1 + x_2 p_2) y_2 q_2 \\
&=(x_1 p_1 + x_2 p_2)(y_1 q_1 + y_2 q_2) \\
&=E(X)E(Y)
\end{aligned}$$

(2) $V(X+Y)=E((X+Y)^2)-\{E(X+Y)\}^2$
　　　　　　　　　　　（基本のまとめ ③ (3)）

これと (1) を用いる．

　解 答

$P(X=x_i)=p_i$，$P(Y=y_j)=q_j$
$(i=1, 2, \cdots, m; j=1, 2, \cdots, n)$
とする．
X，Y が独立であるから

$$P(X=x_i, \ Y=y_j)=p_i q_j$$
$(i=1, 2, \cdots, m; j=1, 2, \cdots, n)$

(1) $E(XY)$

$$=\sum_{j=1}^{n}\left(\sum_{i=1}^{m} x_i y_j p_i q_j\right)$$
$$=\sum_{j=1}^{n}\left(\sum_{i=1}^{m} x_i p_i\right) y_j q_j$$

$$=\sum_{j=1}^{n} E(X) y_j q_j$$
$$=E(X)\sum_{j=1}^{n} y_j q_j$$
$$=E(X)E(Y) \qquad \cdots ①$$

(2) $V(X+Y)$

$$\begin{aligned}
&=E((X+Y)^2)-\{E(X+Y)\}^2 \\
&=E(X^2+2XY+Y^2)-\{E(X)+E(Y)\}^2 \\
&=E(X^2)+2E(XY)+E(Y)^2 \\
&\quad -\{E(X)\}^2-2E(X)E(Y)-\{E(Y)\}^2 \\
&=E(X^2)+E(Y^2)-\{E(X)\}^2-\{E(Y)\}^2 \\
&\qquad\qquad\qquad\qquad （① による）\\
&=[E(X^2)-\{E(X)\}^2]+[E(Y^2)-\{E(Y)\}^2] \\
&=V(X)+V(Y)
\end{aligned}$$

73 　解 答

(1)
$$P(A)=\frac{3^3}{6^3}=\frac{1}{8}$$
$$P(B)=\frac{{}_6P_3}{6^3}=\frac{6 \cdot 5 \cdot 4}{6^3}=\frac{5}{9}$$

よって，

$$P(A)P(B)=\frac{1}{8} \cdot \frac{5}{9}=\frac{5}{72} \quad \cdots ①$$

$A \cap B$ は，2，4，6 の目が1回ずつ出る事象であるから

$$P(A \cap B)=\frac{3!}{6^3}=\frac{1}{36} \qquad \cdots ②$$

①，②から，

$$P(A \cap B) \ne P(A)P(B)$$

ゆえに

A と B は独立でない．

(2) i 回目に出る目の数を X_i とする
$(i=1, 2, 3)$．

$$X=X_1+X_2+X_3 \qquad \cdots ③$$
$$\begin{aligned}
E(X_i)&=\sum_{k=1}^{6}\left(k \cdot \frac{1}{6}\right)=\frac{1}{6}\left(\frac{1}{2} \cdot 6 \cdot 7\right) \\
&=\frac{7}{2} \quad (i=1, 2, 3) \qquad \cdots ④
\end{aligned}$$
$$\begin{aligned}
V(X_i)&=E(X_i^2)-\{E(X_i)\}^2 \\
&=\sum_{k=1}^{6}\left(k^2 \cdot \frac{1}{6}\right)-\left(\frac{7}{2}\right)^2 \quad （④ による）\\
&=\frac{1}{6}\left(\frac{1}{6} \cdot 6 \cdot 7 \cdot 13\right)-\left(\frac{7}{2}\right)^2
\end{aligned}$$

$$=\frac{35}{12} \quad (i=1,\ 2,\ 3) \qquad \cdots ⑤$$

③, ④ から

$$E(X)=\sum_{i=1}^{3}E(X_i)=3\cdot\frac{7}{2}=\frac{21}{2}$$

X_1, X_2, X_3 は互いに独立であるので, ③, ⑤ から

$$V(X)=\sum_{i=1}^{3}V(X_i)=3\cdot\frac{35}{12}=\frac{35}{4}$$

$Y=2X$ であるから

$$\boldsymbol{E(Y)}=2E(X)=2\cdot\frac{21}{2}=\boldsymbol{21}$$

$$\boldsymbol{V(Y)}=2^2V(X)=4\cdot\frac{35}{4}=\boldsymbol{35}$$

74 解答

1番目, 2番目のカードの数字をそれぞれ X, Y とする.

(1)
$$T=10X+Y$$

$$E(X)=(3+4+5+6+7)\cdot\frac{1}{5}=5$$

同様に

$$E(Y)=5$$

よって

$$\begin{aligned}
\boldsymbol{m}&=E(T)=E(10X+Y)\\
&=10E(X)+E(Y)\\
&=10\cdot5+5=\boldsymbol{55}
\end{aligned}$$

$$\begin{aligned}
V(X)&=\sum_{k=3}^{7}\Big[\{k-E(X)\}^2\cdot\frac{1}{5}\Big]\\
&=\{(3-5)^2+(4-5)^2+(5-5)^2\\
&\quad+(6-5)^2+(7-5)^2\}\cdot\frac{1}{5}\\
&=2
\end{aligned}$$

同様に

$$V(Y)=2$$

X, Y は独立であるから

$$\begin{aligned}
V(T)&=V(10X+Y)\\
&=10^2V(X)+V(Y)\\
&=10^2\cdot2+2=202
\end{aligned}$$

したがって,

$$\boldsymbol{\sigma}=\sqrt{V(T)}=\sqrt{\boldsymbol{202}}$$

(2)
$$\frac{6}{5}m=\frac{6}{5}\times55=66$$

よって,

$$P\Big(T\leq\frac{6}{5}m\Big)=P(T\leq66)$$

$$=1-P(T>66)$$

$$=1-P(T=67,\ 73,\ 74,\ 75,\ 76,\ 77)$$

$$=1-\frac{6}{25}=\boldsymbol{\frac{19}{25}}$$

75 解答

(1)
$$\boldsymbol{X}=\sum_{i=1}^{l}\boldsymbol{X_i} \qquad \cdots ①$$

(2) X_i $(1\leq i\leq l)$ の確率分布は

X_i	1	0	計
$P(X_i)$	$\dfrac{1}{n}$	$1-\dfrac{1}{n}$	1

よって,

$$E(X_i)=1\cdot\frac{1}{n}+0\cdot\Big(1-\frac{1}{n}\Big)=\frac{1}{n}$$

$$E(X_i{}^2)=1^2\cdot\frac{1}{n}+0^2\cdot\Big(1-\frac{1}{n}\Big)=\frac{1}{n}$$

$$\begin{aligned}
V(X_i)&=E(X_i{}^2)-\{E(X_i)\}^2\\
&=\frac{1}{n}-\Big(\frac{1}{n}\Big)^2=\frac{1}{n}\Big(1-\frac{1}{n}\Big)
\end{aligned}$$

したがって, ① から

$$\begin{aligned}
E(X)&=\sum_{i=1}^{l}E(X_i)=\sum_{i=1}^{l}\frac{1}{n}\\
&=\frac{l}{n} \qquad \cdots ②
\end{aligned}$$

X_i $(1\leq i\leq l)$ は独立であるから

$$\begin{aligned}
V(X)&=\sum_{i=1}^{l}V(X_i)=\sum_{i=1}^{l}\frac{1}{n}\Big(1-\frac{1}{n}\Big)\\
&=\frac{l}{n}\Big(1-\frac{1}{n}\Big) \qquad \cdots ③
\end{aligned}$$

$V(X)=E(X^2)-\{E(X)\}^2$ と ②, ③ から

$$\begin{aligned}
\boldsymbol{E(X^2)}&=V(X)+\{E(X)\}^2\\
&=\frac{l}{n}\Big(1-\frac{1}{n}\Big)+\Big(\frac{l}{n}\Big)^2\\
&=\frac{nl-l+l^2}{n^2}=\boldsymbol{\frac{l(l+n-1)}{n^2}}
\end{aligned}$$

(3)
$$\begin{aligned}
E(X^2)>2 &\iff \frac{l(l+n-1)}{n^2}>2\\
&\iff l(l+n-1)>2n^2\\
&\qquad\qquad\qquad (\cdots ④)
\end{aligned}$$

$$f(l) = l(l+n-1) \quad (l=1,\ 2,\ 3,\ \cdots)$$

とする.

$f(l)$ は l の増加にともなって増加し,

$$f(n) = n(2n-1) < 2n^2$$
$$f(n+1) = (n+1)\cdot 2n > 2n^2$$

であるから, ④ を満たす最小の l, すなわち

$$E(X^2) > 2$$

となる最小の l は

$$l = n+1$$

[(2)の別解]

X は $B\left(l,\ \dfrac{1}{n}\right)$ (**7 基本のまとめ** 1 参照)

に従うから

$$E(X) = l\cdot\frac{1}{n} = \frac{l}{n}$$

$$V(X) = l\cdot\frac{1}{n}\left(1-\frac{1}{n}\right) = \frac{l}{n}\left(1-\frac{1}{n}\right)$$

以下略

7 二項分布と正規分布

76 解答

(1) 1つのサイコロを1回投げるとき, 奇数の目すなわち1, 3, 5が出る確率は

$$\frac{3}{6} = \frac{1}{2}$$

であるから, 続けて5回投げるとき奇数の目が r 回出る確率は

$${}_5\mathrm{C}_r\left(\frac{1}{2}\right)^r\left(1-\frac{1}{2}\right)^{5-r}$$

したがって, X は

$$B\left(5,\ \frac{1}{2}\right)$$

に従う.

(2) 1回の試行で赤玉の取り出される確率は $\dfrac{2}{7}$ であるから, この試行を8回行うとき, r 回赤玉が取り出される確率は

$${}_8\mathrm{C}_r\left(\frac{2}{7}\right)^r\left(1-\frac{2}{7}\right)^{8-r}$$

したがって, X は

$$B\left(8,\ \frac{2}{7}\right)$$

に従う.

77 解答

(1) $n=25$, $p=\dfrac{1}{3}$, $q=1-\dfrac{1}{3}=\dfrac{2}{3}$ とすると

$$E(X) = np = \frac{25}{3}$$

$$\sigma(X) = \sqrt{npq} = \sqrt{25\cdot\frac{1}{3}\cdot\frac{2}{3}} = \frac{5\sqrt{2}}{3}$$

(2) $n=200$, $p=\dfrac{4}{5}$, $q=1-\dfrac{4}{5}=\dfrac{1}{5}$ とすると

$$E(X) = np = 200\cdot\frac{4}{5} = 160$$

$$\sigma(X) = \sqrt{npq} = \sqrt{200\cdot\frac{4}{5}\cdot\frac{1}{5}} = 4\sqrt{2}$$

78 考え方

確率変数 $X\ (a\leqq X\leqq b)$ の確率密度関数が $f(x)\ (a\leqq x\leqq b)$ のとき

$$E(X) = \int_a^b xf(x)\,dx$$

$$V(X) = \int_a^b \{x-E(X)\}^2 f(x)\,dx$$
$$= E(X^2) - \{E(X)\}^2$$

解答

$$E(X) = \int_0^5 xf(x)\,dx = \int_0^5 \frac{2}{25}x^2\,dx$$

$$= \frac{2}{25}\left[\frac{x^3}{3}\right]_0^5 = \frac{2}{25}\cdot\frac{5^3}{3} = \frac{10}{3}$$

$$E(X^2) = \int_0^5 x^2 f(x)\,dx = \int_0^5 \frac{2}{25}x^3\,dx$$

$$= \frac{2}{25}\left[\frac{x^4}{4}\right]_0^5 = \frac{2}{25}\cdot\frac{5^4}{4} = \frac{25}{2}$$

したがって

$$V(X) = E(X^2) - \{E(X)\}^2$$
$$= \frac{25}{2} - \left(\frac{10}{3}\right)^2 = \frac{25}{18}$$

79 解答

$$P\left(-\boxed{} \leqq Z \leqq \boxed{}\right) = 0.99$$

から

$$2P\left(0\leqq Z\leqq \boxed{}\right) = 0.99$$

よって,

$$P\left(0\leqq Z\leqq \boxed{}\right) = 0.495$$

したがって，正規分布表から
$$2.57< \boxed{} <2.58$$

ゆえに
$$\text{③}$$

80 　解答

さいころを n 回振った後の P の座標を X_n とする．

(1) X_1 の確率分布は次のようになる．

X_1	1	-2	計
$P(X_1)$	$\left(\dfrac{4}{6}=\right)\dfrac{2}{3}$	$\left(\dfrac{2}{6}=\right)\dfrac{1}{3}$	1

よって，求める期待値は
$$E(X_1)=1\cdot\frac{2}{3}+(-2)\cdot\frac{1}{3}=\mathbf{0}$$

分散は
$$V(X_1)=1^2\cdot\frac{2}{3}+(-2)^2\cdot\frac{1}{3}-0^2=\mathbf{2}$$

(2) さいころを 162 回振ったとき，3 以上の目の出る回数を Y とする．
$$X_{162}=1\cdot Y+(-2)(162-Y)$$
$$=3Y-324$$

であるから，
$$X_{162}\geqq\frac{7\times162}{45}$$

となる条件は
$$3Y-324\geqq\frac{7\times162}{45}$$

よって
$$Y\geqq108+\frac{7\times6}{5}=116.4 \quad\cdots\text{①}$$

ゆえに
$$p(162)=P(Y\geqq116.4)$$

Y は $B\left(162,\dfrac{2}{3}\right)$ に従うから
$$E(Y)=162\cdot\frac{2}{3}=108$$
$$V(Y)=162\cdot\frac{2}{3}\left(1-\frac{2}{3}\right)=36$$

よって
$$Z=\frac{Y-E(Y)}{\sqrt{V(Y)}}=\frac{Y-108}{6}$$

は近似的に $N(0,1)$ に従う．

①から
$$Z\geqq\frac{116.4-108}{6}=1.4$$

であり，
$$p(162)=P(Z\geqq1.4)$$
$$=P(Z\geqq0)-P(0\leqq Z\leqq1.4)$$
$$=0.5-0.4192=0.0808$$

小数第4位を四捨五入して
$$\boldsymbol{p(162)=0.081}$$

81 　解答

(1) W の確率分布は $B(n,p)$ であるから
$$m=np,\quad \sigma=\sqrt{np(1-p)}$$

これと
$$m=\frac{1216}{27},\quad \sigma=\frac{152}{27}$$

から
$$np=\frac{1216}{27} \quad\cdots\text{①}$$
$$\sqrt{np(1-p)}=\frac{152}{27} \quad\cdots\text{②}$$

①，②から
$$\frac{1216}{27}(1-p)=\left(\frac{152}{27}\right)^2$$

よって
$$1-p=\frac{152^2}{1216\cdot27}=\frac{152}{8\cdot27}=\frac{19}{27}$$

ゆえに
$$p={}^\text{イ}\boxed{\dfrac{8}{27}}$$

これと①から
$$n=\frac{1216}{27}\cdot\frac{27}{8}={}^\text{ア}\boxed{152}$$

(2) $W\geqq38$ から
$$\frac{W-m}{\sigma}\geqq\frac{38-\dfrac{1216}{27}}{\dfrac{152}{27}}$$
$$=\frac{38\cdot27-1216}{152}$$
$$=\frac{38\cdot27-38\cdot32}{38\cdot4}$$
$$=\frac{27-32}{4}={}^\text{ウ}\boxed{-1.25}$$

$Z = \dfrac{W-m}{\sigma}$ より，Z は近似的に $N(0,\ 1)$

に従うから

$P(W \geqq 38) = P(Z \geqq -1.25)$
$= P(-1.25 \leqq Z \leqq 0) + P(Z \geqq 0)$
$= P(0 \leqq Z \leqq 1.25) + P(Z \geqq 0)$
$= 0.3944 + 0.5$
$\overset{\text{エ}}{=} \boxed{0.8944}$

82 　解答

(1) 　$a = m,\ b = \sigma,\ c = np,$
$d = \sqrt{np(1-p)}$

(2)(i) 　$f(x)$ は確率密度関数であるから

$$f(x) \geqq 0 \quad (0 \leqq x \leqq 2) \qquad \cdots ①$$

$$\int_0^2 f(x)\,dx = 1 \qquad \cdots ②$$

$\displaystyle \int_0^2 f(x)\,dx$

$= \displaystyle\int_0^1 \{k + (x-1)\}\,dx + \int_1^2 \{k - (x-1)\}\,dx$

$= \left[\dfrac{x^2}{2} + (k-1)x\right]_0^1 + \left[-\dfrac{x^2}{2} + (k+1)x\right]_1^2$

$= \left\{\dfrac{1}{2} + (k-1)\right\} + \left\{-\dfrac{3}{2} + (k+1)\right\}$

$= 2k - 1$

よって，② から

$$2k - 1 = 1$$

ゆえに

$$k = 1$$

このとき，

$f(x) = 1 - |x-1|$

$= \begin{cases} 1 + (x-1) = x & (0 \leqq x \leqq 1) \\ 1 - (x-1) = -x+2 & (1 \leqq x \leqq 2) \end{cases}$

であるから，① が成り立つ

以上から

$$k = 1$$

(ii) 　$f(x) = \begin{cases} x & (0 \leqq x \leqq 1) \\ -x+2 & (1 \leqq x \leqq 2) \end{cases}$

$E(X) = \displaystyle\int_0^2 x f(x)\,dx$

$= \displaystyle\int_0^1 x \cdot x\,dx + \int_1^2 x(-x+2)\,dx$

$= \left[\dfrac{x^3}{3}\right]_0^1 + \left[-\dfrac{x^3}{3} + x^2\right]_1^2$

$= \dfrac{1}{3} + \left(-\dfrac{7}{3} + 3\right) = 1$

$V(X) = E(X^2) - \{E(X)\}^2$

$= \displaystyle\int_0^2 x^2 f(x)\,dx - 1^2$

$= \displaystyle\int_0^1 x^2 \cdot x\,dx + \int_1^2 x^2(-x+2)\,dx - 1$

$= \left[\dfrac{x^4}{4}\right]_0^1 + \left[-\dfrac{x^4}{4} + \dfrac{2}{3}x^3\right]_1^2 - 1$

$= \dfrac{1}{4} + \left(-\dfrac{15}{4} + \dfrac{14}{3}\right) - 1 = \dfrac{1}{6}$

よって，

$$\sigma(X) = \sqrt{V(X)} = \dfrac{1}{\sqrt{6}}$$

(3) 　製品の重さを $X(\mathrm{g})$ とし，

$$Z = \dfrac{X - 1000}{50}$$

とすると，Z は $N(0,\ 1)$ に従う．

よって，

$P(X \leqq 902) = P\left(Z \leqq \dfrac{902 - 1000}{50}\right)$
$= P(Z \leqq -1.96)$
$= P(Z \geqq 1.96)$
$= P(Z \geqq 0) - P(0 \leqq Z \leqq 1.96)$
$= 0.5 - 0.475$
$= 0.025$
$1000 \times 0.025 = 25$

であるから

25 個

あると推測される．

83 　解答

確率変数 X が $B(n,\ p)$ に従うとき

$E(X) = np$
$V(X) = np(1-p)$

仮定から

$E(X) = 120, \quad V(X) = 30$

なので

$$np = 120 \qquad \cdots ①$$
$$np(1-p) = 30 \qquad \cdots ②$$

① を ② に代入して

$$120(1-p) = 30$$

$$1 - p = \dfrac{1}{4}$$

よって,
$$p = \frac{3}{4}$$
① に代入して
$$\frac{3}{4}n = 120$$
よって,
$$n = 160$$
したがって, 求める二項分布は
$$B\left(160, \ \frac{3}{4}\right).$$

84　解答

1個のさいころを1回投げるとき, 偶数の目が出る確率は $\frac{3}{6}\left(=\frac{1}{2}\right)$ であるから, 1個のさいころを6回投げて偶数の目が r 回出る確率は
$$P(X=r) = {}_6\mathrm{C}_r \left(\frac{1}{2}\right)^r \left(\frac{1}{2}\right)^{6-r}.$$
よって, X は $B\left(6, \ \frac{1}{2}\right)$ に従うから
$$m = 6 \cdot \frac{1}{2} = 3$$
$$\sigma = \sqrt{6 \cdot \frac{1}{2} \cdot \left(1 - \frac{1}{2}\right)} = \frac{\sqrt{6}}{2}$$
となる. X が整数であることに注意すると
$$P(|X-m|<\sigma) = P(m-\sigma < X < m+\sigma)$$
$$= P\left(3 - \frac{\sqrt{6}}{2} < X < 3 + \frac{\sqrt{6}}{2}\right)$$
$$= P(2 \leq X \leq 4)$$
$$= P(X=2) + P(X=3)$$
$$\quad + P(X=4)$$
$$= {}_6\mathrm{C}_2 \left(\frac{1}{2}\right)^2 \left(\frac{1}{2}\right)^4$$
$$\quad + {}_6\mathrm{C}_3 \left(\frac{1}{2}\right)^3 \left(\frac{1}{2}\right)^3$$
$$\quad + {}_6\mathrm{C}_4 \left(\frac{1}{2}\right)^4 \left(\frac{1}{2}\right)^2$$
$$= \frac{1}{2^6}(15 + 20 + 15)$$
$$= \frac{50}{64} = \frac{25}{32}$$

85　解答

(1) 表の出る回数を Y とすると, 裏の出る回数は $n-Y$ であり,
$$X = Y \cdot 2 + (n-Y) \cdot (-1) = 3Y - n$$
Y は $B(n, \ p)$ に従うから,
$$P(Y=r) = {}_n\mathrm{C}_r \, p^r q^{n-r}$$
$$(r = 0, \ 1, \ 2, \ \cdots, \ n)$$
よって,
$$P(X = 3r - n) = P(Y = r)$$
$$= {}_n\mathrm{C}_r \, p^r q^{n-r}$$
$$(r = 0, \ 1, \ 2, \ \cdots, \ n)$$

(2) Y は $B(n, \ p)$ に従うから
$$E(Y) = np$$
よって,
$$E(X) = E(3Y - n)$$
$$= 3E(Y) - n$$
$$= 3np - n = n(3p - 1)$$

(3) $E(X) = 0$ から
$$n(3p - 1) = 0$$
ゆえに
$$p = \frac{1}{3}$$

86　解答

$f(x)$ は $[0, \ a]$ で定義された確率密度関数であるから
$$\int_0^a f(x)\,dx = 1 \qquad \cdots ①$$
一方
$$\int_0^a f(x)\,dx = \int_0^a b(4-x)x\,dx$$
$$= b\left[2x^2 - \frac{x^3}{3}\right]_0^a = b\left(2a^2 - \frac{a^3}{3}\right) \cdots ②$$
①, ② から
$$b\left(2a^2 - \frac{a^3}{3}\right) = 1 \qquad \cdots ③$$

(1)
$$E(X) = \frac{a}{2} \qquad \cdots ④$$
一方
$$E(X) = \int_0^a x f(x)\,dx$$
$$= \int_0^a b(4-x)x^2\,dx = b\left[\frac{4}{3}x^3 - \frac{x^4}{4}\right]_0^a$$

$$= b\left(\frac{4}{3}a^3 - \frac{a^4}{4}\right) \qquad \cdots ⑤$$

④，⑤ から

$$b\left(\frac{4}{3}a^3 - \frac{a^4}{4}\right) = \frac{a}{2}$$

$a \neq 0$ であるから

$$b\left(\frac{4}{3}a^2 - \frac{a^3}{4}\right) = \frac{1}{2} \qquad \cdots ⑥$$

③，⑥ から，

$$b\left(2a^2 - \frac{a^3}{3}\right) = 2b\left(\frac{4}{3}a^2 - \frac{a^3}{4}\right)$$

仮定から $a>0$，また ③（または ⑥）から $b \neq 0$ なので

$$2 - \frac{a}{3} = 2\left(\frac{4}{3} - \frac{a}{4}\right)$$

よって

$$\frac{1}{6}a = \frac{2}{3}$$

ゆえに

$$\boldsymbol{a = 4}$$

これと ③ から

$$b\left(32 - \frac{64}{3}\right) = 1$$

ゆえに

$$\boldsymbol{b = \frac{3}{32}}$$

(2) (1) の結果から

$$f(x) = \frac{3}{32}(4-x)x \qquad \cdots ⑦$$

t の方程式 $4t^2 - 12t + 9(X-1) = 0$ の判別式を D，2 つの解を α，β とすると，$\alpha > 0$，$\beta > 0$ となる条件は

$$D \geqq 0, \quad \alpha + \beta > 0, \quad \alpha\beta > 0$$

$D \geqq 0$ から

$$\left(\frac{D}{4} = \right)(-6)^2 - 4 \cdot 9(X-1) \geqq 0$$

よって，

$$X \leqq 2 \qquad \cdots ⑧$$

$$\alpha + \beta = -\frac{-12}{4} = 3$$

なので $\alpha + \beta > 0$ は成り立っている．

$\alpha\beta > 0$ から

$$\frac{9(X-1)}{4} > 0$$

よって

$$X > 1 \qquad \cdots ⑨$$

⑧，⑨ から

$$1 < X \leqq 2$$

よって，求める確率は

$$P(1 < X \leqq 2)(= P(1 \leqq X \leqq 2))$$

（基本のまとめ ② ［注 2］参照）

であり，⑦ から

$$P(1 < X \leqq 2) = \frac{3}{32}\int_1^2 (4-x)x\,dx$$

$$= \frac{3}{32}\left[2x^2 - \frac{x^3}{3}\right]_1^2 = \frac{3}{32}\left(6 - \frac{7}{3}\right) = \boldsymbol{\frac{11}{32}}$$

87 解答

(1) E_1 において，3 個のさいころの目の和が最大になるのは，1 つのさいころの目が 6，他の 2 個のさいころの目の和が 6 の場合で，このとき，3 個のさいころの目の和は 12.

一方，E_2 において，3 個のさいころの目の和は 15 以上であるから

$$E_1 \cap E_2 = \phi$$

すなわち

E_1 と E_2 は互いに排反である．

E_1 は，

$$1+1=2\cdots 3\text{ 通り}$$
$$1+2=3\cdots 6(=3!)\text{ 通り}$$
$$1+3=4\cdots 6\text{ 通り}$$
$$2+2=4\cdots 3\text{ 通り}$$
$$1+4=5\cdots 6\text{ 通り}$$
$$2+3=5\cdots 6\text{ 通り}$$
$$1+5=6\cdots 6\text{ 通り}$$
$$2+4=6\cdots 6\text{ 通り}$$
$$3+3=6\cdots 3\text{ 通り}$$

であるから

$$P(E_1) = \frac{3 \times 3 + 6 \times 6}{6^3} = \frac{5}{24}$$

E_2 は

$$3+6+6=15\cdots 3\text{ 通り}$$
$$4+5+6=15\cdots 6\text{ 通り}$$
$$5+5+5=15\cdots 1\text{ 通り}$$
$$4+6+6=16\cdots 3\text{ 通り}$$
$$5+5+6=16\cdots 3\text{ 通り}$$

$$5+6+6=17\cdots3 \text{ 通り}$$
$$6+6+6=18\cdots1 \text{ 通り}$$
であるから
$$P(E_2)=\frac{2\times1+4\times3+6}{6^3}=\frac{5}{54}$$
一方
$$P(E_1\cap E_2)=0$$
よって
$$P(E_1\cap E_2)\neq P(E_1)P(E_2)$$
ゆえに

E_1 と E_2 は独立ではない.

(2) $P(E_1)=p_1\left(=\dfrac{5}{24}\right)$ とし, 3個のさいこ
ろを 20 回投げるとき, E_1 が n 回
($n=0,1,2,\cdots,20$) 現れる確率を $P_n(E_1)$
とすると,
$$P_n(E_1)={}_{20}C_n p_1{}^n(1-p_1)^{20-n}$$
よって,
$$P_5(E_1)={}_{20}C_5 p_1{}^5(1-p_1)^{15}$$
$$={}_{20}C_4 p_1{}^4(1-p_1)^{16}\cdot\frac{{}_{20}C_5}{{}_{20}C_4}\cdot\frac{p_1}{1-p_1}$$
$$=P_4(E_1)\cdot\frac{\frac{20!}{5!15!}}{\frac{20!}{4!16!}}\cdot\frac{\frac{5}{24}}{\frac{19}{24}}$$
$$=0.21727\times\frac{16}{5}\times\frac{5}{19}$$
$$\fallingdotseq\mathbf{0.18}$$

(3) $P(E_2)=p_2\left(=\dfrac{5}{54}\right)$ とし, 3個のさいこ
ろを n 回投げるとき, E_2 が現れる回数を X
とすると, X は
$$B(n,\ p_2)$$
に従う. $n=400$ とし
$$Z=\frac{X-np_2}{\sqrt{np_2(1-p_2)}}=\frac{X-400\cdot\frac{5}{54}}{\sqrt{400\cdot\frac{5}{54}\cdot\frac{49}{54}}}$$
$$=\frac{27X-1000}{70\sqrt5}$$
とすると, n が十分大きいので, Z は近似的
に
$$N(0,\ 1)$$

に従う.
$X=40$ のとき
$$Z=\frac{27\times40-1000}{70\sqrt5}=\frac{8}{7\sqrt5}=\frac{8\sqrt5}{35}\fallingdotseq0.51$$
であるから,
$$P(X\geqq40)=P(Z\geqq0.51)$$
$$=P(Z\geqq0)-p(0\leqq Z\leqq0.51)$$
$$=0.5-0.1915$$
$$=0.3085\fallingdotseq\mathbf{0.31}$$

88 解答

(1) x 方向について, 右へ1移動する確率と
動かない確率はともに $\dfrac{1}{2}$.

よって, n 回で $x=a$ となるのは, 移動
が a 回, 止まりが $n-a$ 回のときであるか
ら,
$$(\text{確率})={}_nC_a\left(\frac{1}{2}\right)^a\left(\frac{1}{2}\right)^{n-a}$$
$$=\frac{n!}{2^n a!(n-a)!}$$
y 方向について, 同様であるから
$$(\mathrm{Q}(a,\ b) \text{ となる確率})$$
$$=\frac{n!}{2^n a!(n-a)!}\cdot\frac{n!}{2^n b!(n-b)!}$$
$$=\frac{(n!)^2}{4^n a!(n-a)!b!(n-b)!}$$

(2) $S=\{(x,\ y)|190\leqq x\leqq220,\ 0\leqq y\leqq400\}$
$\mathrm{Q}(X,\ Y)$ とすると, $n=400$ のとき
$$\mathrm{Q}\in S \iff 190\leqq X\leqq220$$
X は $B\left(400,\ \dfrac{1}{2}\right)$ に従うから,
$$Z=\frac{X-400\times\frac{1}{2}}{\sqrt{400\times\frac{1}{2}\times\frac{1}{2}}}=\frac{X-200}{10}$$
とすると, Z は近似的に $N(0,\ 1)$ に従う.
よって,
$$P(\mathrm{Q}\in S)=P(190\leqq X\leqq220)$$
$$=P(-1\leqq Z\leqq2)$$
$$=P(0\leqq Z\leqq1)+P(0\leqq Z\leqq2)$$
$$=0.3413+0.4772$$

$$=0.8185$$

8 推定と検定

89 [解答]

大きさ n の無作為標本の標本平均を $\overline{X}$ とすると,

$$A = \overline{X} - 1.96 \times \frac{\sigma}{\sqrt{n}}$$

$$B = \overline{X} + 1.96 \times \frac{\sigma}{\sqrt{n}}$$

$$C = \overline{X} - 2.58 \times \frac{\sigma}{\sqrt{n}}$$

$$D = \overline{X} + 2.58 \times \frac{\sigma}{\sqrt{n}}$$

よって,

$$\frac{L_2}{L_1} = \frac{D-C}{B-A} = \frac{2 \times 2.58 \times \dfrac{\sigma}{\sqrt{n}}}{2 \times 1.96 \times \dfrac{\sigma}{\sqrt{n}}}$$

$$= \frac{2.58}{1.96} = {}^{\gamma}\boxed{1.3}$$

大きさ $4n$ の無作為標本の標本平均を $\overline{Y}$ とすると,

$$E = \overline{Y} - 1.96 \times \frac{\sigma}{\sqrt{4n}}$$

$$F = \overline{Y} + 1.96 \times \frac{\sigma}{\sqrt{4n}}$$

よって,

$$\frac{L_3}{L_1} = \frac{F-E}{B-A} = \frac{2 \times 1.96 \times \dfrac{\sigma}{\sqrt{4n}}}{2 \times 1.96 \times \dfrac{\sigma}{\sqrt{n}}}$$

$$= \frac{1}{2} = {}^{\prime}\boxed{0.5}$$

90 [解答]

標本比率を $\overline{p}$ とすると

$$\overline{p} = \frac{100}{400} = \frac{1}{4}$$

よって,

$$\begin{bmatrix} 母比率の信頼度99\%の \\ 信頼区間の幅 \end{bmatrix}$$

$$= 2 \times 2.58 \times \sqrt{\frac{\overline{p}(1-\overline{p})}{400}}$$

$$= 2 \times 2.58 \times \frac{1}{20} \sqrt{\frac{1}{4}\left(1-\frac{1}{4}\right)}$$

$$= 2.58 \times \frac{\sqrt{3}}{40} \fallingdotseq 0.112$$

91 [解答]

母標準偏差を σ, 標本の大きさを n, 標本平均を $\overline{X}$ とする.

$$\sigma = 10, \quad n = 9$$

$$\overline{X}$$

$$= \frac{28+13+16+28+29+12+14+12+10}{9}$$

$$= 18$$

(1)

$$a = 25$$

を検定する.

$$\frac{\sqrt{n}\,|\overline{X}-a|}{\sigma} = \frac{\sqrt{9}\,|18-25|}{10} = 2.1$$

$$\geqq 1.96$$

よって,

$$a = 25 \text{ とはいえない.}$$

(2)

$$\overline{X} - 1.96 \times \frac{10}{\sqrt{9}} = 18 - \frac{19.6}{3} \fallingdotseq 11.47$$

$$\overline{X} + 1.96 \times \frac{10}{\sqrt{9}} = 18 + \frac{19.6}{3} \fallingdotseq 24.53$$

よって, 求める区間は

$$[11.47, \ 24.53]$$

92 [解答]

重量表示を mg とし,

$$m = 10$$

を検定する.

$$\sigma = 0.40, \quad n = 64, \quad \overline{X} = 9.9$$

とし,

$$Z = \frac{\sqrt{n}\,(\overline{X}-m)}{\sigma}$$

とすると

$$|Z| = \frac{\sqrt{64}\,|9.9-10|}{0.40} = 2$$

ゆえに

$$1.96 \leqq |Z| < 2.58$$

よって, 重量表示は,

有意水準5%で検定した場合は正しいとはい

えなく，有意水準1%で検定した場合は正しいといえる.

93　解答

表の出る確率を p とし，仮説
$$p=0.5$$
を検定する.

n 回投げて，表が X 回出たとき，
$$Z=\frac{X-np}{\sqrt{np(1-p)}}$$
とする.

(1)　$Z=\dfrac{55-100\times0.5}{\sqrt{100\times0.5\times(1-0.5)}}=\dfrac{5}{5}=1$

よって，
$$|Z|=1<1.96$$
ゆえに，$p=0.5$ は棄却しない，すなわち**正しくつくられていると判断してよい.**

(2)　$Z=\dfrac{550-1000\times0.5}{\sqrt{1000\times0.5\times(1-0.5)}}$
$$=\dfrac{50}{5\sqrt{10}}=\sqrt{10}$$

よって
$$|Z|=\sqrt{10}>3\geqq1.96$$
ゆえに，$p=0.5$ は棄却する，すなわち**正しくつくられていないといえる.**

94　解答

男子と女子の出生率を p とし，
$$p=0.5$$
を検定する.
$$n=1596+1540=3136,\quad X=1596$$
とすると，
$$\frac{|X-np|}{\sqrt{np(1-p)}}=\frac{|1596-3136\times0.5|}{\sqrt{3136\times0.5\times0.5}}$$
$$=\frac{28}{28}=1<1.96$$

よって，$p=0.5$ は棄却されない，すなわ**ち男子と女子の出生率は等しいと認めてよい.**

95　考え方

(1)　7 基本のまとめ ④

(2), (3)　基本のまとめ ④ (2)

解答

$$m=165,\quad \sigma=6$$
とする.

(1)　$$Z=\frac{X-m}{\sigma}=\frac{X-165}{6}$$
とする.

$163\leqq X\leqq167$ から
$$-\frac{1}{3}\leqq Z\leqq\frac{1}{3}$$

Z は $N(0,\ 1)$ に従うから
$$P(163\leqq X\leqq167)=P\left(-\frac{1}{3}\leqq Z\leqq\frac{1}{3}\right)$$
$$=2P(0\leqq Z\leqq0.33)$$
$$=2\times0.1293=\mathbf{0.2586}$$

(2)　$$Z=\frac{\overline{X}-m}{\dfrac{\sigma}{\sqrt{36}}}=\frac{\overline{X}-165}{\dfrac{6}{\sqrt{36}}}=\overline{X}-165$$
とする.

$163\leqq \overline{X}\leqq167$ から
$$-2\leqq Z\leqq2$$

Z は $N(0,\ 1)$ に従うから
$$P(163\leqq \overline{X}\leqq167)=P(-2\leqq Z\leqq2)$$
$$=2P(0\leqq Z\leqq2)$$
$$=2\times0.4772=\mathbf{0.9544}$$

(3)　$$Z=\frac{\overline{X}-m}{\dfrac{\sigma}{\sqrt{n}}}=\frac{\sqrt{n}\,(\overline{X}-165)}{6}$$
とする.

$163\leqq \overline{X}\leqq167$ から
$$-\frac{\sqrt{n}}{3}\leqq Z\leqq\frac{\sqrt{n}}{3}$$

Z は $N(0,\ 1)$ に従うから
$$P(163\leqq \overline{X}\leqq167)=P\left(-\frac{\sqrt{n}}{3}\leqq Z\leqq\frac{\sqrt{n}}{3}\right)$$
$$=2P\left(0\leqq Z\leqq\frac{\sqrt{n}}{3}\right)$$

よって，
$$P(163\leqq \overline{X}\leqq167)>0.99$$
から
$$2P\left(0\leqq Z\leqq\frac{\sqrt{n}}{3}\right)>0.99$$
$$P\left(0\leqq Z\leqq\frac{\sqrt{n}}{3}\right)>0.495$$

正規分布表から

$$\frac{\sqrt{n}}{3} \geqq 2.58$$

$$n \geqq 59.9$$

すなわち

$$\boldsymbol{n \geqq 60}$$

96 〔解答〕

$$\overline{X} = \frac{X_1 + X_2 + \cdots + X_n}{n}$$

とする.

平均 m に対する信頼度 95 ％の信頼区間は

$$\left[\overline{X} - 1.96 \times \frac{\sigma}{\sqrt{n}}, \ \overline{X} + 1.96 \times \frac{\sigma}{\sqrt{n}}\right] \cdots ①$$

(1) $n = 4$ のとき,

「① に $m + \sigma$ が含まれる」

$$\Longleftrightarrow \overline{X} - 1.96 \times \frac{\sigma}{\sqrt{4}} \leqq m + \sigma \leqq \overline{X} + 1.96 \times \frac{\sigma}{\sqrt{4}}$$

$$\Longleftrightarrow (2 - 1.96) \cdot \frac{\sigma}{2} \leqq \overline{X} - m \leqq (2 + 1.96) \cdot \frac{\sigma}{2}$$

$$\Longleftrightarrow 0.04 \leqq \frac{\overline{X} - m}{\frac{\sigma}{2}} \leqq 3.96$$

$\overline{X}$ は $N\left(m, \ \frac{\sigma^2}{4}\right)$ に従うので $\frac{\overline{X} - m}{\frac{\sigma}{2}}$ は

$N(0, \ 1)$ に従う.

よって, 求める確率を p とすると

$$p$$

$$= P\left(\overline{X} - 1.96 \times \frac{\sigma}{\sqrt{4}} \leqq m + \sigma \leqq \overline{X} + 1.96 \times \frac{\sigma}{\sqrt{4}}\right)$$

$$= P\left(0.04 \leqq \frac{\overline{X} - m}{\frac{\sigma}{2}} \leqq 3.96\right)$$

$$= 0.5000 - 0.0160$$

$$= \boldsymbol{0.4840}$$

(2) $\overline{X} = \frac{1}{9}(90.27 + 90.11 + 91.22 + 90.46$

$$+ 90.29 + 91.54 + 91.67 + 90.01 + 90.19)$$

$$= 90.64$$

$$\overline{X} - 1.96 \times \frac{\sigma}{\sqrt{9}} = 90.64 - 1.96 \times \frac{0.66}{3}$$

$$= 90.2088$$

$$\overline{X} + 1.96 \times \frac{\sigma}{\sqrt{9}} = 90.64 + 1.96 \times \frac{0.66}{3}$$

$$= 91.0712$$

よって, 平均 m に対する信頼度 95 ％の信頼区間は

$$[90.21, \ 91.07]$$

97 〔解答〕

$\sigma = 5.8$ とする.

18 才の男子の身長の平均値の信頼度 95 ％の信頼区間は, n 人の身長の平均値を $\overline{X}$ cm とすると

$$\left[\overline{X} - 1.96 \times \frac{\sigma}{\sqrt{n}}, \ \overline{X} + 1.96 \times \frac{\sigma}{\sqrt{n}}\right]$$

この区間の幅を d とすると

$$d = \left(\overline{X} + 1.96 \times \frac{\sigma}{\sqrt{n}}\right) - \left(\overline{X} - 1.96 \times \frac{\sigma}{\sqrt{n}}\right)$$

$$= 2 \times 1.96 \times \frac{\sigma}{\sqrt{n}} = 2 \times 1.96 \times \frac{5.8}{\sqrt{n}}$$

$d \leqq 1.96$ から

$$2 \times 1.96 \times \frac{5.8}{\sqrt{n}} \leqq 1.96$$

よって

$$\sqrt{n} \geqq 2 \times 5.8 = 11.6$$

ゆえに

$$n \geqq 134.56$$

したがって

$$\boldsymbol{135 \text{ 人以上}}$$

98 〔解答〕

(1) X は $B(9, \ p)$ に従う.

よって, $p = \frac{1}{2}$ のとき

$$P(X \leqq k) = \sum_{i=0}^{k} {}_9C_i \left(\frac{1}{2}\right)^i \left(\frac{1}{2}\right)^{9-i}$$

$$= \frac{1}{512} \sum_{i=0}^{k} {}_9C_i$$

よって

$$P(X \leqq k) \leqq 0.1$$

から

$$\frac{1}{512} \sum_{i=0}^{k} {}_9C_i \leqq 0.1$$

$$\sum_{i=0}^{k} {}_9C_i \leqq 51.2$$

ここで

$$\sum_{i=0}^{2} {}_9C_i = {}_9C_0 + {}_9C_1 + {}_9C_2$$
$$= 1 + 9 + 36 = 46$$
$$\sum_{i=0}^{3} {}_9C_i = 46 + {}_9C_3$$
$$= 46 + 84 = 130$$

であるから

$$P(X \leqq 2) \leqq 0.1 < P(X \leqq 3)$$

ゆえに，求める値は

$$k = 2$$

(2) 白球の割合を p とし，

$$p = \frac{1}{2}$$

を検定する．

$$n = 400, \quad X = 222$$

とすると

$$\frac{|X - np|}{\sqrt{np(1-p)}} = \frac{\left|222 - 400 \cdot \frac{1}{2}\right|}{\sqrt{400 \cdot \frac{1}{2} \cdot \frac{1}{2}}}$$
$$= \frac{22}{10} = 2.2 \geqq 1.96$$

よって，$p = \frac{1}{2}$ は棄却される，すなわち

白球と黒球との割合は同じであるといえない.

99　解　答

(1) 求める確率を p とすると，

$$p = \left(1 - \frac{1}{16}\right)^3 \left(1 - \frac{1}{9}\right)^2 \left(1 - \frac{1}{25}\right)$$
$$= \frac{15^3 \cdot 8^2 \cdot 24}{16^3 \cdot 9^2 \cdot 25} = \frac{5}{8}$$

(2) (1)の仮説を検定する．

$$n = 960, \quad X = 640$$

とすると

$$\frac{|X - np|}{\sqrt{np(1-p)}} = \frac{\left|640 - 960 \cdot \frac{5}{8}\right|}{\sqrt{960 \cdot \frac{5}{8} \cdot \frac{3}{8}}}$$
$$= \frac{8}{3} \geqq 1.96$$

よって，(1)の仮説は棄却される．

100　解　答

飼料がねずみの体重に異常な変化を与えない，すなわち体重の平均を mg とするとき

$$m = 65$$

を検定する．

標準偏差を σg，標本の大きさを n，標本平均を $\overline{X}$ とする．

$$\sigma = 4.8, \quad n = 10$$

$$\overline{X}$$
$$= \frac{67 + 71 + 63 + 74 + 68 + 61 + 64 + 80 + 71 + 73}{10}$$
$$= 69.2$$

よって，

$$\frac{\sqrt{n}|\overline{X} - m|}{\sigma} = \frac{\sqrt{10}|69.2 - 65|}{4.8}$$
$$= \frac{7\sqrt{10}}{8} > \frac{7 \cdot 3}{8} \geqq 1.96$$

よって，$m = 65$ は棄却される．

すなわち，**体重に異常な変化を与えたと考えられる.**

第3章　ベクトルと図形（数学C）

9　平面上のベクトルと図形

101 解答

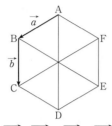

$$\vec{CD} = \vec{AD} - \vec{AC} = 2\vec{BC} - (\vec{AB} + \vec{BC})$$
$$= -\vec{AB} + \vec{BC}$$
$$= -\vec{a} + \vec{b}$$
$$\vec{FD} = \vec{AC} = \vec{AB} + \vec{BC}$$
$$= \vec{a} + \vec{b}$$
$$\vec{BF} = \vec{AF} - \vec{AB} = \vec{CD} - \vec{AB}$$
$$= (-\vec{a} + \vec{b}) - \vec{a}$$
$$= -2\vec{a} + \vec{b}$$

102 解答

(1) $\vec{u}$ と同じ向きで大きさが3のベクトルを $\vec{v}$ とすると，$\vec{v}$ は $\vec{u}$ と同じ向きなので，$s > 0$ として，
$$\vec{v} = s\vec{u} = (3s, -2s)$$
と表される．
$|\vec{v}| = 3$ であるから，
$$\sqrt{(3s)^2 + (-2s)^2} = 3$$
よって，
$$s^2 = \frac{9}{13}$$
$s > 0$ であるから，
$$s = \frac{3}{\sqrt{13}}$$
したがって，
$$\vec{v} = \left(\frac{9}{\sqrt{13}}, -\frac{6}{\sqrt{13}}\right)$$
$\vec{u}$ と反対向きの単位ベクトルを $\vec{w}$ とすると，$\vec{w}$ は $\vec{u}$ と反対向きなので，$t < 0$ として，
$$\vec{w} = t\vec{u} = (3t, -2t)$$

と表される.
$|\vec{w}| = 1$ であるから，
$$\sqrt{(3t)^2 + (-2t)^2} = 1$$
よって，
$$t^2 = \frac{1}{13}$$
$t < 0$ であるから，
$$t = -\frac{1}{\sqrt{13}}$$
したがって，
$$\vec{w} = \left(-\frac{3}{\sqrt{13}}, \frac{2}{\sqrt{13}}\right)$$

(2)
$$2\vec{a} + t\vec{b} = 2(1, 0) + t(0, 1)$$
$$= (2, 0) + (0, t)$$
$$= (2, t)$$
$$t\vec{a} + \vec{b} = t(1, 0) + (0, 1)$$
$$= (t, 0) + (0, 1)$$
$$= (t, 1)$$
よって，$(2\vec{a} + t\vec{b}) /\!/ (t\vec{a} + \vec{b})$ から
$$2 \cdot 1 - t \cdot t = 0$$
したがって，
$$t = \pm\sqrt{2}$$

(3)

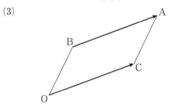

四角形 OCAB が平行四辺形になる条件は
$$\vec{OC} = \vec{BA}$$
ここで
$$\vec{BA} = \vec{OA} - \vec{OB} = (4, 6) - (1, 2)$$
$$= (4-1, 6-2) = (3, 4)$$
であるから
$$\vec{OC} = (3, 4)$$
すなわち
$$\mathbf{C(3, 4)}$$

[(1) の別解]　$|\vec{u}| = \sqrt{3^2 + (-2)^2} = \sqrt{13}$
$\vec{u}$ と同じ向きの単位ベクトルを $\vec{e}$ とすると，
$$\vec{e} = \frac{1}{|\vec{u}|}\vec{u} = \frac{1}{\sqrt{13}}(3, -2)$$

$\vec{v}$, $\vec{w}$ を 解答 におけるベクトルとする
と

$$\vec{v}=3\vec{e}=\frac{3}{\sqrt{13}}(3,\ -2)$$

$$\vec{w}=-\vec{e}=-\frac{1}{\sqrt{13}}(3,\ -2)$$

解説

(1) 一般に $\vec{p}=(a,\ b)$ $(\neq\vec{0})$ と同じ向き
の単位ベクトルを $\vec{e}$ とすると,

$$\vec{e}=\frac{1}{|\vec{p}|}\vec{p}=\frac{1}{\sqrt{a^2+b^2}}(a,\ b)$$

となる.

実際, $\dfrac{1}{|\vec{p}|}>0$ なので, $\vec{e}$ は $\vec{p}$ と同じ向
きであり,

$$|\vec{e}|=\left|\frac{1}{|\vec{p}|}\vec{p}\right|=\frac{1}{|\vec{p}|}|\vec{p}|=1$$

となるので, $\vec{e}$ は単位ベクトルである.

このことを, [別解]では利用した.

(3) 四角形 OCAB が平行四辺形になる条件
は

$$\overrightarrow{OC}/\!/\overrightarrow{BA}$$

ではなく

$$\overrightarrow{OC}=\overrightarrow{BA}$$

であることに注意しよう.

103 考え方

O, A, B は一直線上にないので

$$\overrightarrow{OA}\neq\vec{0},\quad \overrightarrow{OB}\neq\vec{0},\quad \overrightarrow{OA}\!\not/\!\overrightarrow{OB}$$

であり, このとき

$$\overrightarrow{OE}=\alpha\overrightarrow{OA}+\beta\overrightarrow{OB},\quad \overrightarrow{OE}=\alpha'\overrightarrow{OA}+\beta'\overrightarrow{OB}$$

ならば

$$\alpha=\alpha',\quad \beta=\beta'$$

解答

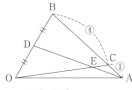

$$\overrightarrow{OC}=\frac{4\overrightarrow{OA}+\overrightarrow{OB}}{1+4}=\frac{4}{5}\overrightarrow{OA}+\frac{1}{5}\overrightarrow{OB}$$

$$\overrightarrow{OD}=\frac{1}{2}\overrightarrow{OB}$$

E は直線 OC 上にあるから, s を実数とし
て

$$\overrightarrow{OE}=s\overrightarrow{OC}=\frac{4s}{5}\overrightarrow{OA}+\frac{s}{5}\overrightarrow{OB}\quad \cdots①$$

と表される.

E は直線 AD 上にあるから, t を実数とし
て

$$\overrightarrow{OE}=(1-t)\overrightarrow{OA}+t\overrightarrow{OD}$$
$$=(1-t)\overrightarrow{OA}+\frac{t}{2}\overrightarrow{OB}\quad \cdots②$$

と表される.

①, ② から

$$\frac{4s}{5}=1-t,\quad \frac{s}{5}=\frac{t}{2}$$

これを解いて

$$s=\frac{5}{6},\quad t=\frac{1}{3}$$

したがって,

$$\overrightarrow{OE}=\frac{2}{3}\overrightarrow{OA}+\frac{1}{6}\overrightarrow{OB}$$

104 考え方

$\overrightarrow{OR}=\alpha\overrightarrow{OA}+\beta\overrightarrow{OB}$ と表したとき,

$$\alpha+\beta=1$$

解答

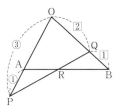

$$\overrightarrow{OP}=\frac{3}{2}\vec{a},\quad \overrightarrow{OQ}=\frac{2}{3}\vec{b}$$

R は直線 PQ 上にあるから, t を実数とし
て,

$$\overrightarrow{OR}=(1-t)\overrightarrow{OP}+t\overrightarrow{OQ}$$
$$=\frac{3(1-t)}{2}\vec{a}+\frac{2t}{3}\vec{b}$$

と表される.

さらに, R は直線 AB 上にもあるので,

$$\frac{3(1-t)}{2}+\frac{2t}{3}=1$$

よって,

$$t=\frac{3}{5}$$

したがって,

$$\overrightarrow{\text{OR}}=\frac{3}{5}\vec{a}+\frac{2}{5}\vec{b}$$

105 解 答

[解答1] $\overrightarrow{\text{OP}}=s\vec{a}+t\vec{b}$ ……①

$$s+t\leqq 2,\quad s\geqq 0,\quad t\geqq 0 \quad\cdots②$$

$s+t\leqq 2$ から

$$\frac{s}{2}+\frac{t}{2}\leqq 1$$

よって,

$$\frac{s}{2}=s',\quad \frac{t}{2}=t'$$

とおくと, ② から

$$s'+t'\leqq 1,\quad s'\geqq 0,\quad t'\geqq 0 \quad\cdots②'$$

さらに, ① から

$$\overrightarrow{\text{OP}}=\frac{s}{2}(2\vec{a})+\frac{t}{2}(2\vec{b})$$
$$=s'(2\vec{a})+t'(2\vec{b})$$

そこで, 2点A, Bを

$$\overrightarrow{\text{OA}}=2\vec{a}=2(3,\,-1)=(6,\,-2)$$
$$\overrightarrow{\text{OB}}=2\vec{b}=2(2,\,1)=(4,\,2)$$

で定めると

$$\overrightarrow{\text{OP}}=s'\overrightarrow{\text{OA}}+t'\overrightarrow{\text{OB}} \quad\cdots①'$$

①′, ②′ から, Pが存在する範囲は三角形 OAB の周および内部であり,

$$\text{A}(6,\,-2),\quad \text{B}(4,\,2)$$

であるから次の図の斜線部分となる. ただし, 境界を含む.

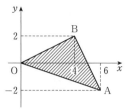

[**解答2**] $\text{P}(x,\,y)$ とする.

$\overrightarrow{\text{OP}}=s\vec{a}+t\vec{b}$ から

$$(x,\,y)=s(3,\,-1)+t(2,\,1)$$
$$=(3s+2t,\,-s+t)$$

よって,

$$x=3s+2t,\quad y=-s+t$$

$s,\,t$ について解くと

$$s=\frac{1}{5}(x-2y),\quad t=\frac{1}{5}(x+3y)$$

これを

$$s+t\leqq 2,\quad s\geqq 0,\quad t\geqq 0$$

に代入して

$$\begin{cases} \dfrac{1}{5}(x-2y)+\dfrac{1}{5}(x+3y)\leqq 2,\\[2mm] \dfrac{1}{5}(x-2y)\geqq 0,\ \dfrac{1}{5}(x+3y)\geqq 0 \end{cases}$$

整理して, Pが存在する範囲は

$$y\leqq -2x+10,\quad y\leqq\frac{1}{2}x,\quad y\geqq -\frac{1}{3}x$$

で表される領域であり, 下の図の斜線部分となる. ただし, 境界を含む.

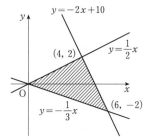

106 解 答

$$\text{BD}:\text{DC}=\text{AB}:\text{AC}$$
$$=2:3$$

よって,

$$\text{BD}=\frac{2}{2+3}\text{BC}=\frac{2}{5}\cdot 5=2 \qquad\cdots①$$

であり, また

$$\overrightarrow{\text{AD}}=\frac{3\overrightarrow{\text{AB}}+2\overrightarrow{\text{AC}}}{2+3}$$

$$=\frac{3}{5}\vec{b}+\frac{2}{5}\vec{c}\qquad\cdots ②$$

となる.

P は，線分 AD と ∠B の二等分線との交点であるから，

$$AP:PD=BA:BD$$
$$=2:1\quad（① による）$$

したがって，

$$\overrightarrow{AP}=\frac{2}{3}\overrightarrow{AD}$$
$$=\frac{2}{3}\left(\frac{3}{5}\vec{b}+\frac{2}{5}\vec{c}\right)\quad（② による）$$
$$=\frac{2}{5}\vec{b}+\frac{4}{15}\vec{c}$$

（解説）

下図のように，三角形 ABC の内心は，∠A，∠B，∠C の二等分線の交点である.

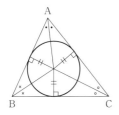

107 （考え方）

「3 点 S, R, C が一直線上にある」
$\iff$「$\overrightarrow{CS}=k\overrightarrow{CR}$ となる実数 k がある」

（解答）

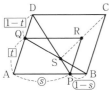

$$\overrightarrow{AC}=\vec{a}+\vec{b},\quad \overrightarrow{AP}=s\vec{a}$$
$$\overrightarrow{AQ}=t\vec{b},\qquad \overrightarrow{AR}=s\vec{a}+t\vec{b}$$

(1) S は直線 DP 上にあるから，p を実数として，

$$\overrightarrow{AS}=(1-p)\overrightarrow{AD}+p\overrightarrow{AP}$$
$$=ps\vec{a}+(1-p)\vec{b}\qquad\cdots ①$$

と表される.

また，S は直線 BQ 上にあるから，q を実数として

$$\overrightarrow{AS}=(1-q)\overrightarrow{AB}+q\overrightarrow{AQ}$$
$$=(1-q)\vec{a}+qt\vec{b}\qquad\cdots ②$$

と表される.

①，② から

$$ps=1-q,\quad 1-p=qt$$

p, q について解くと

$$p=\frac{1-t}{1-st},\quad q=\frac{1-s}{1-st}$$

よって，

$$\overrightarrow{AS}=\frac{s(1-t)}{1-st}\vec{a}+\frac{(1-s)t}{1-st}\vec{b}$$

(2)
$$\overrightarrow{CR}=\overrightarrow{AR}-\overrightarrow{AC}$$
$$=(s\vec{a}+t\vec{b})-(\vec{a}+\vec{b})$$
$$=(s-1)\vec{a}+(t-1)\vec{b}$$
$$\overrightarrow{CS}=\overrightarrow{AS}-\overrightarrow{AC}$$
$$=\left\{\frac{s(1-t)}{1-st}\vec{a}+\frac{(1-s)t}{1-st}\vec{b}\right\}$$
$$\quad-(\vec{a}+\vec{b})$$
$$=\frac{1}{1-st}\{(s-1)\vec{a}+(t-1)\vec{b}\}$$

したがって，

$$\overrightarrow{CS}=\frac{1}{1-st}\overrightarrow{CR}$$

よって，3 点 S, R, C は一直線上にある.

108 （解答）

$$3\overrightarrow{PA}+2\overrightarrow{PB}+\overrightarrow{PC}=\vec{0}\qquad\cdots ①$$

(1) ① から

$$\overrightarrow{PA}=-\frac{2}{3}\overrightarrow{PB}-\frac{1}{3}\overrightarrow{PC}\qquad\cdots ②$$

D は直線 AP 上にあるから，k を実数として

$$\overrightarrow{PD}=k\overrightarrow{PA}\qquad\cdots ③$$

と表される.

②，③ から

$$\overrightarrow{PD}=-\frac{2}{3}k\overrightarrow{PB}-\frac{k}{3}\overrightarrow{PC}\qquad\cdots ④$$

D は直線 BC 上にもあるので，④ から

$$-\frac{2}{3}k-\frac{k}{3}=1$$

よって，

60

$$k=-1 \qquad \cdots ⑤$$

④, ⑤ から

$$\overrightarrow{\mathrm{PD}}=\frac{2}{3}\overrightarrow{\mathrm{PB}}+\frac{1}{3}\overrightarrow{\mathrm{PC}}=\frac{2\overrightarrow{\mathrm{PB}}+\overrightarrow{\mathrm{PC}}}{1+2}$$

したがって,

$$\mathbf{BD:DC=1:2} \qquad \cdots ⑥$$

(2) ③, ⑤ から

$$\overrightarrow{\mathrm{PD}}=-\overrightarrow{\mathrm{PA}}$$

よって,

$$\mathrm{AP=PD} \qquad \cdots ⑦$$

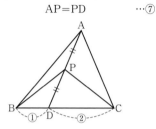

⑦ から

$$S_1=\frac{\mathrm{PD}}{\mathrm{AD}}\triangle\mathrm{ABC} \quad （[注] 参照）$$

$$=\frac{1}{2}\triangle\mathrm{ABC} \qquad \cdots ⑧$$

⑥, ⑦ から

$$S_2=\frac{\mathrm{AP}}{\mathrm{AD}}\triangle\mathrm{ACD}$$

$$=\frac{\mathrm{AP}}{\mathrm{AD}}\cdot\frac{\mathrm{CD}}{\mathrm{BC}}\triangle\mathrm{ABC}$$

$$=\frac{1}{2}\cdot\frac{2}{3}\triangle\mathrm{ABC}$$

$$=\frac{1}{3}\triangle\mathrm{ABC} \qquad \cdots ⑨$$

同様にして

$$S_3=\frac{\mathrm{AP}}{\mathrm{AD}}\cdot\frac{\mathrm{BD}}{\mathrm{BC}}\triangle\mathrm{ABC}$$

$$=\frac{1}{2}\cdot\frac{1}{3}\triangle\mathrm{ABC}$$

$$=\frac{1}{6}\triangle\mathrm{ABC} \qquad \cdots ⑩$$

⑧, ⑨, ⑩ から

$$S_1:S_2:S_3$$

$$=\frac{1}{2}\triangle\mathrm{ABC}:\frac{1}{3}\triangle\mathrm{ABC}:\frac{1}{6}\triangle\mathrm{ABC}$$

$$=\mathbf{3:2:1}$$

[注]

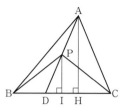

A, P から直線 BC に下ろした垂線の足をそれぞれ H, I とすると

$$\triangle\mathrm{ADH}\backsim\triangle\mathrm{PDI}$$

であるから

$$\frac{\mathrm{PI}}{\mathrm{AH}}=\frac{\mathrm{PD}}{\mathrm{AD}}$$

よって, 高さの比を考えて

$$S_1=\frac{\mathrm{PI}}{\mathrm{AH}}\triangle\mathrm{ABC}=\frac{\mathrm{PD}}{\mathrm{AD}}\triangle\mathrm{ABC}$$

(解説)

② から

$$\overrightarrow{\mathrm{PA}}=-\frac{2\overrightarrow{\mathrm{PB}}+\overrightarrow{\mathrm{PC}}}{1+2}$$

よって, 辺 BC を 1:2 に内分する点を E とすると

$$\overrightarrow{\mathrm{PA}}=-\overrightarrow{\mathrm{PE}}$$

ゆえに, E は直線 AP 上にあるから, D と E は一致し,

$$\mathrm{BD:DC=BE:EC=1:2}$$

109 (考え方)

(1) 「四角形 ABCD が平行四辺形」

$\Longleftrightarrow$ $\overrightarrow{\mathrm{AB}}=\overrightarrow{\mathrm{DC}}$ （あるいは, $\overrightarrow{\mathrm{AD}}=\overrightarrow{\mathrm{BC}}$）

(2), (3) 始点を A にそろえた式に書き直す.

(4) 3 点 D, P, M が一直線上にあるとき, P は三角形 BCD の重心.

(解答)

$$\overrightarrow{\mathrm{AB}}+\overrightarrow{\mathrm{AD}}=\overrightarrow{\mathrm{AC}} \qquad \cdots ①$$

(1) ① から

$$\overrightarrow{\mathrm{AB}}=\overrightarrow{\mathrm{AC}}-\overrightarrow{\mathrm{AD}}=\overrightarrow{\mathrm{DC}}$$

となるので, 四角形 ABCD は**平行四辺形**.

(2) $\overrightarrow{\mathrm{EB}}+\overrightarrow{\mathrm{EC}}+\overrightarrow{\mathrm{ED}}=-\overrightarrow{\mathrm{EA}}$ から

$$(\overrightarrow{\mathrm{AB}}-\overrightarrow{\mathrm{AE}})+(\overrightarrow{\mathrm{AC}}-\overrightarrow{\mathrm{AE}})+(\overrightarrow{\mathrm{AD}}-\overrightarrow{\mathrm{AE}})$$

$$=\overrightarrow{\mathrm{AE}}$$

したがって,

$$\overrightarrow{AE}=\frac{1}{4}(\overrightarrow{AB}+\overrightarrow{AC}+\overrightarrow{AD})$$

$$=\frac{1}{4}(2\overrightarrow{AC})\quad(① による)$$

$$=\frac{1}{2}\overrightarrow{AC}$$

よって,E は**線分 AC の中点**.

(3)　$\overrightarrow{PB}+\overrightarrow{PC}+\overrightarrow{PD}=r\overrightarrow{PA}$ から

$$(\overrightarrow{AB}-\overrightarrow{AP})+(\overrightarrow{AC}-\overrightarrow{AP})+(\overrightarrow{AD}-\overrightarrow{AP})$$
$$=-r\overrightarrow{AP}$$

したがって,

$$\overrightarrow{AP}=\frac{1}{3-r}(\overrightarrow{AB}+\overrightarrow{AC}+\overrightarrow{AD})$$

$$=\frac{2}{3-r}\overrightarrow{AC}\quad(① による)\qquad\cdots②$$

$-1\le r\le 1$ から

$$\frac{1}{2}\le\frac{2}{3-r}\le 1\qquad\cdots③$$

②,③から P がえがく図形は線分 CE.

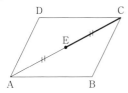

(4)　E,M がそれぞれ線分 BD,BC の中点であることに注意すると,3 点 D,P,M が一直線上にあるとき,P は三角形 BCD の重心となる.

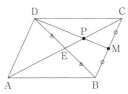

よって,

$$\overrightarrow{EP}=\frac{1}{3}\overrightarrow{EC}=\frac{1}{3}\cdot\frac{1}{2}\overrightarrow{AC}=\frac{1}{6}\overrightarrow{AC}$$

ゆえに

$$\overrightarrow{AP}=\overrightarrow{AE}+\overrightarrow{EP}$$

$$=\frac{1}{2}\overrightarrow{AC}+\frac{1}{6}\overrightarrow{AC}$$

$$=\frac{2}{3}\overrightarrow{AC}$$

これと②から

$$\frac{2}{3-r}=\frac{2}{3}$$

よって,

$$r=0$$

[(4)の別解]　$\overrightarrow{BM}=\frac{1}{2}\overrightarrow{BC}=\frac{1}{2}\overrightarrow{AD}$

であるから

$$\overrightarrow{AM}=\overrightarrow{AB}+\overrightarrow{BM}$$

$$=\overrightarrow{AB}+\frac{1}{2}\overrightarrow{AD}$$

3 点 D,P,M が一直線上にあるとき,t を実数として,

$$\overrightarrow{AP}=(1-t)\overrightarrow{AD}+t\overrightarrow{AM}$$

$$=(1-t)\overrightarrow{AD}+t\left(\overrightarrow{AB}+\frac{1}{2}\overrightarrow{AD}\right)$$

$$=t\overrightarrow{AB}+\left(1-\frac{t}{2}\right)\overrightarrow{AD}\qquad\cdots④$$

と表される.

一方,②から

$$\overrightarrow{AP}=\frac{2}{3-r}\overrightarrow{AC}$$

$$=\frac{2}{3-r}\overrightarrow{AB}+\frac{2}{3-r}\overrightarrow{AD}\qquad\cdots⑤$$

と表される.

④,⑤から

$$t=\frac{2}{3-r},\quad 1-\frac{t}{2}=\frac{2}{3-r}$$

したがって,

$$t=\frac{2}{3},\quad r=0$$

解説

(2)で始点を A にそろえないで,次のように考えることもできる.

三角形 BCD の重心を G とする.

$$\overrightarrow{EB}+\overrightarrow{EC}+\overrightarrow{ED}=-\overrightarrow{EA}$$

から

$$\frac{\overrightarrow{EB}+\overrightarrow{EC}+\overrightarrow{ED}}{3}=-\frac{1}{3}\overrightarrow{EA}$$

よって,

$$\overrightarrow{EG}=-\frac{1}{3}\overrightarrow{EA}$$

したがって,4 点 A,C,E,G の位置関

係は次のようになり, E が線分 AC の中点であることがわかる.

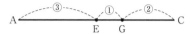

A —③— E G —②— C

(3)も同じようにできなくもないが, やや考えにくい. 始点をどこにとるかは, 問題に応じて判断することになる. 自分にとって考えやすいものを選ぶとよい.（**108** 参照）

110 解答

$$\overrightarrow{OP}=s\overrightarrow{OA}+t\overrightarrow{OB} \qquad \cdots ①$$

(1) $3s+4t=2$ から

$$\frac{3}{2}s+2t=1$$

ここで,

$$\frac{3}{2}s=u, \quad 2t=v$$

とおくと,

$$u+v=1 \qquad \cdots ②$$

また, ① から

$$\overrightarrow{OP}=\frac{3}{2}s\left(\frac{2}{3}\overrightarrow{OA}\right)+2t\left(\frac{1}{2}\overrightarrow{OB}\right)$$
$$=u\left(\frac{2}{3}\overrightarrow{OA}\right)+v\left(\frac{1}{2}\overrightarrow{OB}\right)$$

ここで

辺 OA を $2:1$ に内分する点を C,
辺 OB の中点を D

とすると

$$\overrightarrow{OC}=\frac{2}{3}\overrightarrow{OA}, \quad \overrightarrow{OD}=\frac{1}{2}\overrightarrow{OB}$$

であり,

$$\overrightarrow{OP}=u\overrightarrow{OC}+v\overrightarrow{OD} \qquad \cdots ③$$

②, ③ から, P は

直線 CD 上

にある.

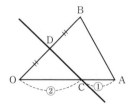

(2) まず, $3s+4t\geqq 2$ のときの P の存在する範囲を求める.

そこで, $k\geqq 2$ とし

$$3s+4t=k \qquad \cdots ④$$

とする.

(i) k を固定する.

$k\neq 0$ に注意して ④ から

$$\frac{3}{k}s+\frac{4}{k}t=1$$

ここで,

$$\frac{3}{k}s=u', \quad \frac{4}{k}t=v'$$

とおくと

$$u'+v'=1 \qquad \cdots ⑤$$

また, ① から

$$\overrightarrow{OP}=\frac{3}{k}s\left(\frac{k}{3}\overrightarrow{OA}\right)+\frac{4}{k}t\left(\frac{k}{4}\overrightarrow{OB}\right)$$
$$=u'\left(\frac{k}{3}\overrightarrow{OA}\right)+v'\left(\frac{k}{4}\overrightarrow{OB}\right)$$

ここで, 2 点 C′, D′ を

$$\begin{cases} \overrightarrow{OC'}=\dfrac{k}{3}\overrightarrow{OA}=\dfrac{k}{2}\overrightarrow{OC} \\[2mm] \overrightarrow{OD'}=\dfrac{k}{4}\overrightarrow{OB}=\dfrac{k}{2}\overrightarrow{OD} \end{cases} \qquad \cdots ⑥$$

で定めると

$$\overrightarrow{OP}=u'\overrightarrow{OC'}+v'\overrightarrow{OD'} \qquad \cdots ⑦$$

⑤, ⑦ から, P の存在する範囲は直線 C′D′.

ここで, ⑥ から

$$\overrightarrow{C'D'}=\overrightarrow{OD'}-\overrightarrow{OC'}$$
$$=\frac{k}{2}(\overrightarrow{OD}-\overrightarrow{OC})=\frac{k}{2}\overrightarrow{CD}$$

であるから,

$$\overrightarrow{C'D'} /\!/ \overrightarrow{CD}$$

(ii) k を, $k\geqq 2$ の範囲で動かす.

$\dfrac{k}{2}\geqq 1$ なので ⑥ から, C′ は半直線 CA 全体を, D′ は半直線 DB 全体を, $\overrightarrow{C'D'} /\!/ \overrightarrow{CD}$ の状態を保ちながら動く.

解答と解説 63

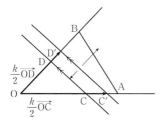

以上(i), (ii)から, $3s+4t \geqq 2$ のとき, P が存在する範囲は, 直線 CD によって分けられる平面の2つの領域のうち, O を含まない方(ただし, 直線 CD を含む)となる. この領域のうち三角形 OAB 内にある部分の面積を S' とすると, S' が求める面積であり

$$S' = S - \triangle OCD$$
$$= S - \frac{2}{3} \cdot \frac{1}{2} S$$
$$= \frac{2}{3} S$$

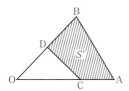

111 考え方

始点を A (または B または C) にした式に書き直してから判断する.

解答

$a\overrightarrow{PA} + b\overrightarrow{PB} + c\overrightarrow{PC} = \vec{0}$ から
$-a\overrightarrow{AP} + b(\overrightarrow{AB} - \overrightarrow{AP}) + c(\overrightarrow{AC} - \overrightarrow{AP}) = \vec{0}$
よって, $a+b+c \neq 0$ に注意して

$$\overrightarrow{AP} = \frac{b}{a+b+c}\overrightarrow{AB} + \frac{c}{a+b+c}\overrightarrow{AC}$$

ここで,

$$\frac{b}{a+b+c} = s, \quad \frac{c}{a+b+c} = t$$

とおくと

$$\overrightarrow{AP} = s\overrightarrow{AB} + t\overrightarrow{AC} \quad \cdots ①$$
$$b<0, \quad c<0, \quad a+b+c<0$$
から

$$s>0, \quad t>0 \quad \cdots ②$$

さらに,

$$s+t = \frac{b+c}{a+b+c}$$

であり,

$$a>0$$

から

$$b+c < a+b+c < 0$$

となるので

$$s+t > 1 \quad \cdots ③$$

①, ②, ③から, P が存在する範囲は

$$\boxed{D_6}$$

[注] 110(2)における考え方を参照せよ.

112 考え方

始点を A にそろえた式に書き直し,
$$|\overrightarrow{AP} - [\text{定ベクトル}]| = [\text{定数}]$$
の形を導く.

解答

$$|\overrightarrow{AP} + \overrightarrow{BP} + \overrightarrow{CP}| = \sqrt{3}\, a$$
から
$$|\overrightarrow{AP} + (\overrightarrow{AP} - \overrightarrow{AB}) + (\overrightarrow{AP} - \overrightarrow{AC})| = \sqrt{3}\, a$$
よって,
$$\left|\overrightarrow{AP} - \frac{\overrightarrow{AB} + \overrightarrow{AC}}{3}\right| = \frac{a}{\sqrt{3}}$$

ここで, 三角形 ABC の重心を G とすると

$$\overrightarrow{AG} = \frac{\overrightarrow{AB} + \overrightarrow{AC}}{3}$$

であり,

$$|\overrightarrow{AP} - \overrightarrow{AG}| = \frac{a}{\sqrt{3}}$$

したがって,

$$|\overrightarrow{GP}| = \frac{a}{\sqrt{3}}$$

一方, 三角形 ABC は1辺の長さが a の正三角形であることから, 辺 BC の中点を M とすると,

$$AM = AB\sin 60° = \frac{\sqrt{3}}{2}a$$

よって,

$$AG = \frac{2}{3}AM = \frac{a}{\sqrt{3}}$$

64

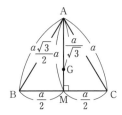

したがって，P の全体は

三角形 ABC の外接円

となる．

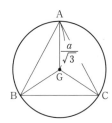

［**注**］ O を定点とし，三角形 ABC の重心を G とするとき，

$$\overrightarrow{OG}=\frac{\overrightarrow{OA}+\overrightarrow{OB}+\overrightarrow{OC}}{3}$$

となる．

これを，A を始点として書き直すと

$$\overrightarrow{AG}-\overrightarrow{AO}$$

$$=\frac{-\overrightarrow{AO}+(\overrightarrow{AB}-\overrightarrow{AO})+(\overrightarrow{AC}-\overrightarrow{AO})}{3}$$

よって，

$$\overrightarrow{AG}=\frac{\overrightarrow{AB}+\overrightarrow{AC}}{3}$$

10 平面上のベクトルと内積

113 解答

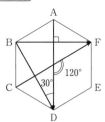

AD⊥BF であるから

$$\overrightarrow{AD}\cdot\overrightarrow{BF}=0$$

$$\overrightarrow{AD}\cdot\overrightarrow{BD}=|\overrightarrow{AD}||\overrightarrow{BD}|\cos30°$$

$$=2a\cdot\sqrt{3}\,a\cdot\frac{\sqrt{3}}{2}$$

$$=3a^2$$

$$\overrightarrow{AD}\cdot\overrightarrow{CF}=|\overrightarrow{AD}||\overrightarrow{CF}|\cos120°$$

$$=2a\cdot2a\cdot\left(-\frac{1}{2}\right)$$

$$=-2a^2$$

［**注**］ 正六角形 ABCDEF の中心を O とすると，6つの三角形 OAB，OBC，OCD，ODE，OEF，OFA はすべて1辺の長さが a の正三角形である．

114 解答

(1) 求めるベクトルを

$$\vec{e}=(s,\ t)$$

とする．

$\vec{e}\perp\vec{a}$ から $\vec{e}\cdot\vec{a}=0$ なので，

$$3s+4t=0 \qquad\cdots①$$

$\vec{e}$ は単位ベクトルであるから

$$s^2+t^2=1 \qquad\cdots②$$

①，②から t を消去して，

$$s^2+\left(-\frac{3}{4}s\right)^2=1$$

よって，

$$s^2=\frac{16}{25}$$

したがって，

$$s=\pm\frac{4}{5},\quad t=\mp\frac{3}{5}\quad(\text{複号同順})$$

となり，

$$\vec{e}=\pm\frac{1}{5}(4,\ -3)$$

(2) $$\vec{b}\cdot\vec{c}=1\cdot2+(-1)\cdot x=2-x \quad\cdots③$$

一方，$\vec{b}$ と $\vec{c}$ のなす角が60°のとき，

$$\vec{b}\cdot\vec{c}=|\vec{b}||\vec{c}|\cos60°$$

$$=\sqrt{1^2+(-1)^2}\sqrt{2^2+x^2}\cdot\frac{1}{2}$$

$$=\frac{\sqrt{2}}{2}\sqrt{4+x^2} \qquad\cdots④$$

③，④から

$$2-x=\frac{\sqrt{2}}{2}\sqrt{4+x^2} \qquad \cdots\text{⑤}$$

⑤ の右辺は 0 以上であるから，

$$2-x\geqq 0$$

となり，

$$x\leqq 2 \qquad \cdots\text{⑥}$$

⑥ の下で，⑤ の両辺を 2 乗して，

$$(2-x)^2=\frac{1}{2}(4+x^2)$$

よって，

$$x^2-8x+4=0$$

これを解くと，

$$x=4\pm 2\sqrt{3} \qquad \cdots\text{⑦}$$

⑥，⑦ から，求める x の値は，

$$\boldsymbol{x=4-2\sqrt{3}}$$

115 　解答

(1)　$|\vec{a}-2\vec{b}|=\sqrt{7}$ から

$$|\vec{a}-2\vec{b}|^2=7$$
$$|\vec{a}|^2-4\vec{a}\cdot\vec{b}+4|\vec{b}|^2=7$$

$|\vec{a}|=3,\ |\vec{b}|=2$ を代入すると

$$3^2-4\vec{a}\cdot\vec{b}+4\cdot 2^2=7$$

ゆえに

$$\vec{a}\cdot\vec{b}=\boxed{\frac{9}{2}}$$

(2)　$\triangle\text{OAB}=\frac{1}{2}\sqrt{|\vec{a}|^2|\vec{b}|^2-(\vec{a}\cdot\vec{b})^2}$

$$=\frac{1}{2}\sqrt{3^2\cdot 2^2-\left(\frac{9}{2}\right)^2}$$

$$=\boxed{\frac{3\sqrt{7}}{4}}$$

116 　考え方

基本のまとめ ⑤ の式を利用する．

解答

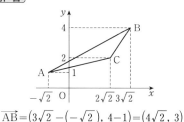

$$\overrightarrow{\text{AB}}=\left(3\sqrt{2}-(-\sqrt{2}),\ 4-1\right)=(4\sqrt{2},\ 3)$$

$$\overrightarrow{\text{AC}}=\left(2\sqrt{2}-(-\sqrt{2}),\ 2-1\right)=(3\sqrt{2},\ 1)$$

であるから

$$\triangle\text{ABC}=\frac{1}{2}|4\sqrt{2}\cdot 1-3\cdot 3\sqrt{2}|=\frac{5}{\sqrt{2}}$$

117 　考え方

(2)　$\overrightarrow{\text{OH}}=h\vec{b}$ とおき，$\overrightarrow{\text{AH}}\cdot\overrightarrow{\text{OB}}=0$ に代入．

(3) も同様に考える．

解答

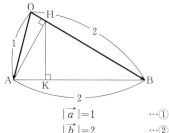

$$|\vec{a}|=1 \qquad \cdots\text{①}$$
$$|\vec{b}|=2 \qquad \cdots\text{②}$$

また，$\text{AB}=2$ から

$$|\vec{b}-\vec{a}|=2 \qquad \cdots\text{③}$$

(1)　③ の両辺を 2 乗して，

$$|\vec{b}|^2-2\vec{a}\cdot\vec{b}+|\vec{a}|^2=4$$

①，② を代入して，

$$2^2-2\vec{a}\cdot\vec{b}+1^2=4$$

よって，

$$\vec{a}\cdot\vec{b}=\frac{1}{2} \qquad \cdots\text{④}$$

(2)　H は辺 OB 上にあるから，h を実数として，

$$\overrightarrow{\text{OH}}=h\vec{b}$$

とおける．

このとき，

$$\overrightarrow{\text{AH}}=\overrightarrow{\text{OH}}-\overrightarrow{\text{OA}}$$
$$=-\vec{a}+h\vec{b} \qquad \cdots\text{⑤}$$

$\overrightarrow{\text{AH}}\perp\overrightarrow{\text{OB}}$ から

$$\overrightarrow{\text{AH}}\cdot\overrightarrow{\text{OB}}=0$$

なので，

$$(-\vec{a}+h\vec{b})\cdot\vec{b}=0$$

ゆえに

$$-\vec{a}\cdot\vec{b}+h|\vec{b}|^2=0$$

②，④ を代入して，

$$-\frac{1}{2}+h\cdot 2^2=0$$

66

よって,
$$h=\frac{1}{8}$$
となり,⑤から
$$\overrightarrow{AH}=-\vec{a}+\frac{1}{8}\vec{b} \quad \cdots⑥$$

(3) K は辺 AB 上にあるから,k を実数として,
$$\overrightarrow{AK}=k\overrightarrow{AB}$$
$$=k(\vec{b}-\vec{a}) \quad \cdots⑦$$
とおける.

このとき,⑥,⑦から
$$\overrightarrow{HK}=\overrightarrow{AK}-\overrightarrow{AH}$$
$$=k(\vec{b}-\vec{a})-\left(-\vec{a}+\frac{1}{8}\vec{b}\right)$$
$$=k(\vec{b}-\vec{a})+\vec{a}-\frac{1}{8}\vec{b}$$

$\overrightarrow{HK}\perp\overrightarrow{AB}$ から
$$\overrightarrow{HK}\cdot\overrightarrow{AB}=0$$
なので,
$$\left\{k(\vec{b}-\vec{a})+\vec{a}-\frac{1}{8}\vec{b}\right\}\cdot(\vec{b}-\vec{a})=0$$
ゆえに
$$k|\vec{b}-\vec{a}|^2-|\vec{a}|^2-\frac{1}{8}|\vec{b}|^2+\frac{9}{8}\vec{a}\cdot\vec{b}=0$$
①,②,③,④を代入して
$$k\cdot2^2-1^2-\frac{1}{8}\cdot2^2+\frac{9}{8}\cdot\frac{1}{2}=0$$
よって,
$$k=\frac{15}{64}$$
となり,⑦から
$$\overrightarrow{AK}=-\frac{15}{64}\vec{a}+\frac{15}{64}\vec{b}$$

[(1)の別解] 三角形 OAB は BO=BA の二等辺三角形であるから,∠AOB=θ,辺 OA の中点を M とすると,
$$\cos\theta=\frac{OM}{OB}$$
$$=\frac{\frac{1}{2}}{2}=\frac{1}{4}$$
したがって,

$$\vec{a}\cdot\vec{b}=|\overrightarrow{OA}||\overrightarrow{OB}|\cos\theta$$
$$=1\cdot2\cdot\frac{1}{4}$$
$$=\frac{1}{2}$$

118 解答
$$\vec{a}+\vec{c}=\vec{b}+\vec{d} \quad \cdots①$$
$$\vec{a}\cdot\vec{c}=\vec{b}\cdot\vec{d} \quad \cdots②$$
①から
$$\vec{b}-\vec{a}=\vec{c}-\vec{d}$$
すなわち
$$\overrightarrow{AB}=\overrightarrow{DC}$$
よって,四辺形 ABCD は平行四辺形である.

①から
$$\vec{c}=\vec{b}+\vec{d}-\vec{a}$$
であり,これを②に代入すると
$$\vec{a}\cdot(\vec{b}+\vec{d}-\vec{a})=\vec{b}\cdot\vec{d}$$
よって,
$$\vec{a}\cdot\vec{b}+\vec{a}\cdot\vec{d}-|\vec{a}|^2-\vec{b}\cdot\vec{d}=0$$
ゆえに
$$(\vec{b}-\vec{a})\cdot(\vec{d}-\vec{a})=0$$
すなわち
$$\overrightarrow{AB}\cdot\overrightarrow{AD}=0$$
したがって,
$$\angle BAD=90°$$
これと,四辺形 ABCD が平行四辺形であることから,四辺形 ABCD は**長方形**である.

119 解答
P(x, y) とおく.
$\overrightarrow{AB}=(4, -4)$, $\overrightarrow{AP}=(x+3, y-2)$,
$\overrightarrow{BP}=(x-1, y+2)$
(i) $\Longleftrightarrow (x+3)(x-1)+(y-2)(y+2)<0$
$\Longleftrightarrow x^2+2x+y^2-7<0$
$\Longleftrightarrow (x+1)^2+y^2<8\left(=\left(2\sqrt{2}\right)^2\right)$
(ii) $\Longleftrightarrow 4(x+3)+(-4)(y-2)$
$<(-4)(x-1)+4(y+2)$
$\Longleftrightarrow y>x+1$
よって,点 P の存在範囲は下の図の斜線

部分（境界は含まない）となる.

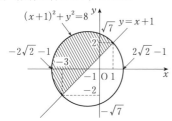

(解説)

　本問は, A, B の座標が与えられているから, P(x, y) とおいて, 条件(i), (ii)を成分を用いて表せば, 前述のように容易に解決する.

　以下では, 成分計算によらない考え方を示しておく.

(i)　$\iff \overrightarrow{PA} \cdot \overrightarrow{PB} < 0$

　　　$\iff |\overrightarrow{PA}||\overrightarrow{PB}| \cos \angle APB < 0$

　　　$\iff$ P≠A かつ P≠B

　　　　　かつ $\angle APB > 90°$

　　　$\iff$「P は, 線分 AB を直径とする

　　　　　　円の内部の点」

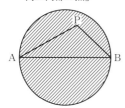

(ii)　$\iff \overrightarrow{AB} \cdot \overrightarrow{AP} + \overrightarrow{AB} \cdot \overrightarrow{BP} < 0$

　　　$\iff \overrightarrow{AB} \cdot (\overrightarrow{AP} + \overrightarrow{BP}) < 0$

　　　$\iff \overrightarrow{AB} \cdot \{\overrightarrow{AP} + (\overrightarrow{AP} - \overrightarrow{AB})\} < 0$

　　　$\iff \overrightarrow{AB} \cdot (2\overrightarrow{AP} - \overrightarrow{AB}) < 0$

ここで, 線分 AB の中点を M とすると,

$$\overrightarrow{AB} = 2\overrightarrow{AM}$$

であり,

(ii)　$\iff 2\overrightarrow{AM} \cdot 2(\overrightarrow{AP} - \overrightarrow{AM}) < 0$

　　　$\iff \overrightarrow{MA} \cdot \overrightarrow{MP} > 0$

　　　$\iff$ P≠M かつ $\angle AMP < 90°$

　　　$\iff$「P は, M を通り $\overrightarrow{AB}$ に垂直な

　　　　　直線によって分けられる平面上

　　　　　の 2 つの領域のうち, A を含

む方（境界は含まない）の点」

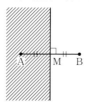

　以上から, (解答)と同じ領域が得られることがわかる.

120　(解答)

(1)　$\vec{b} ≠ \vec{0}$ に注意して,

$$|2\vec{a} + t\vec{b}|^2$$
$$= |\vec{b}|^2 t^2 + (4\vec{a} \cdot \vec{b})t + 4|\vec{a}|^2$$
$$= |\vec{b}|^2 \left(t + \frac{2\vec{a} \cdot \vec{b}}{|\vec{b}|^2} \right)^2$$
$$\quad - \frac{4(\vec{a} \cdot \vec{b})^2}{|\vec{b}|^2} + 4|\vec{a}|^2$$

よって, $|2\vec{a} + t\vec{b}|$ の最小値を与える t は,

$$t = -\frac{2\vec{a} \cdot \vec{b}}{|\vec{b}|^2} \qquad \cdots ①$$

(2)　①のとき,

$$(2\vec{a} + t\vec{b}) \cdot \vec{b}$$
$$= 2\vec{a} \cdot \vec{b} + t|\vec{b}|^2$$
$$= 2\vec{a} \cdot \vec{b} - \frac{2\vec{a} \cdot \vec{b}}{|\vec{b}|^2}|\vec{b}|^2$$
$$= 0 \qquad\qquad \cdots ②$$

ここで,

$$2\vec{a} + t\vec{b} = \vec{0}$$

とすると,

$$\vec{a} = -\frac{t}{2}\vec{b}$$

となり, $\vec{a} \not\parallel \vec{b}$ であることに反するから

$$2\vec{a} + t\vec{b} ≠ \vec{0}$$

　このことと, $\vec{b} ≠ \vec{0}$ に注意すると, ②から

$$(2\vec{a} + t\vec{b}) \perp \vec{b}$$

すなわち, $2\vec{a} + t\vec{b}$ と $\vec{b}$ とのなす角は,

$$90°$$

【解 説】

Oを定点とし，$\overrightarrow{OA}=2\vec{a}$ となるように点Aを定める．

さらに，Pを
$$\overrightarrow{OP}=2\vec{a}+t\vec{b}=\overrightarrow{OA}+t\vec{b} \quad \cdots(*)$$
となる点とする．

t がすべての実数値をとって変化するとき，$(*)$ をみたすPの全体は，Aを通り $\vec{b}$ に平行な直線全体をえがく．

（9 基本のまとめ ⑧ 参照）

よって，$|2\vec{a}+t\vec{b}|$ すなわち $|\overrightarrow{OP}|$ が最小になるのは，$\overrightarrow{OP}\perp\vec{b}$ すなわち
$$(2\vec{a}+t\vec{b})\perp\vec{b}$$
のときである．

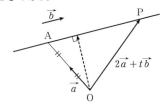

121 【解 答】

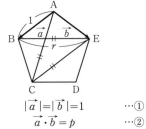

$$|\vec{a}|=|\vec{b}|=1 \qquad \cdots①$$
$$\vec{a}\cdot\vec{b}=p \qquad \cdots②$$
$$|\overrightarrow{BE}|=r \qquad \cdots③$$

(1)
$$\overrightarrow{BE}=\vec{b}-\vec{a}$$
を③に代入して，
$$|\vec{b}-\vec{a}|=r$$
両辺を2乗して，
$$|\vec{b}|^2-2\vec{a}\cdot\vec{b}+|\vec{a}|^2=r^2$$
①，②を代入して，
$$1^2-2p+1^2=r^2$$
よって，
$$2p+r^2=2 \qquad \cdots④$$

(2) $\overrightarrow{EC}/\!/\overrightarrow{AB}$，$|\overrightarrow{EC}|=|\overrightarrow{BE}|=r$

これと①から
$$\overrightarrow{EC}=r\vec{a}$$
よって，
$$\overrightarrow{AC}=\overrightarrow{AE}+\overrightarrow{EC}=r\vec{a}+\vec{b}$$
ゆえに
$$\begin{aligned}
|\overrightarrow{AC}|^2&=|r\vec{a}+\vec{b}|^2\\
&=r^2|\vec{a}|^2+2r\vec{a}\cdot\vec{b}+|\vec{b}|^2\\
&=r^2+2pr+1
\end{aligned}$$
$$(①，②による)$$

これと，
$$|\overrightarrow{AC}|^2=|\overrightarrow{BE}|^2=r^2$$
とから
$$r^2=r^2+2pr+1$$
したがって，
$$pr=-\frac{1}{2} \qquad \cdots⑤$$

(3) ④から
$$p=1-\frac{1}{2}r^2$$
であり，これを⑤に代入して
$$\left(1-\frac{1}{2}r^2\right)r=-\frac{1}{2}$$
整理して
$$r^3-2r-1=0$$
ゆえに
$$(r+1)(r^2-r-1)=0$$
$r>0$ であるから
$$r^2-r-1=0$$
となり，
$$r=\frac{1+\sqrt{5}}{2}$$
さらに，④から
$$\begin{aligned}
p&=1-\frac{1}{2}r^2\\
&=1-\frac{1}{2}\left(\frac{1+\sqrt{5}}{2}\right)^2\\
&=\frac{1-\sqrt{5}}{4}
\end{aligned}$$

(4) 五角形の内角の和は
$$180°\times3$$
であるから
$$\angle ABC=(180°\times3)\times\frac{1}{5}=108°$$

三角形 ABC は AB＝BC の二等辺三角形であるから

$$\angle \text{BAC} = (180° - 108°) \times \frac{1}{2} = 36°$$

したがって,

$$\cos 36° = \cos \angle \text{BAC}$$
$$= \frac{\frac{1}{2}\text{AC}}{\text{AB}}$$
$$= \frac{1}{2}r$$
$$= \frac{1+\sqrt{5}}{4}$$

[注]　一般に, n 角形の内角の和は

$$180° \times (n-2)$$

であり, 正 n 角形の1つの内角の大きさは

$$180° \times (n-2) \times \frac{1}{n}$$

である.

122 考え方

(1) 辺 CA の中点を M とすると,

$$\vec{a} \cdot \vec{p} = |\vec{a}||\vec{p}|\cos \angle \text{PCM}$$
$$= |\vec{a}|\text{CM}$$

解答

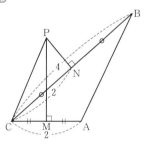

(1) 辺 CA, CB の中点をそれぞれ M, N とする.

$$\vec{a} \cdot \vec{p} = |\vec{a}||\vec{p}|\cos \angle \text{PCM}$$
$$= 2\text{CM} = 2 \cdot 1 = 2 \qquad \cdots ①$$
$$\vec{b} \cdot \vec{p} = |\vec{b}||\vec{p}|\cos \angle \text{PCN}$$
$$= 4\text{CN} = 4 \cdot 2 = 8 \qquad \cdots ②$$

(2)
$$\vec{a} \cdot \vec{p} = \vec{a} \cdot (s\vec{a} + t\vec{b})$$
$$= s|\vec{a}|^2 + t\vec{a} \cdot \vec{b}$$
$$= 4s + 6t \qquad \cdots ③$$

$$\vec{b} \cdot \vec{p} = \vec{b} \cdot (s\vec{a} + t\vec{b})$$
$$= s\vec{a} \cdot \vec{b} + t|\vec{b}|^2$$
$$= 6s + 16t \qquad \cdots ④$$

①, ②, ③, ④ から,

$$4s + 6t = 2, \quad 6s + 16t = 8$$

すなわち

$$2s + 3t = 1, \quad 3s + 8t = 4$$

これを解いて,

$$s = -\frac{4}{7}, \quad t = \frac{5}{7}$$

解説

(1)がなかったとして（あるいは(1)の結果を用いずに, 直接）(2)を解く場合, 以下のように考えればよい.

辺 CA, CB の中点をそれぞれ M, N とすると,

$$\overrightarrow{\text{MP}} = \overrightarrow{\text{CP}} - \overrightarrow{\text{CM}}$$
$$= (s\vec{a} + t\vec{b}) - \frac{1}{2}\vec{a}$$
$$= \left(s - \frac{1}{2}\right)\vec{a} + t\vec{b}$$

$\overrightarrow{\text{MP}} \perp \overrightarrow{\text{CA}}$ から $\overrightarrow{\text{MP}} \cdot \overrightarrow{\text{CA}} = 0$ なので,

$$\left\{\left(s - \frac{1}{2}\right)\vec{a} + t\vec{b}\right\} \cdot \vec{a} = 0$$

すなわち

$$\left(s - \frac{1}{2}\right)|\vec{a}|^2 + t\vec{a} \cdot \vec{b} = 0$$

よって,

$$4\left(s - \frac{1}{2}\right) + 6t = 0$$

となり,

$$2s + 3t = 1 \qquad \cdots ㋐$$

同様に,

$$\overrightarrow{\text{NP}} = \overrightarrow{\text{CP}} - \overrightarrow{\text{CN}}$$
$$= (s\vec{a} + t\vec{b}) - \frac{1}{2}\vec{b}$$
$$= s\vec{a} + \left(t - \frac{1}{2}\right)\vec{b}$$

$\overrightarrow{\text{NP}} \perp \overrightarrow{\text{CB}}$ から $\overrightarrow{\text{NP}} \cdot \overrightarrow{\text{CB}} = 0$ なので,

$$\left\{s\vec{a} + \left(t - \frac{1}{2}\right)\vec{b}\right\} \cdot \vec{b} = 0$$

すなわち

$$s\vec{a}\cdot\vec{b}+\left(t-\frac{1}{2}\right)|\vec{b}|^2=0$$

よって，

$$6s+16\left(t-\frac{1}{2}\right)=0$$

となり，

$$3s+8t=4 \qquad \cdots ⑦$$

⑦，④ から

$$s=-\frac{4}{7},\quad t=\frac{5}{7}$$

［注］ P は三角形 ABC の外心（外接円の中心）である．

123 考え方
(1) $\overrightarrow{AH}\perp\overrightarrow{BC}$，$\overrightarrow{BH}\perp\overrightarrow{CA}$，$\overrightarrow{CH}\perp\overrightarrow{AB}$ を示す．

解答

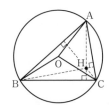

$$\overrightarrow{OH}=\overrightarrow{OA}+\overrightarrow{OB}+\overrightarrow{OC} \qquad \cdots ①$$

(1)
$$\begin{aligned}
\overrightarrow{BC}\cdot\overrightarrow{AH}&=(\overrightarrow{OC}-\overrightarrow{OB})\cdot(\overrightarrow{OH}-\overrightarrow{OA})\\
&=(\overrightarrow{OC}-\overrightarrow{OB})\cdot(\overrightarrow{OB}+\overrightarrow{OC})\\
&\qquad\qquad (①による)\\
&=|\overrightarrow{OC}|^2-|\overrightarrow{OB}|^2\\
&=0 \quad (\text{OB}=\text{OC による})
\end{aligned}$$

よって，

$$\overrightarrow{AH}\perp\overrightarrow{BC}$$

同様にして

$$\overrightarrow{BH}\perp\overrightarrow{CA},\quad \overrightarrow{CH}\perp\overrightarrow{AB}$$

を得る．したがって，H は三角形 ABC の垂心である．

(2) 三角形 ABC の重心を G とすると，

$$\overrightarrow{OG}=\frac{\overrightarrow{OA}+\overrightarrow{OB}+\overrightarrow{OC}}{3} \qquad \cdots ②$$

①，② から

$$\overrightarrow{OH}=3\overrightarrow{OG}$$

これは O，G，H が一直線上に並んでいることを示している．

124 考え方
$|6\overrightarrow{OC}|^2=|-4\overrightarrow{OA}-5\overrightarrow{OB}|^2$ を展開して，$\overrightarrow{OA}\cdot\overrightarrow{OB}$ を求める．

解答

外接円の半径が 1 であるから，

$$|\overrightarrow{OA}|=|\overrightarrow{OB}|=|\overrightarrow{OC}|=1 \qquad \cdots ①$$

$4\overrightarrow{OA}+5\overrightarrow{OB}+6\overrightarrow{OC}=\vec{0}$ から

$$6\overrightarrow{OC}=-4\overrightarrow{OA}-5\overrightarrow{OB}$$

よって，

$$|6\overrightarrow{OC}|=|-4\overrightarrow{OA}-5\overrightarrow{OB}|$$

両辺を 2 乗して，

$$\begin{aligned}
36|\overrightarrow{OC}|^2\\
=16|\overrightarrow{OA}|^2+40\overrightarrow{OA}\cdot\overrightarrow{OB}+25|\overrightarrow{OB}|^2
\end{aligned}$$

① を代入すると，

$$36=16+40\overrightarrow{OA}\cdot\overrightarrow{OB}+25$$

となり，

$$\overrightarrow{OA}\cdot\overrightarrow{OB}=-\frac{1}{8} \qquad \cdots ②$$

①，② から

$$\begin{aligned}
|\overrightarrow{AB}|^2&=|\overrightarrow{OB}-\overrightarrow{OA}|^2\\
&=|\overrightarrow{OB}|^2-2\overrightarrow{OA}\cdot\overrightarrow{OB}+|\overrightarrow{OA}|^2\\
&=1-2\cdot\left(-\frac{1}{8}\right)+1\\
&=\frac{9}{4}
\end{aligned}$$

ゆえに

$$\text{AB}=\frac{3}{2}$$

125 考え方
円の表示
$|\vec{p}-〔定ベクトル〕|=|〔定ベクトル〕|$
へ変形する．

解答

(1)
$$(\vec{p}-\vec{a})\cdot(\vec{p}-\vec{b})=\vec{a}\cdot\vec{b}$$

から

$$|\vec{p}|^2-(\vec{a}+\vec{b})\cdot\vec{p}=0$$

よって，

$$\left|\vec{p}-\frac{\vec{a}+\vec{b}}{2}\right|^2=\left|\frac{\vec{a}+\vec{b}}{2}\right|^2$$

すなわち

$$\left|\vec{p}-\frac{\vec{a}+\vec{b}}{2}\right|=\left|\frac{\vec{a}+\vec{b}}{2}\right|$$

したがって，P は 1 つの円の周上にあり，その円の半径は，

$$\left|\frac{\vec{a}+\vec{b}}{2}\right|$$

中心の位置ベクトルは，

$$\frac{\vec{a}+\vec{b}}{2}$$

(2)

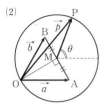

線分 AB の中点を M とする．

P は，M を中心とし，O を通る円，すなわち半径 OM の円の周上を動く．

$$\begin{aligned}
\vec{p}\cdot\vec{a} &= \overrightarrow{\text{OP}}\cdot\vec{a} \\
&= (\overrightarrow{\text{OM}}+\overrightarrow{\text{MP}})\cdot\vec{a} \\
&= \overrightarrow{\text{OM}}\cdot\vec{a}+\overrightarrow{\text{MP}}\cdot\vec{a} \quad \cdots\text{①}
\end{aligned}$$

ここで，

$$|\vec{a}|=|\vec{b}|=2, \quad \angle\text{AOB}=60°$$

から，三角形 OAB は，1 辺の長さが 2 の正三角形であり，

$$\begin{aligned}
|\overrightarrow{\text{OM}}| &= |\overrightarrow{\text{OA}}|\cos\angle\text{AOM} \\
&= 2\cos 30° = \sqrt{3}
\end{aligned}$$

M は，P が動く円の中心であるから

$$|\overrightarrow{\text{MP}}|=|\overrightarrow{\text{OM}}|=\sqrt{3}$$

したがって，$\overrightarrow{\text{MP}}$ と $\vec{a}$ のなす角を θ とすると，① から

$$\begin{aligned}
&\vec{p}\cdot\vec{a} \\
&= |\overrightarrow{\text{OM}}||\vec{a}|\cos\angle\text{AOM}+|\overrightarrow{\text{MP}}||\vec{a}|\cos\theta \\
&= \sqrt{3}\cdot 2\cos 30°+\sqrt{3}\cdot 2\cos\theta \\
&= 3+2\sqrt{3}\cos\theta \quad\quad \cdots\text{②}
\end{aligned}$$

P は円の周上全体を動くから

$$0°\leqq\theta\leqq 180° \quad\quad \cdots\text{③}$$

②，③ から，$\vec{p}\cdot\vec{a}$ は

$\theta=0°$ のとき，最大値　$3+2\sqrt{3}$

$\theta=180°$ のとき，最小値　$3-2\sqrt{3}$

をとる．

[(2) の別解]

$$\text{O}(0,\,0),\ \text{A}(2,\,0),\ \text{B}(1,\,\sqrt{3})$$

となるように，xy 平面を定める．

このとき，

$$|\vec{a}|=|\vec{b}|=2, \quad \angle\text{AOB}=60°$$

となっている．

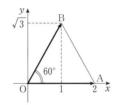

(1) の結果から，P の軌跡である円の中心の位置ベクトルは，

$$\begin{aligned}
\frac{\vec{a}+\vec{b}}{2} &= \frac{1}{2}\{(2,\,0)+(1,\,\sqrt{3})\} \\
&= \frac{1}{2}(3,\,\sqrt{3})
\end{aligned}$$

すなわち，中心を M とすると

$$\text{M}\left(\frac{3}{2},\,\frac{\sqrt{3}}{2}\right)$$

であり，半径は，

$$\left|\frac{\vec{a}+\vec{b}}{2}\right|=\frac{1}{2}\sqrt{3^2+\left(\sqrt{3}\right)^2}=\sqrt{3}$$

よって，$\text{P}(x,\,y)$ とすると，

$$\left(x-\frac{3}{2}\right)^2+\left(y-\frac{\sqrt{3}}{2}\right)^2=\left(\sqrt{3}\right)^2$$

したがって，φ を

$$0\leqq\varphi<2\pi$$

の範囲を動く変数として，

$$\begin{aligned}
\vec{p}=\overrightarrow{\text{OP}} &= \overrightarrow{\text{OM}}+\overrightarrow{\text{MP}} \\
&= \left(\frac{3}{2},\,\frac{\sqrt{3}}{2}\right)+\sqrt{3}\,(\cos\varphi,\,\sin\varphi) \\
&= \left(\frac{3}{2}+\sqrt{3}\cos\varphi,\,\frac{\sqrt{3}}{2}+\sqrt{3}\sin\varphi\right)
\end{aligned}$$

と表される．

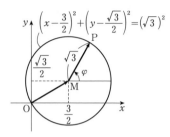

このとき,

$$\vec{p} \cdot \vec{a} = \left(\frac{3}{2} + \sqrt{3}\cos\varphi\right) \cdot 2$$
$$= 3 + 2\sqrt{3}\cos\varphi$$

したがって, $0 \leqq \varphi < 2\pi$ に注意すると,

$$\begin{cases} [\vec{p} \cdot \vec{a} \text{ の最大値}] = 3 + 2\sqrt{3} \\ [\vec{p} \cdot \vec{a} \text{ の最小値}] = 3 - 2\sqrt{3} \end{cases}$$

126 解答

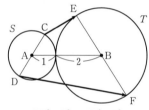

$$\overrightarrow{AC} = \vec{p}, \qquad \overrightarrow{BE} = \vec{q}$$

とおく.

$$\overrightarrow{AD} = -\vec{p}, \qquad \overrightarrow{BF} = -\vec{q}$$

であるから

$$\overrightarrow{CE} = \overrightarrow{CA} + \overrightarrow{AB} + \overrightarrow{BE}$$
$$= \overrightarrow{AB} - \vec{p} + \vec{q}$$
$$\overrightarrow{DF} = \overrightarrow{DA} + \overrightarrow{AB} + \overrightarrow{BF}$$
$$= \overrightarrow{AB} + \vec{p} - \vec{q}$$

よって,

$$\overrightarrow{CE} \cdot \overrightarrow{DF} = (\overrightarrow{AB} - \vec{p} + \vec{q}) \cdot (\overrightarrow{AB} + \vec{p} - \vec{q})$$
$$= |\overrightarrow{AB}|^2 - |\vec{p} - \vec{q}|^2$$
$$= |\overrightarrow{AB}|^2 - (|\vec{p}|^2 - 2\vec{p} \cdot \vec{q} + |\vec{q}|^2)$$

ここで

$$|\overrightarrow{AB}| = 3, \quad |\vec{p}| = 1, \quad |\vec{q}| = 2$$

であり, $\vec{p}$ と $\vec{q}$ のなす角を $\theta (0° \leqq \theta \leqq 180°)$ とすると,

$$\overrightarrow{CE} \cdot \overrightarrow{DF} = 3^2 - (1^2 - 2 \cdot 1 \cdot 2\cos\theta + 2^2)$$
$$= 4 + 4\cos\theta$$

これと $0° \leqq \theta \leqq 180°$ から, $\overrightarrow{CE} \cdot \overrightarrow{DF}$ は $\theta = 0°$ のとき

最大値 8

をとり, $\theta = 180°$ のとき

最小値 0

をとる.

[**別解**] 座標平面上で

$$A(0, 0), \qquad B(3, 0)$$

として考えると,

$$S : x^2 + y^2 = 1$$
$$T : (x-3)^2 + y^2 = 4$$

よって, α, β を

$$0 \leqq \alpha < 2\pi, \quad 0 \leqq \beta < 2\pi$$

の範囲を動く角として

$$C(\cos\alpha, \sin\alpha)$$
$$E(3 + 2\cos\beta, 2\sin\beta)$$

(解説 参照)

と表される.

このとき, 仮定から

$$D(-\cos\alpha, -\sin\alpha)$$
$$F(3 - 2\cos\beta, -2\sin\beta)$$

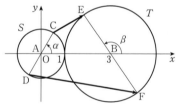

よって,

$$\overrightarrow{CE} = (3 + 2\cos\beta - \cos\alpha, 2\sin\beta - \sin\alpha)$$
$$\overrightarrow{DF} = (3 - 2\cos\beta + \cos\alpha, -2\sin\beta + \sin\alpha)$$

であるから

$$\overrightarrow{CE} \cdot \overrightarrow{DF}$$
$$= (3 + 2\cos\beta - \cos\alpha)(3 - 2\cos\beta + \cos\alpha)$$
$$\quad + (2\sin\beta - \sin\alpha)(-2\sin\beta + \sin\alpha)$$
$$= 9 - (2\cos\beta - \cos\alpha)^2 - (2\sin\beta - \sin\alpha)^2$$
$$= 9 - 4(\sin^2\beta + \cos^2\beta) - (\sin^2\alpha + \cos^2\alpha)$$
$$\quad + 4(\cos\alpha\cos\beta + \sin\alpha\sin\beta)$$
$$= 4 + 4\cos(\alpha - \beta)$$

これと

$$-2\pi < \alpha - \beta < 2\pi$$

から, $\overrightarrow{CE} \cdot \overrightarrow{DF}$ は $\alpha - \beta = 0$ のとき

最大値 8

をとり, $\alpha-\beta=\pm\pi$ のとき

最小値 0

をとる.

解説

O を原点とする座標平面上で, $P_0(a, b)$ を中心とする半径 $r(>0)$ の円を C とする.

$$C : (x-a)^2+(y-b)^2=r^2$$

C 上の任意の点を P とし, $\overrightarrow{P_0P}$ が x 軸の正の方向となす角を $\varphi(0\leqq\varphi<2\pi)$ とすると,

$$\overrightarrow{P_0P}=(r\cos\varphi, r\sin\varphi)$$

であるから

$$\begin{aligned}\overrightarrow{OP}&=\overrightarrow{OP_0}+\overrightarrow{P_0P}\\&=(a, b)+(r\cos\varphi, r\sin\varphi)\\&=(a+r\cos\varphi, b+r\sin\varphi)\end{aligned}$$

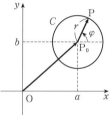

したがって, C 上を動く点 P は, φ を $0\leqq\varphi<2\pi$ の範囲を動く角として

$$P(a+r\cos\varphi, b+r\sin\varphi)$$

と表される.

11 空間座標と空間のベクトル

127 **解答**

(1) 原点および座標軸上にない点 (a, b, c) から x 軸, y 軸, z 軸に下ろした垂線の足は, それぞれ

$$(a, 0, 0), (0, b, 0), (0, 0, c)$$

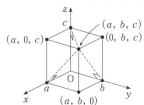

よって, A から y 軸に下ろした垂線の足を H とすると,

$$H(0, 1, 0)$$

次に, y 軸に関して A と対称な点を B とする. 直線 AB は y 軸に垂直であるから, H を通り y 軸に垂直な平面 $y=1$ 上に A, B はある.

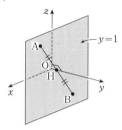

よって, $B(x, 1, z)$ とおけて, 線分 AB の中点が H であることから

$$\frac{2+x}{2}=0, \quad \frac{3+z}{2}=0$$

よって,

$$x=-2, \quad z=-3$$

となるから

$$B(-2, 1, -3)$$

(2) 原点および座標平面上にない点 (a, b, c) から xy 平面, yz 平面, zx 平面に下ろした垂線の足は, それぞれ

$$(a, b, 0), (0, b, c), (a, 0, c)$$

（最初の図を参照せよ）

よって, A から zx 平面に下ろした垂線の足を I とすると,

$$I(2, 0, 3)$$

次に, zx 平面に関して, A と対称な点を C とする.

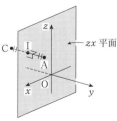

直線 AC が zx 平面に垂直であることから,

C(2, y, 3) とおけて, 線分 AC の中点が I であることから,

$$\frac{1+y}{2}=0$$

よって,

$$y=-1$$

となるから

$$C(2, -1, 3)$$

(3) 求める方程式は

$$y=1$$

(4) 求める方程式は

$$x=2$$

((3)(4)は **基本のまとめ** $\boxed{1}$ を参照)

128 解答

D が平面 ABC 上にある条件から, s, t を実数として

$$\overrightarrow{AD}=s\overrightarrow{AB}+t\overrightarrow{AC}$$

と表される.

ここで

$$\overrightarrow{AB}=(1, -1, -3), \quad \overrightarrow{AC}=(2, 0, -2)$$
$$\overrightarrow{AD}=(-2, 0, z-3)$$

であるから

$$(-2, 0, z-3)$$
$$=s(1, -1, -3)+t(2, 0, -2)$$
$$=(s+2t, -s, -3s-2t)$$

よって,

$$\begin{cases} -2=s+2t & \cdots① \\ 0=-s & \cdots② \\ z-3=-3s-2t & \cdots③ \end{cases}$$

①, ② から

$$s=0, \quad t=-1$$

これを③に代入して

$$z-3=2$$

ゆえに

$$z=\boxed{5}$$

129 解答

求めるベクトルを

$$\vec{v}=(x, y, z)$$

とする.

$\vec{v}\perp\vec{a}$, $\vec{v}\perp\vec{b}$ から

$$\vec{v}\cdot\vec{a}=0, \quad \vec{v}\cdot\vec{b}=0$$

なので,

$$\begin{cases} 2x+6y+z=0 & \cdots① \\ x-z=0 & \cdots② \end{cases}$$

$|\vec{v}|=9$ であるから,

$$x^2+y^2+z^2=81 \qquad \cdots③$$

①, ② から

$$x=-2y, \quad z=-2y \qquad \cdots④$$

④を③に代入して

$$(-2y)^2+y^2+(-2y)^2=81$$

よって,

$$y=\pm3$$

これと④から

$$\vec{v}=(x, y, z)=\pm(6, -3, 6)$$

130 解答

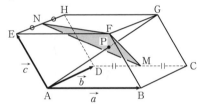

(1) $\overrightarrow{AG}=\overrightarrow{AB}+\overrightarrow{BC}+\overrightarrow{CG}$
$$=\vec{a}+\vec{b}+\vec{c}$$

(2) P は直線 AG 上にあるから, k を実数として

$$\overrightarrow{AP}=k\overrightarrow{AG}$$
$$=k\vec{a}+k\vec{b}+k\vec{c} \qquad \cdots①$$

と表される.

一方,

$$\overrightarrow{AF}=\vec{a}+\vec{c}$$
$$\overrightarrow{FM}=\overrightarrow{FG}+\overrightarrow{GC}+\overrightarrow{CM}$$
$$=\vec{b}-\vec{c}-\frac{1}{2}\vec{a}$$
$$\overrightarrow{FN}=\overrightarrow{FE}+\overrightarrow{EN}$$
$$=-\vec{a}+\frac{1}{2}\vec{b}$$

であり, P は平面 MNF 上にあるから, s, t を実数として

$$\overrightarrow{AP}=\overrightarrow{AF}+s\overrightarrow{FM}+t\overrightarrow{FN}$$
$$=(\vec{a}+\vec{c})+s\left(\vec{b}-\vec{c}-\frac{1}{2}\vec{a}\right)$$

$$+t\left(-\vec{a}+\frac{1}{2}\vec{b}\right)$$

$$=\left(1-\frac{1}{2}s-t\right)\vec{a}+\left(s+\frac{1}{2}t\right)\vec{b}$$

$$+(1-s)\vec{c} \qquad \cdots②$$

と表される.

①, ②から

$$k=1-\frac{1}{2}s-t=s+\frac{1}{2}t=1-s$$

これを解くと

$$k=\frac{5}{9}, \quad s=\frac{4}{9}, \quad t=\frac{2}{9}$$

となるから

$$\overrightarrow{AP}=\frac{5}{9}\vec{a}+\frac{5}{9}\vec{b}+\frac{5}{9}\vec{c}$$

131 　解　答

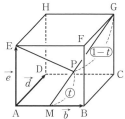

(1) 　　$|\vec{b}|=|\vec{d}|=|\vec{e}|=1 \qquad \cdots①$

　　$\vec{b}\cdot\vec{d}=\vec{d}\cdot\vec{e}=\vec{e}\cdot\vec{b}=0 \qquad \cdots②$

　　　$\overrightarrow{AF}=\vec{b}+\vec{e}$

であるから

$$\overrightarrow{AB}\cdot\overrightarrow{AF}=\vec{b}\cdot(\vec{b}+\vec{e})$$
$$=|\vec{b}|^2 \quad (②による)$$
$$=1 \quad (①による)$$
$$\overrightarrow{FC}=\overrightarrow{ED}=\vec{d}-\vec{e}$$

であるから

$$\overrightarrow{AF}\cdot\overrightarrow{FC}=(\vec{b}+\vec{e})\cdot(\vec{d}-\vec{e})$$
$$=-|\vec{e}|^2 \quad (②による)$$
$$=-1 \quad (①による)$$

(2) 　$\overrightarrow{EM}=\overrightarrow{AM}-\overrightarrow{AE}=\frac{1}{2}\vec{b}-\vec{e}$

　　$\overrightarrow{EG}=\overrightarrow{AC}=\vec{b}+\vec{d}$

よって,

$$\overrightarrow{EP}=(1-t)\overrightarrow{EM}+t\overrightarrow{EG}$$
$$=(1-t)\left(\frac{1}{2}\vec{b}-\vec{e}\right)+t(\vec{b}+\vec{d})$$

$$=\frac{t+1}{2}\vec{b}+t\vec{d}+(t-1)\vec{e}$$

(3) 　　$\overrightarrow{MG}=\overrightarrow{AG}-\overrightarrow{AM}$

$$=(\vec{b}+\vec{d}+\vec{e})-\frac{1}{2}\vec{b}$$

$$=\frac{1}{2}\vec{b}+\vec{d}+\vec{e}$$

よって,

$$\overrightarrow{MG}\cdot\overrightarrow{EP}$$
$$=\left(\frac{1}{2}\vec{b}+\vec{d}+\vec{e}\right)$$
$$\cdot\left\{\frac{t+1}{2}\vec{b}+t\vec{d}+(t-1)\vec{e}\right\}$$
$$=\frac{t+1}{4}|\vec{b}|^2+t|\vec{d}|^2+(t-1)|\vec{e}|^2$$
$$(②による)$$
$$=\frac{t+1}{4}+t+(t-1) \quad (①による)$$
$$=\frac{9t-3}{4}$$

$\overrightarrow{MG}\perp\overrightarrow{EP}$ のとき

$$\overrightarrow{MG}\cdot\overrightarrow{EP}=0$$

であるから

$$\frac{9t-3}{4}=0$$

ゆえに

$$t=\frac{1}{3}$$

132 　考え方

(2) 　$\overrightarrow{OR}=\square\vec{a}+\triangle\vec{b}+\bigcirc\vec{c}$

と表したとき, $\bigcirc=0$

解　答

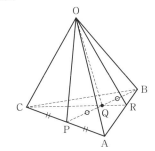

(1) 　$\overrightarrow{OQ}=\dfrac{\overrightarrow{OP}+\overrightarrow{OB}}{2}$

$$=\frac{1}{2}\left(\frac{\vec{a}+\vec{c}}{2}\right)+\frac{1}{2}\vec{b}$$

$$=\frac{1}{4}\vec{a}+\frac{1}{2}\vec{b}+\frac{1}{4}\vec{c}$$

(2) R は直線 CQ 上にあるから，t を実数として，

$$\overrightarrow{OR}=(1-t)\overrightarrow{OC}+t\overrightarrow{OQ} \qquad \cdots①$$

$$=(1-t)\vec{c}+t\left(\frac{1}{4}\vec{a}+\frac{1}{2}\vec{b}+\frac{1}{4}\vec{c}\right)$$

$$=\frac{t}{4}\vec{a}+\frac{t}{2}\vec{b}+\left(1-\frac{3t}{4}\right)\vec{c} \qquad \cdots②$$

と表される．

さらに，R は直線 AB 上にあるから，

$$1-\frac{3t}{4}=0$$

となり，

$$t=\frac{4}{3} \qquad \cdots③$$

②，③ から

$$\overrightarrow{OR}=\frac{1}{3}\vec{a}+\frac{2}{3}\vec{b}$$

$$=\frac{\vec{a}+2\vec{b}}{2+1}$$

よって，

AR：RB＝2：1

①，③ から

$$\overrightarrow{OR}=-\frac{1}{3}\overrightarrow{OC}+\frac{4}{3}\overrightarrow{OQ}$$

$$=\frac{-\overrightarrow{OC}+4\overrightarrow{OQ}}{4-1}$$

よって，

CQ：QR＝3：1

(3) $\triangle BQR=\frac{1}{2}\cdot BQ\cdot RQ\sin\angle BQR$

$\triangle CQP=\frac{1}{2}\cdot CQ\cdot PQ\sin\angle CQP$

ここで，

BQ＝PQ， RQ：CQ＝1：3

$\angle BQR=\angle CQP$

であるから，

$\triangle BQR：\triangle CQP＝1：3$

したがって，四面体 OBQR，四面体 OCPQ の体積をそれぞれ V_1，V_2 とすると，

$V_1：V_2=\triangle BQR：\triangle CQP$

$$=1：3$$

133 解答

(1) $\overrightarrow{AB}=(2,\ 2,\ 1)$，$\overrightarrow{AC}=(-1,\ -1,\ 1)$

$|\overrightarrow{AB}|^2=2^2+2^2+1^2=9$

$|\overrightarrow{AC}|^2=(-1)^2+(-1)^2+1^2=3$

$\overrightarrow{AB}\cdot\overrightarrow{AC}=2(-1)+2(-1)+1\cdot1=-3$

よって，

$$\triangle ABC=\frac{1}{2}\sqrt{|\overrightarrow{AB}|^2|\overrightarrow{AC}|^2-(\overrightarrow{AB}\cdot\overrightarrow{AC})^2}$$

$$=\frac{1}{2}\sqrt{9\cdot3-(-3)^2}$$

$$=\frac{3\sqrt{2}}{2}=\frac{3}{\sqrt{2}}$$

(2)

P は平面 ABC 上にあるから，s，t を実数として

$$\overrightarrow{AP}=s\overrightarrow{AB}+t\overrightarrow{AC}$$

と表される．

辺 AB，AC の中点をそれぞれ M，N とすると

$$\overrightarrow{MP}=\overrightarrow{AP}-\overrightarrow{AM}$$

$$=(s\overrightarrow{AB}+t\overrightarrow{AC})-\frac{1}{2}\overrightarrow{AB}$$

$$=\left(s-\frac{1}{2}\right)\overrightarrow{AB}+t\overrightarrow{AC}$$

$$\overrightarrow{NP}=\overrightarrow{AP}-\overrightarrow{AN}$$

$$=(s\overrightarrow{AB}+t\overrightarrow{AC})-\frac{1}{2}\overrightarrow{AC}$$

$$=s\overrightarrow{AB}+\left(t-\frac{1}{2}\right)\overrightarrow{AC}$$

P は外心であるから

$$\overrightarrow{MP}\perp\overrightarrow{AB}, \quad \overrightarrow{NP}\perp\overrightarrow{AC}$$

すなわち

$$\overrightarrow{MP}\cdot\overrightarrow{AB}=0, \quad \overrightarrow{NP}\cdot\overrightarrow{AC}=0$$

よって，

$$\begin{cases} \left\{\left(s-\dfrac{1}{2}\right)\overrightarrow{AB}+t\overrightarrow{AC}\right\}\cdot\overrightarrow{AB}=0 \\ \left\{s\overrightarrow{AB}+\left(t-\dfrac{1}{2}\right)\overrightarrow{AC}\right\}\cdot\overrightarrow{AC}=0 \end{cases}$$

$$\begin{cases} \left(s-\dfrac{1}{2}\right)|\overrightarrow{AB}|^2+t\overrightarrow{AB}\cdot\overrightarrow{AC}=0 \\ s\overrightarrow{AB}\cdot\overrightarrow{AC}+\left(t-\dfrac{1}{2}\right)|\overrightarrow{AC}|^2=0 \end{cases}$$

したがって，

$$\begin{cases} 9\left(s-\dfrac{1}{2}\right)-3t=0 \\ -3s+3\left(t-\dfrac{1}{2}\right)=0 \end{cases}$$

これを解くと

$$s=1,\quad t=\dfrac{3}{2}$$

となるから

$$\overrightarrow{AP}=\overrightarrow{AB}+\dfrac{3}{2}\overrightarrow{AC}$$

$$=(2,\ 2,\ 1)+\dfrac{3}{2}(-1,\ -1,\ 1)$$

$$=\left(\dfrac{1}{2},\ \dfrac{1}{2},\ \dfrac{5}{2}\right)$$

[(2) の別解]

P は平面 ABC 上にあるから，s, t を実数として

$$\overrightarrow{AP}=s\overrightarrow{AB}+t\overrightarrow{AC}$$

と表される．

このとき

$$\overrightarrow{BP}=\overrightarrow{AP}-\overrightarrow{AB}=(s-1)\overrightarrow{AB}+t\overrightarrow{AC}$$
$$\overrightarrow{CP}=\overrightarrow{AP}-\overrightarrow{AC}=s\overrightarrow{AB}+(t-1)\overrightarrow{AC}$$

P は外心であるから
$$|\overrightarrow{AP}|=|\overrightarrow{BP}|=|\overrightarrow{CP}|\ (=〔外接円の半径〕)$$
すなわち
$$|\overrightarrow{AP}|^2=|\overrightarrow{BP}|^2=|\overrightarrow{CP}|^2 \quad\cdots①$$
$$|\overrightarrow{AP}|^2$$
$$=|s\overrightarrow{AB}+t\overrightarrow{AC}|^2$$
$$=s^2|\overrightarrow{AB}|^2+2st\overrightarrow{AB}\cdot\overrightarrow{AC}+t^2|\overrightarrow{AC}|^2$$
$$=9s^2-6st+3t^2 \quad\cdots②$$
$$|\overrightarrow{BP}|^2$$
$$=|(s-1)\overrightarrow{AB}+t\overrightarrow{AC}|^2$$
$$=(s-1)^2|\overrightarrow{AB}|^2+2(s-1)t\overrightarrow{AB}\cdot\overrightarrow{AC}$$

$$+t^2|\overrightarrow{AC}|^2$$
$$=9(s-1)^2-6(s-1)t+3t^2$$
$$=9s^2-6st+3t^2-18s+6t+9 \quad\cdots③$$
$$|\overrightarrow{CP}|^2$$
$$=|s\overrightarrow{AB}+(t-1)\overrightarrow{AC}|^2$$
$$=s^2|\overrightarrow{AB}|^2+2s(t-1)\overrightarrow{AB}\cdot\overrightarrow{AC}$$
$$+(t-1)^2|\overrightarrow{AC}|^2$$
$$=9s^2-6s(t-1)+3(t-1)^2$$
$$=9s^2-6st+3t^2+6s-6t+3 \quad\cdots④$$

②，③，④ を ① に代入すると
$$9s^2-6st+3t^2$$
$$=9s^2-6st+3t^2-18s+6t+9$$
$$=9s^2-6st+3t^2+6s-6t+3$$

よって，
$$\begin{cases} -18s+6t+9=0 \\ 6s-6t+3=0 \end{cases}$$

ゆえに
$$s=1,\quad t=\dfrac{3}{2}$$

（以下，【解答】と同様.）

134 【考え方】

PQ と EF の交点を X とおき，$\overrightarrow{OX}$ を $\overrightarrow{OA}$, $\overrightarrow{OB}$, $\overrightarrow{OC}$ で表す．

【解答】

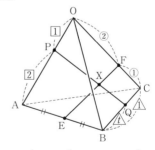

$$\overrightarrow{OE}=\dfrac{1}{2}\overrightarrow{OA}+\dfrac{1}{2}\overrightarrow{OB},\quad \overrightarrow{OF}=\dfrac{2}{3}\overrightarrow{OC}$$

$$\overrightarrow{OP}=\dfrac{1}{3}\overrightarrow{OA},\quad \overrightarrow{OQ}=(1-t)\overrightarrow{OB}+t\overrightarrow{OC}$$

直線 PQ と直線 EF の交点を X とする．

X は直線 PQ 上にあるから，x を実数として，

$$\overrightarrow{OX}=(1-x)\overrightarrow{OP}+x\overrightarrow{OQ}$$

$$=\frac{1-x}{3}\overrightarrow{OA}+x(1-t)\overrightarrow{OB}+xt\overrightarrow{OC}$$

$$\cdots①$$

と表される.

また，X は直線 EF 上にあるから，y を実数として，

$$\overrightarrow{OX}=(1-y)\overrightarrow{OE}+y\overrightarrow{OF}$$

$$=\frac{1-y}{2}\overrightarrow{OA}+\frac{1-y}{2}\overrightarrow{OB}+\frac{2y}{3}\overrightarrow{OC}$$

$$\cdots②$$

と表される.

①，② から

$$\begin{cases}\dfrac{1-x}{3}=\dfrac{1-y}{2}\\[2mm]x(1-t)=\dfrac{1-y}{2}\\[2mm]xt=\dfrac{2y}{3}\end{cases}$$

これを解いて，

$$t=\frac{4}{5}\quad\left(x=\frac{5}{8},\ y=\frac{3}{4}\right)$$

[別解]

$$\begin{cases}\overrightarrow{OE}=\dfrac{1}{2}\overrightarrow{OA}+\dfrac{1}{2}\overrightarrow{OB}\\[2mm]\overrightarrow{OF}=\dfrac{2}{3}\overrightarrow{OC}\\[2mm]\overrightarrow{OP}=\dfrac{1}{3}\overrightarrow{OA}\end{cases}$$

であるから，

$$\begin{cases}\overrightarrow{OA}=3\overrightarrow{OP}\\[2mm]\overrightarrow{OB}=2\overrightarrow{OE}-3\overrightarrow{OP}\\[2mm]\overrightarrow{OC}=\dfrac{3}{2}\overrightarrow{OF}\end{cases}$$

よって，

$$\overrightarrow{OQ}=(1-t)\overrightarrow{OB}+t\overrightarrow{OC}$$

$$=(1-t)(2\overrightarrow{OE}-3\overrightarrow{OP})+\frac{3t}{2}\overrightarrow{OF}$$

$$=2(1-t)\overrightarrow{OE}+\frac{3t}{2}\overrightarrow{OF}$$

$$-3(1-t)\overrightarrow{OP}\cdots(*)$$

直線 PQ と直線 EF が交わるとき，Q は平面 EFP 上にある.

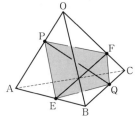

したがって，(*) から

$$2(1-t)+\frac{3t}{2}-3(1-t)=1$$

よって，

$$t=\frac{4}{5}$$

---

135 (考え方)

(2) $\overrightarrow{OA}\perp\overrightarrow{AB}$ （または $\overrightarrow{OA}\perp\overrightarrow{AC}$）を示せば，これと仮定 $\overrightarrow{OA}\perp\overrightarrow{BC}$ からわかる.

(解答)

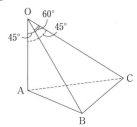

$\overrightarrow{OA}=\vec{a}$，$\overrightarrow{OB}=\vec{b}$，$\overrightarrow{OC}=\vec{c}$ とおく.

(1) $\overrightarrow{OA}\perp\overrightarrow{BC}$，$\overrightarrow{OB}\perp\overrightarrow{CA}$，$\overrightarrow{OC}\perp\overrightarrow{AB}$ から

$$\overrightarrow{OA}\cdot\overrightarrow{BC}=0,$$
$$\overrightarrow{OB}\cdot\overrightarrow{CA}=0,$$
$$\overrightarrow{OC}\cdot\overrightarrow{AB}=0$$

なので，

$$\vec{a}\cdot(\vec{c}-\vec{b})=0$$
$$\vec{b}\cdot(\vec{a}-\vec{c})=0$$
$$\vec{c}\cdot(\vec{b}-\vec{a})=0$$

よって，

$$\vec{a}\cdot\vec{b}=\vec{b}\cdot\vec{c}=\vec{c}\cdot\vec{a}\qquad\cdots①$$

$\angle BOC=60°$ から

$$\vec{b}\cdot\vec{c}=|\vec{b}||\vec{c}|\cos60°=\frac{1}{2}|\vec{b}||\vec{c}|$$

$$\cdots②$$

$\angle COA=\angle AOB=45°$ から

$$\vec{c}\cdot\vec{a}=|\vec{c}||\vec{a}|\cos 45°=\frac{1}{\sqrt{2}}|\vec{c}||\vec{a}|$$
$$\cdots ③$$
$$\vec{a}\cdot\vec{b}=|\vec{a}||\vec{b}|\cos 45°=\frac{1}{\sqrt{2}}|\vec{a}||\vec{b}|$$
$$\cdots ④$$

①に②，③，④を代入して
$$\frac{1}{\sqrt{2}}|\vec{a}||\vec{b}|=\frac{1}{2}|\vec{b}||\vec{c}|=\frac{1}{\sqrt{2}}|\vec{c}||\vec{a}|$$
よって，
$$\sqrt{2}|\vec{a}|=|\vec{b}|=|\vec{c}| \qquad \cdots ⑤$$
となるから
$$\mathbf{OA:OB:OC=1:\sqrt{2}:\sqrt{2}}$$

(2) $\overrightarrow{OA}\cdot\overrightarrow{AB}=\vec{a}\cdot(\vec{b}-\vec{a})$
$$=\vec{a}\cdot\vec{b}-|\vec{a}|^2$$
$$=\frac{1}{\sqrt{2}}|\vec{a}||\vec{b}|-|\vec{a}|^2$$
$$(④による)$$
$$=\frac{1}{\sqrt{2}}|\vec{a}|\left(|\vec{b}|-\sqrt{2}|\vec{a}|\right)$$
$$=0 \qquad (⑤による)$$
よって，
$$\overrightarrow{OA}\perp\overrightarrow{AB}$$

これと，仮定 $\overrightarrow{OA}\perp\overrightarrow{BC}$ とから，辺 OA は三角形 ABC を含む平面に垂直であることがわかる．

(3) OA=2 すなわち $|\vec{a}|=2$ のとき，⑤から
$$|\vec{b}|=|\vec{c}|=2\sqrt{2}$$
$$\vec{a}\cdot\vec{b}=\vec{b}\cdot\vec{c}=\vec{c}\cdot\vec{a}=4$$
$$(②，③，④による)$$
よって，
$$|\overrightarrow{AB}|^2=|\vec{b}-\vec{a}|^2$$
$$=|\vec{b}|^2-2\vec{a}\cdot\vec{b}+|\vec{a}|^2$$
$$=\left(2\sqrt{2}\right)^2-2\cdot4+2^2$$
$$=4$$
となるから
$$AB=2$$
同様にして，
$$AC=2$$
また，
$$\overrightarrow{AB}\cdot\overrightarrow{AC}=(\vec{b}-\vec{a})\cdot(\vec{c}-\vec{a})$$

$$=\vec{b}\cdot\vec{c}-\vec{a}\cdot\vec{b}-\vec{c}\cdot\vec{a}+|\vec{a}|^2$$
$$=4-4-4+4$$
$$=0$$
ゆえに
$$\overrightarrow{AB}\perp\overrightarrow{AC}$$
よって，四面体 OABC の体積を V とすると，
$$V=\frac{1}{3}\triangle ABC\cdot OA$$
$$=\frac{1}{3}\cdot\frac{1}{2}\cdot AB\cdot AC\cdot OA$$
$$=\frac{1}{3}\cdot\frac{1}{2}\cdot2\cdot2\cdot2$$
$$=\frac{4}{3}$$

解説

(3)では，
$$OA=2, \quad \angle OAB=90°, \quad \angle AOB=45°$$
から，三角形 OAB が OA=AB の直角二等辺三角形であることに気がつけば，
$$AB=2 \qquad \cdots ㋐$$
が，すぐに得られる．
同様にして，
$$AC=2 \qquad \cdots ㋑$$
も得られる．
さらに，
$$|\overrightarrow{BC}|^2=|\vec{c}-\vec{b}|^2$$
$$=|\vec{c}|^2-2\vec{b}\cdot\vec{c}+|\vec{b}|^2$$
$$=\left(2\sqrt{2}\right)^2-2\cdot4+\left(2\sqrt{2}\right)^2$$
$$=8$$
から
$$BC=2\sqrt{2} \qquad \cdots ㋒$$
よって，㋐，㋑，㋒から
$$\angle BAC=90°$$
が得られる．

136 考え方

(2) 仮定から
$$\overrightarrow{OG}\cdot\overrightarrow{AB}=0, \quad \overrightarrow{OG}\cdot\overrightarrow{BC}=0$$
を導き，これらを $\vec{a}$，$\vec{b}$，$\vec{c}$ で表す．

解答

(1) $$\overrightarrow{AG}=\frac{\overrightarrow{AB}+\overrightarrow{AC}}{3}$$

であるから
$$\overrightarrow{OG} = \overrightarrow{OA} + \overrightarrow{AG}$$
$$= \overrightarrow{OA} + \frac{\overrightarrow{AB} + \overrightarrow{AC}}{3}$$
$$= \vec{a} + \frac{(\vec{b} - \vec{a}) + (\vec{c} - \vec{a})}{3}$$
$$= \frac{\vec{a} + \vec{b} + \vec{c}}{3}$$

(2)

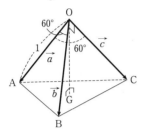

仮定から
$$\left. \begin{array}{l} |\vec{a}| = 1 \\ \vec{a} \cdot \vec{b} = |\vec{a}||\vec{b}|\cos 60° \\ \qquad = \frac{1}{2}|\vec{b}| \\ \vec{a} \cdot \vec{c} = |\vec{a}||\vec{c}|\cos 60° \\ \qquad = \frac{1}{2}|\vec{c}| \\ \vec{b} \cdot \vec{c} = 0 \end{array} \right\} \quad \cdots①$$

$\overrightarrow{OG} \perp〔平面 ABC〕$ となるので,
$$\overrightarrow{OG} \perp \overrightarrow{AB}, \quad \overrightarrow{OG} \perp \overrightarrow{BC}$$
であり, したがって,
$$\overrightarrow{OG} \cdot \overrightarrow{AB} = 0 \qquad \cdots②$$
$$\overrightarrow{OG} \cdot \overrightarrow{BC} = 0 \qquad \cdots③$$
② から
$$\frac{1}{3}(\vec{a} + \vec{b} + \vec{c}) \cdot (\vec{b} - \vec{a}) = 0$$
よって,
$$|\vec{b}|^2 + \vec{b} \cdot \vec{c} - |\vec{a}|^2 - \vec{c} \cdot \vec{a} = 0$$
① を代入して
$$|\vec{b}|^2 - 1 - \frac{1}{2}|\vec{c}| = 0$$
ゆえに
$$2|\vec{b}|^2 - |\vec{c}| - 2 = 0 \qquad \cdots④$$
③ から
$$\frac{1}{3}(\vec{a} + \vec{b} + \vec{c}) \cdot (\vec{c} - \vec{b}) = 0$$

よって,
$$\vec{a} \cdot \vec{c} + |\vec{c}|^2 - \vec{a} \cdot \vec{b} - |\vec{b}|^2 = 0$$
① を代入して
$$\frac{1}{2}|\vec{c}| + |\vec{c}|^2 - \frac{1}{2}|\vec{b}| - |\vec{b}|^2 = 0$$
よって,
$$(|\vec{c}| - |\vec{b}|)\left(|\vec{c}| + |\vec{b}| + \frac{1}{2}\right) = 0$$
$|\vec{c}| + |\vec{b}| + \frac{1}{2} > 0$ であるから,
$$|\vec{c}| - |\vec{b}| = 0$$
となるので
$$|\vec{c}| = |\vec{b}| \qquad \cdots⑤$$
④, ⑤ から
$$2|\vec{b}|^2 - |\vec{b}| - 2 = 0$$
$|\vec{b}| > 0$ であるから,
$$|\vec{b}| = \frac{1 + \sqrt{17}}{4}$$
よって, ⑤ から
$$\mathbf{OB} = \mathbf{OC} = \frac{1 + \sqrt{17}}{4}$$

137 考え方
A, P が zx 平面上にあることに注目し,
B を x 軸のまわりに回転して zx 平面上に移
した点 B′ を考える.

解答

O$(0, 0, 0)$ とする.

B を x 軸のまわりに回転し, zx 平面上に
移した点で, zx 平面上で x 軸に関して A と
反対側にあるような点を B′ とする.

B′ は, yz 平面上で, B を O のまわりに回
転し, z 軸の負の部分に移した点であり,
$$\mathbf{OB'} = \mathbf{OB} = \sqrt{1^2 + 1^2} = \sqrt{2}$$
であるから
$$\mathbf{B'}\left(0, 0, -\sqrt{2}\right)$$

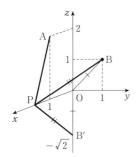

ここで，

$$\triangle B'OP \equiv \triangle BOP$$

であるから

$$PB'=PB$$

よって

$$AP+PB=AP+PB'$$

A，P，B' が zx 平面上にあることに注意すると，P が直線 AB' と x 軸の交点のとき，AP+PB' したがって AP+PB は最小となり

〔AP+PB の最小値〕

$$\begin{aligned}
&=AB' \\
&=\sqrt{(-1)^2+\left(-\sqrt{2}-2\right)^2} \\
&=\sqrt{7+4\sqrt{2}}
\end{aligned}$$

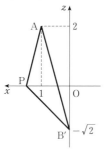

138 考え方

$\overrightarrow{OA}=\vec{a}$，　$\overrightarrow{OB}=\vec{b}$，　$\overrightarrow{OC}=\vec{c}$，　$\overrightarrow{OP}=\vec{p}$
とおくと，

$$|\overrightarrow{PA}|^2+|\overrightarrow{PB}|^2+|\overrightarrow{PC}|^2$$
$$=6-2(\vec{a}+\vec{b}+\vec{c})\cdot\vec{p}$$

(1)　$\vec{a}+\vec{b}+\vec{c}=\vec{0}$

(2)　$\vec{a}+\vec{b}=\vec{0}$

解答

$\overrightarrow{OA}=\vec{a}$，　$\overrightarrow{OB}=\vec{b}$，　$\overrightarrow{OC}=\vec{c}$，　$\overrightarrow{OP}=\vec{p}$
とおく．

　点 A，B，C，P は S 上の点であり，S の半径は1であるから

$$|\vec{a}|=|\vec{b}|=|\vec{c}|=|\vec{p}|=1$$

よって，

$$\begin{aligned}
&|\overrightarrow{PA}|^2+|\overrightarrow{PB}|^2+|\overrightarrow{PC}|^2 \\
&=|\vec{a}-\vec{p}|^2+|\vec{b}-\vec{p}|^2+|\vec{c}-\vec{p}|^2 \\
&=|\vec{a}|^2+|\vec{b}|^2+|\vec{c}|^2 \\
&\quad -2(\vec{a}+\vec{b}+\vec{c})\cdot\vec{p}+3|\vec{p}|^2 \\
&=6-2(\vec{a}+\vec{b}+\vec{c})\cdot\vec{p} \qquad\cdots\text{①}
\end{aligned}$$

(1)

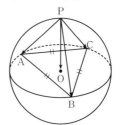

　O は三角形 ABC の外心であるので，三角形 ABC が正三角形のとき，O はその重心でもあるから

$$\vec{a}+\vec{b}+\vec{c}=\vec{0}$$

したがって，①から

$$|\overrightarrow{PA}|^2+|\overrightarrow{PB}|^2+|\overrightarrow{PC}|^2=6$$

よって，示された．

(2)

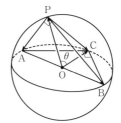

　$\angle C=90°$ のとき，線分 AB は三角形 ABC の外接円の直径となり，O は線分 AB の中点になるので

$$\vec{a}+\vec{b}=\vec{0}$$

　そこで，$\angle POC=\theta$ とおくと，①から

$$\begin{aligned}
&|\overrightarrow{PA}|^2+|\overrightarrow{PB}|^2+|\overrightarrow{PC}|^2 \\
&=6-2\vec{c}\cdot\vec{p}
\end{aligned}$$

$$=6-2|\vec{c}||\vec{p}|\cos\theta$$
$$=6-2\cos\theta \qquad \cdots②$$

P は S 全体を動くので，θ の動く範囲は
$$0°\leqq\theta\leqq180°$$

よって，②から，$|\overrightarrow{PA}|^2+|\overrightarrow{PB}|^2+|\overrightarrow{PC}|^2$ は，
$$\begin{cases} \theta=180° \text{ のとき，最大値 } 8 \\ \theta=0° \text{ のとき，最小値 } 4 \end{cases}$$
をとる.

[(2) の別解]

解答 の(2)と同様にして，O は線分 AB の中点である.

よって，線分 AB は S の直径となるから，
$$\angle APB=90°$$

ゆえに
$$|\overrightarrow{PA}|^2+|\overrightarrow{PB}|^2+|\overrightarrow{PC}|^2$$
$$=|\overrightarrow{AB}|^2+|\overrightarrow{PC}|^2$$
$$=2^2+|\overrightarrow{PC}|^2$$
$$=4+|\overrightarrow{PC}|^2 \qquad \cdots③$$

P は S 全体を動くので，$|\overrightarrow{PC}|$ は
$$\begin{cases} \text{線分 PC が } S \text{ の直径になるとき，最大値 } 2 \\ \text{P と C が一致するとき，最小値 } 0 \end{cases}$$
をとる.

したがって，③から
$$\text{最大値 } 8, \quad \text{最小値 } 4$$

解説

(i)

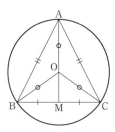

三角形 ABC が正三角形のとき，その外心は，重心でもある.

実際，O を三角形 ABC の外心とするとき，辺 BC の中点を M とすれば，
$$\angle BOM=60°, \quad \angle BOA=120°$$
であるから，O は線分 AM 上にあり，さらに，
$$OA:OM=2:1$$

となる.

よって，O は三角形 ABC の重心である.

(ii) O が三角形 ABC の重心であるとき，
$$\overrightarrow{OA}=\vec{a}, \quad \overrightarrow{OB}=\vec{b}, \quad \overrightarrow{OC}=\vec{c}$$
とすると
$$\vec{a}+\vec{b}+\vec{c}=\vec{0}$$
となる.

実際，三角形 ABC の重心を G とすると，
$$\overrightarrow{OG}=\frac{\vec{a}+\vec{b}+\vec{c}}{3}$$
となり，O が G と一致することから，
$$\overrightarrow{OG}=\vec{0}$$
であるので，
$$\vec{a}+\vec{b}+\vec{c}=\vec{0}$$
となる.

12 空間図形（直線, 平面, 球面）

139 解答

(1) O$(0, 0, 0)$ とする.

s, t を実数として
$$\overrightarrow{OP}=\overrightarrow{OA}+s\overrightarrow{AB}$$
$$=(5, 3, -2)+s(2, 2, 1)$$
$$=(5+2s, 3+2s, -2+s)$$
$$\overrightarrow{OQ}=\overrightarrow{OC}+t\overrightarrow{CD}$$
$$=(4, -1, -1)+t(-2, 1, 2)$$
$$=(4-2t, -1+t, -1+2t)$$
と表される.

このとき，
$$\overrightarrow{PQ}$$
$$=(-2s-2t-1, -2s+t-4, -s+2t+1)$$
であるから
$$|\overrightarrow{PQ}|^2=(-2s-2t-1)^2+(-2s+t-4)^2$$
$$+(-s+2t+1)^2$$
$$=9s^2+18s+9t^2+18$$
$$=9(s+1)^2+9t^2+9$$

したがって，$s=-1, t=0$ のとき $|\overrightarrow{PQ}|$ は最小値 9 をとり，このとき PQ も最小で，
$$[\text{PQ の最小値}]=3$$

(2) (1)の結果から，l と m は共有点をもたないことがわかる.（もし，共有点をもつならば，[PQ の最小値]$=0$ となるはず.）

さらに，
$$l \,/\!/\, (2, 2, 1), \quad m \,/\!/\, (-2, 1, 2)$$
であるから，
$$l \not\!/\!/ \, m$$
よって，l, m はねじれの位置にある.

［解　説］

共有点をもたず，平行でない2直線を，"ねじれの位置にある"という．ねじれの位置にある2直線は同一平面上にない．

P が P_0，Q が Q_0 に一致したとき PQ は最小であるとすると，
$$P_0Q_0 \perp l, \quad P_0Q_0 \perp m$$
である．

一般に，ねじれの位置にある2直線 l, m に対して，l 上の点と m 上の点の距離の最小値を与える線分は，l, m の両方に垂直な線分である．

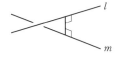

140　**［解　答］**

［解答1］
$$\begin{aligned}
\overrightarrow{\mathrm{OH}} &= s\overrightarrow{\mathrm{OA}} + t\overrightarrow{\mathrm{OB}} \\
&= s(0, 1, 1) + t(1, 0, 1) \\
&= (0, s, s) + (t, 0, t) \\
&= (t, s, s+t)
\end{aligned}$$
であるから
$$\begin{aligned}
\overrightarrow{\mathrm{PH}} &= \overrightarrow{\mathrm{OH}} - \overrightarrow{\mathrm{OP}} \\
&= (t, s, s+t) - (-5, 2, 3) \\
&= (t+5, s-2, s+t-3)
\end{aligned}$$
したがって，
$$\left\{
\begin{aligned}
&\overrightarrow{\mathrm{PH}} \cdot \overrightarrow{\mathrm{OA}} = (t+5) \cdot 0 + (s-2) \cdot 1 \\
&\hspace{4em} + (s+t-3) \cdot 1 \\
&\hspace{2em} = {}^{\mathcal{7}}\boxed{2}s + {}^{\mathcal{4}}\boxed{1}t - {}^{\mathcal{7}}\boxed{5} \\
&\overrightarrow{\mathrm{PH}} \cdot \overrightarrow{\mathrm{OB}} = (t+5) \cdot 1 + (s-2) \cdot 0 \\
&\hspace{4em} + (s+t-3) \cdot 1 \\
&\hspace{2em} = {}^{\mathcal{エ}}\boxed{1}s + {}^{\mathcal{オ}}\boxed{2}t + {}^{\mathcal{カ}}\boxed{2}
\end{aligned}
\right.$$
$\overrightarrow{\mathrm{PH}} \perp \alpha$ のとき，$\overrightarrow{\mathrm{PH}} \perp \overrightarrow{\mathrm{OA}}$，$\overrightarrow{\mathrm{PH}} \perp \overrightarrow{\mathrm{OB}}$ から
$$\overrightarrow{\mathrm{PH}} \cdot \overrightarrow{\mathrm{OA}} = 0, \quad \overrightarrow{\mathrm{PH}} \cdot \overrightarrow{\mathrm{OB}} = 0$$

よって，
$$2s + t - 5 = 0, \quad s + 2t + 2 = 0$$
これを解いて
$$s = {}^{\mathcal{キ}}\boxed{4}, \quad t = -{}^{\mathcal{ケ}}\boxed{3}$$
α 上の点のうち P に最も近い点は H で
$$\overrightarrow{\mathrm{OH}} = (-3, 4, 1)$$
から
$$\mathrm{H}(-{}^{\mathcal{ケ}}\boxed{3}, {}^{\mathcal{コ}}\boxed{4}, {}^{\mathcal{サ}}\boxed{1})$$
であり，
$$\begin{aligned}
\mathrm{PH} &= \sqrt{(-3+5)^2 + (4-2)^2 + (1-3)^2} \\
&= {}^{\mathcal{シ}}\boxed{2}\sqrt{{}^{\mathcal{ス}}\boxed{3}}
\end{aligned}$$
α に関して P と対称な点を P′ とすると，線分 PP′ の中点が H であるから
$$\frac{1}{2}(\overrightarrow{\mathrm{OP}} + \overrightarrow{\mathrm{OP'}}) = \overrightarrow{\mathrm{OH}}$$
ゆえに
$$\begin{aligned}
\overrightarrow{\mathrm{OP'}} &= 2\overrightarrow{\mathrm{OH}} - \overrightarrow{\mathrm{OP}} \\
&= 2(-3, 4, 1) - (-5, 2, 3) \\
&= (-1, 6, -1)
\end{aligned}$$
となるから
$$\mathrm{P'}(-{}^{\mathcal{セ}}\boxed{1}, {}^{\mathcal{ソ}}\boxed{6}, -{}^{\mathcal{タ}}\boxed{1})$$

［解答2］
$$\overrightarrow{\mathrm{OH}} = s\overrightarrow{\mathrm{OA}} + t\overrightarrow{\mathrm{OB}}$$
から
$$\begin{aligned}
\overrightarrow{\mathrm{PH}} &= \overrightarrow{\mathrm{OH}} - \overrightarrow{\mathrm{OP}} \\
&= s\overrightarrow{\mathrm{OA}} + t\overrightarrow{\mathrm{OB}} - \overrightarrow{\mathrm{OP}}
\end{aligned}$$
よって，
$$\left\{
\begin{aligned}
&\overrightarrow{\mathrm{PH}} \cdot \overrightarrow{\mathrm{OA}} \\
&= (s\overrightarrow{\mathrm{OA}} + t\overrightarrow{\mathrm{OB}} - \overrightarrow{\mathrm{OP}}) \cdot \overrightarrow{\mathrm{OA}} \\
&= s|\overrightarrow{\mathrm{OA}}|^2 + t\overrightarrow{\mathrm{OA}} \cdot \overrightarrow{\mathrm{OB}} - \overrightarrow{\mathrm{OP}} \cdot \overrightarrow{\mathrm{OA}} \\
&\overrightarrow{\mathrm{PH}} \cdot \overrightarrow{\mathrm{OB}} \\
&= (s\overrightarrow{\mathrm{OA}} + t\overrightarrow{\mathrm{OB}} - \overrightarrow{\mathrm{OP}}) \cdot \overrightarrow{\mathrm{OB}} \\
&= s\overrightarrow{\mathrm{OA}} \cdot \overrightarrow{\mathrm{OB}} + t|\overrightarrow{\mathrm{OB}}|^2 - \overrightarrow{\mathrm{OP}} \cdot \overrightarrow{\mathrm{OB}}
\end{aligned}
\right.$$
ここで，
$$\begin{aligned}
&|\overrightarrow{\mathrm{OA}}|^2 = 1^2 + 1^2 = 2 \\
&|\overrightarrow{\mathrm{OB}}|^2 = 1^2 + 1^2 = 2 \\
&\overrightarrow{\mathrm{OA}} \cdot \overrightarrow{\mathrm{OB}} = 0 \cdot 1 + 1 \cdot 0 + 1 \cdot 1 = 1 \\
&\overrightarrow{\mathrm{OP}} \cdot \overrightarrow{\mathrm{OA}} = -5 \cdot 0 + 2 \cdot 1 + 3 \cdot 1 = 5 \\
&\overrightarrow{\mathrm{OP}} \cdot \overrightarrow{\mathrm{OB}} = -5 \cdot 1 + 2 \cdot 0 + 3 \cdot 1 = -2
\end{aligned}$$
であるから
$$\left\{
\begin{aligned}
&\overrightarrow{\mathrm{PH}} \cdot \overrightarrow{\mathrm{OA}} = {}^{\mathcal{7}}\boxed{2}s + {}^{\mathcal{4}}\boxed{1}t - {}^{\mathcal{7}}\boxed{5} \\
&\overrightarrow{\mathrm{PH}} \cdot \overrightarrow{\mathrm{OB}} = {}^{\mathcal{エ}}\boxed{1}s + {}^{\mathcal{オ}}\boxed{2}t + {}^{\mathcal{カ}}\boxed{2}
\end{aligned}
\right.$$

（以下，［解答1］と同様.）

141 　解　答

［解答1］

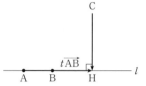

H は直線 AB 上にあるから，t を実数として

$$\overrightarrow{AH}=t\overrightarrow{AB}$$

と表され，このとき

$$\overrightarrow{CH}=\overrightarrow{AH}-\overrightarrow{AC}=t\overrightarrow{AB}-\overrightarrow{AC}$$

$\overrightarrow{CH}\perp\overrightarrow{AB}$ から $\overrightarrow{CH}\cdot\overrightarrow{AB}=0$ なので

$$(t\overrightarrow{AB}-\overrightarrow{AC})\cdot\overrightarrow{AB}=0$$
$$t|\overrightarrow{AB}|^2-\overrightarrow{AB}\cdot\overrightarrow{AC}=0$$

ここで，

$$\overrightarrow{AB}=(2,\ 1,\ -1),\quad \overrightarrow{AC}=(5,\ 4,\ 2)$$
$$|\overrightarrow{AB}|^2=2^2+1^2+(-1)^2=6$$
$$\overrightarrow{AB}\cdot\overrightarrow{AC}=2\cdot5+1\cdot4+(-1)\cdot2=12$$

であるから

$$6t-12=0$$

ゆえに

$$t=2$$

したがって，O(0, 0, 0) とすると

$$\overrightarrow{OH}=\overrightarrow{OA}+\overrightarrow{AH}=\overrightarrow{OA}+2\overrightarrow{AB}$$
$$=(-3,\ -1,\ 1)+2(2,\ 1,\ -1)$$
$$=(1,\ 1,\ -1)$$

すなわち

H(1, 1, −1)

［解答2］ O(0, 0, 0) とする.

$$\overrightarrow{AB}=(2,\ 1,\ -1)$$

であり，H は直線 AB 上にあるから，t を実数として

$$\overrightarrow{OH}=\overrightarrow{OA}+t\overrightarrow{AB}$$
$$=(-3,\ -1,\ 1)+t(2,\ 1,\ -1)$$
$$=(2t-3,\ t-1,\ -t+1)$$

と表される.

このとき

$$\overrightarrow{CH}=\overrightarrow{OH}-\overrightarrow{OC}$$

$$=(2t-5,\ t-4,\ -t-2)$$

$\overrightarrow{CH}\perp\overrightarrow{AB}$ から $\overrightarrow{CH}\cdot\overrightarrow{AB}=0$ なので

$$(2t-5)\cdot2+(t-4)\cdot1+(-t-2)(-1)=0$$
$$6t-12=0$$

ゆえに

$$t=2$$

よって，

$$\overrightarrow{OH}=(1,\ 1,\ -1)$$

すなわち

H(1, 1, −1)

142 　解　答

(1) 　　$x^2-2x+y^2+z^2-4z=0$

から

$$(x-1)^2+y^2+(z-2)^2=5$$

よって，

半径は **$\sqrt{5}$**，　中心は **(1, 0, 2)**

(2) 線分 AB の中点を M とすると，

$$M(3,\ 2,\ -2)$$
$$AM=\sqrt{(3-2)^2+(2+1)^2+(-2-3)^2}$$
$$=\sqrt{35}$$

求める球面は，M を中心とし，AM を半径とする球面であるから，その方程式は，

$$\boldsymbol{(x-3)^2+(y-2)^2+(z+2)^2=35}$$

［(2)の別解］

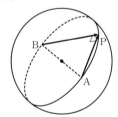

球面上の任意の点を

$$P(x,\ y,\ z)$$

とする.

3点 A, B, P を通る平面と球面の交わりである円は線分 AB を直径とする円であり，この円の周上に P はあるから

$$\overrightarrow{AP}\perp\overrightarrow{BP}\ または\ \overrightarrow{AP}=\overrightarrow{0}\ または\ \overrightarrow{BP}=\overrightarrow{0}$$

よって，

$$\overrightarrow{AP}\cdot\overrightarrow{BP}=0$$

ここで
$$\overrightarrow{\text{AP}}=(x-2,\ y+1,\ z-3)$$
$$\overrightarrow{\text{BP}}=(x-4,\ y-5,\ z+7)$$
であるから
$$(x-2)(x-4)+(y+1)(y-5)$$
$$+(z-3)(z+7)=0$$
したがって，求める方程式は
$$x^2+y^2+z^2-6x-4y+4z-18=0$$

143 解答

(1) ［解答1］

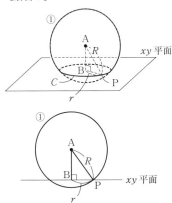

$$x^2+y^2+z^2-4x+6y-8z+4=0$$
$$\cdots①$$
①から
$$(x-2)^2+(y+3)^2+(z-4)^2=25$$
よって，球面①の中心をA，半径を R とすると
$$\text{A}(2,\ -3,\ 4),\quad R=5$$
球面①が xy 平面と交わってできる円を C とし，C の中心を B，半径を r とする．
B は A から xy 平面に下ろした垂線の足だから
$$\text{B}(2,\ -3,\ 0)$$
よって，
$$\text{AB}=4$$
であり，さらに，P を C 上の任意の点として，直角三角形 ABP に三平方の定理を用いると
$$\text{AB}^2+r^2=R^2$$

ゆえに
$$r=\sqrt{R^2-\text{AB}^2}=\sqrt{5^2-4^2}=3$$

［解答2］
$$x^2+y^2+z^2-4x+6y-8z+4=0$$
$$\cdots①$$
xy 平面は，方程式
$$z=0 \qquad \cdots②$$
で表される．
①，②から z を消去すると
$$x^2+y^2-4x+6y+4=0 \qquad \cdots③$$
球面①が xy 平面②と交わってできる円は
$$②\text{かつ}③$$
で表される．
$$③\iff (x-2)^2+(y+3)^2=9$$
であるから，②かつ③で表される円について

中心は $(2,\ -3,\ 0)$，　半径は 3

(2)

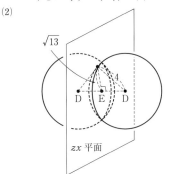

球面の中心をDとし，zx 平面（すなわち平面 $y=0$）上の円
$$x^2+z^2-4x-6z=0,\quad y=0$$
すなわち
$$(x-2)^2+(z-3)^2=13,\quad y=0$$
の中心をEとする．
$$\text{E}(2,\ 0,\ 3)$$
球面の半径が 4 で，円の半径が $\sqrt{13}$ であるから，
$$\text{DE}=\sqrt{4^2-\left(\sqrt{13}\,\right)^2}=\sqrt{3}$$
直線 DE は xz 平面に垂直であるから，
$$\text{D}(2,\ \pm\sqrt{3},\ 3)$$

144 解答

$$x^2+y^2+z^2=38 \qquad \cdots ①$$

$O(0, 0, 0)$ とし，球面 ① と直線 AB の交点を P とする．

P は直線 AB 上にあることから，t を実数として

$$\overrightarrow{OP}=\overrightarrow{OA}+t\overrightarrow{AB}$$
$$=(3, 1, -1)+t(2, 1, -2)$$
$$=(3+2t, 1+t, -1-2t)$$

すなわち

$$P(3+2t, 1+t, -1-2t)$$

と表される．

P が球面 ① 上にあることから

$$(3+2t)^2+(1+t)^2+(-1-2t)^2=38$$
$$t^2+2t-3=0$$
$$(t+3)(t-1)=0$$

ゆえに

$$t=-3, \quad 1$$

よって，球面 ① と直線 AB は，2 点

$$P_1(-3, -2, 5), \quad P_2(5, 2, -3)$$

で交わる．

球面 ① が直線 AB から切り取る線分は線分 P_1P_2 であり，

$$P_1P_2=\sqrt{(5+3)^2+(2+2)^2+(-3-5)^2}$$
$$=12$$

よって，求める長さは，**12**

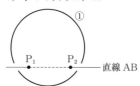

[注] P_2 は B に（たまたま）一致している．

145 解答

$O(0, 0, 0)$ とし，題意の直線と平面 ABC との交点を P とする．

k を実数として

$$\overrightarrow{DP}=k\vec{d}$$

と表されるから

$$\overrightarrow{CP}=\overrightarrow{CD}+\overrightarrow{DP}$$
$$=\overrightarrow{CD}+k\vec{d}$$

$$=(2, 3, 1)+k(a, b, 1)$$
$$=(2+ak, 3+bk, 1+k) \qquad \cdots ①$$

と表される．

題意の直線が三角形 ABC と共有点をもつ，すなわち P が三角形 ABC の周および内部にある条件は

$$\begin{cases} \overrightarrow{CP}=s\overrightarrow{CA}+t\overrightarrow{CB} & \cdots ② \\ s+t\leqq1, \ s\geqq0, \ t\geqq0 & \cdots ③ \end{cases}$$

をみたす実数 s, t が存在することである．

(9 基本のまとめ 8 (3) 参照)

$$\overrightarrow{CA}=(1, -1, 0), \quad \overrightarrow{CB}=(1, 1, 0)$$

であり，② から

$$\overrightarrow{CP}=s(1, -1, 0)+t(1, 1, 0)$$
$$=(s+t, -s+t, 0) \qquad \cdots ④$$

①，④ から

$$\begin{cases} 2+ak=s+t \\ 3+bk=-s+t \\ 1+k=0 \end{cases}$$

よって，

$$k=-1$$

となり，

$$s=\frac{-1-a+b}{2}, \quad t=\frac{5-a-b}{2} \cdots ⑤$$

③，⑤ から

$$\begin{cases} -1-a+b\geqq0 \\ 5-a-b\geqq0 \\ 2-a\leqq1 \end{cases}$$

したがって，

$$a+1\leqq b\leqq-a+5, \quad a\geqq1$$

点 (a, b) の存在する範囲は，下の図の斜線部分（境界を含む）．

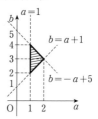

[別解]

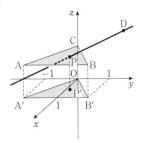

　点Dを通り，$\vec{d}$ に平行な直線は，t を実数の媒介変数として，
$$(x, y, z)=(2, 3, 2)+t(a, b, 1) \quad \cdots ①$$
と表される.

　3点A, B, Cはすべて平面 $z=1$ 上にある.

　① で $z=1$ とすると，
$$t=-1$$
であり，
$$x=2-a, \quad y=3-b$$

　よって，直線① と平面 $z=1$ の交点をP とすると
$$P(2-a, 3-b, 1)$$

　A'(1, -1, 0)，B'(1, 1, 0)，O(0, 0, 0)，P'(2-a, 3-b, 0) とすると，A', B', O, P' はそれぞれ A, B, C, P の xy 平面への正射影（すなわち xy 平面に下ろした垂線の足）であり，

「Pが三角形 ABC の周および内部にある」
$\iff$「P' が三角形 A'B'O の周および内部にある」 $\cdots②$

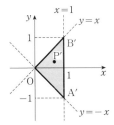

　三角形 A'B'O の周および内部は，xy 平面上で，
$$-x\leqq y\leqq x, \quad x\leqq 1$$

で表されるから，

$$② \iff \begin{cases} -(2-a)\leqq 3-b\leqq 2-a \\ 2-a\leqq 1 \end{cases}$$
$$\iff a+1\leqq b\leqq -a+5, \quad a\geqq 1$$

　図は省略.

146 考え方

(1) $\overrightarrow{AH}=s\overrightarrow{AB}+t\overrightarrow{AC}$ （s, t は実数）
とおくと，
$$\overrightarrow{DH}\perp\overrightarrow{AB} \text{ かつ } \overrightarrow{DH}\perp\overrightarrow{AC}$$
解答 では
$$\overrightarrow{AB}=2\vec{e}, \quad \overrightarrow{AC}=2\vec{f}$$
である $\vec{e}$, $\vec{f}$ を用いる.
　あるいは，$\vec{n}\perp T$ すなわち
$$\vec{n}\perp\overrightarrow{AB}, \quad \vec{n}\perp\overrightarrow{AC}$$
となる $\vec{n}$ を見つける.

(3) DP が最小になるのは，HP が最小のときである.

解答

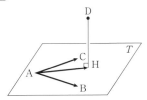

　O(0, 0, 0) とする.

(1)　$\overrightarrow{AB}=(2, 2, 0)$, $\overrightarrow{AC}=(2, 0, 2)$
　ここで
$$\vec{e}=(1, 1, 0), \quad \vec{f}=(1, 0, 1)$$
とすると
$$\overrightarrow{AB} /\!/ \vec{e}, \quad \overrightarrow{AC} /\!/ \vec{f}$$
　Hは T 上にあるから，s, t を実数として
$$\overrightarrow{AH}=s\vec{e}+t\vec{f}$$
と表され，
$$\begin{aligned}\overrightarrow{DH}&=\overrightarrow{AH}-\overrightarrow{AD}\\&=s\vec{e}+t\vec{f}-\overrightarrow{AD}\end{aligned}$$
　$\overrightarrow{DH}\perp T$ から
$$\overrightarrow{DH}\perp\vec{e}, \quad \overrightarrow{DH}\perp\vec{f}$$
すなわち
$$\overrightarrow{DH}\cdot\vec{e}=0, \quad \overrightarrow{DH}\cdot\vec{f}=0$$
　よって，

$$\begin{cases} (s\vec{e}+t\vec{f}-\overrightarrow{AD})\cdot\vec{e}=0 \\ (s\vec{e}+t\vec{f}-\overrightarrow{AD})\cdot\vec{f}=0 \end{cases}$$

$$\begin{cases} s|\vec{e}|^2+t\vec{e}\cdot\vec{f}-\overrightarrow{AD}\cdot\vec{e}=0 \\ s\vec{e}\cdot\vec{f}+t|\vec{f}|^2-\overrightarrow{AD}\cdot\vec{f}=0 \end{cases}$$

ここで,

$$|\vec{e}|^2=2, \quad |\vec{f}|^2=2, \quad \vec{e}\cdot\vec{f}=1$$
$$\overrightarrow{AD}=(4, -1, 0)$$
$$\overrightarrow{AD}\cdot\vec{e}=4-1=3, \quad \overrightarrow{AD}\cdot\vec{f}=4$$

であるから

$$\begin{cases} 2s+t-3=0 \\ s+2t-4=0 \end{cases}$$

よって,

$$s=\frac{2}{3}, \quad t=\frac{5}{3}$$

であり

$$\overrightarrow{AH}=\frac{2}{3}\vec{e}+\frac{5}{3}\vec{f}$$

したがって

$$\overrightarrow{OH}=\overrightarrow{OA}+\overrightarrow{AH}=\overrightarrow{OA}+\frac{2}{3}\vec{e}+\frac{5}{3}\vec{f}$$

$$=(-2, 0, 0)+\frac{2}{3}(1, 1, 0)+\frac{5}{3}(1, 0, 1)$$

$$=\left(\frac{1}{3}, \frac{2}{3}, \frac{5}{3}\right)$$

すなわち

$$H\left(\frac{1}{3}, \frac{2}{3}, \frac{5}{3}\right)$$

[⑴の別解]

$$\overrightarrow{AB}=(2, 2, 0), \quad \overrightarrow{AC}=(2, 0, 2)$$

であるから

$$\vec{n}=(1, -1, -1)$$

とすると

$$\vec{n}\cdot\overrightarrow{AB}=0, \quad \vec{n}\cdot\overrightarrow{AC}=0$$

$\left[\begin{array}{l}[注]\ \vec{n}=(x, y, z)\ が\\ \quad \vec{n}\cdot\overrightarrow{AB}=0, \quad \vec{n}\cdot\overrightarrow{AC}=0\\ をみたすとすると\\ \quad 2x+2y=0, \quad 2x+2z=0\\ \quad よって\\ \quad\quad y=-x, \quad z=-x\\ すなわち\\ \quad \vec{n}=(x, -x, -x)=x(1, -1, -1)\\ \quad ここで,\ x=1\ としたものを改めて\ \vec{n}\\ としたのである.\end{array}\right.$

すなわち

$$\vec{n}\perp\overrightarrow{AB}, \quad \vec{n}\perp\overrightarrow{AC}$$

であるから

$$\vec{n}\perp T$$

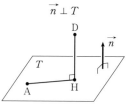

$\overrightarrow{DH}\perp T$ から $\overrightarrow{DH}/\!/\vec{n}$ なので, k を実数として

$$\overrightarrow{DH}=k\vec{n}$$

と表され, このとき

$$\overrightarrow{AH}=\overrightarrow{AD}+\overrightarrow{DH}=\overrightarrow{AD}+k\vec{n}$$

$\overrightarrow{AH}\perp\vec{n}$ から

$$\overrightarrow{AH}\cdot\vec{n}=0$$

なので

$$(\overrightarrow{AD}+k\vec{n})\cdot\vec{n}=0$$
$$\overrightarrow{AD}\cdot\vec{n}+k|\vec{n}|^2=0$$

ここで,

$$\overrightarrow{AD}=(4, -1, 0), \quad \overrightarrow{AD}\cdot\vec{n}=5$$
$$|\vec{n}|^2=3$$

であるから

$$5+3k=0 \quad すなわち \quad k=-\frac{5}{3}$$

したがって,

$$\overrightarrow{DH}=-\frac{5}{3}\vec{n}$$

であり

$$\overrightarrow{OH}=\overrightarrow{OD}+\overrightarrow{DH}=\overrightarrow{OD}-\frac{5}{3}\vec{n}$$

$$=(2, -1, 0)-\frac{5}{3}(1, -1, -1)$$

$$=\left(\frac{1}{3}, \frac{2}{3}, \frac{5}{3}\right)$$

すなわち

$$H\left(\frac{1}{3}, \frac{2}{3}, \frac{5}{3}\right)$$

⑵　$AB=BC=CA=\sqrt{2^2+2^2}=2\sqrt{2}$

であるから, 三角形 ABC は正三角形.

よって, S の中心を E とすると, E は三角形 ABC の重心でもあるから,

$$\overrightarrow{\text{OE}}=\frac{\overrightarrow{\text{OA}}+\overrightarrow{\text{OB}}+\overrightarrow{\text{OC}}}{3}$$

$$=\left(-\frac{2}{3},\ \frac{2}{3},\ \frac{2}{3}\right)$$

すなわち

$$\text{E}\left(-\frac{2}{3},\ \frac{2}{3},\ \frac{2}{3}\right)$$

また，S の半径を R とすると

$$R=\text{AE}$$

$$=\sqrt{\left(-\frac{2}{3}+2\right)^2+\left(\frac{2}{3}\right)^2+\left(\frac{2}{3}\right)^2}$$

$$=\frac{2\sqrt{6}}{3}$$

(3)　$$\text{DP}=\sqrt{\text{DH}^2+\text{HP}^2}$$

であり，DH は一定であるから，DP が最小になるのは，HP が最小のときである．

また，

$$\text{EH}=\sqrt{\left(\frac{1}{3}+\frac{2}{3}\right)^2+\left(\frac{5}{3}-\frac{2}{3}\right)^2}=\sqrt{2}<R$$

から，H は，T 上で S の内部の点である．

したがって，E を端点とする半直線 EH と S の交点を P_0 とすると，P が P_0 に一致するとき，HP は最小となる．

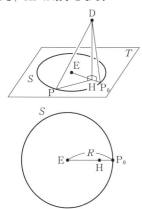

$$\overrightarrow{\text{OP}_0}=\overrightarrow{\text{OE}}+\frac{R}{\text{EH}}\overrightarrow{\text{EH}}$$

$$=\left(-\frac{2}{3},\ \frac{2}{3},\ \frac{2}{3}\right)+\frac{\frac{2\sqrt{6}}{3}}{\sqrt{2}}(1,\ 0,\ 1)$$

$$=\left(\frac{-2+2\sqrt{3}}{3},\ \frac{2}{3},\ \frac{2+2\sqrt{3}}{3}\right)$$

であるから，求める P の座標は，

$$\left(\frac{-2+2\sqrt{3}}{3},\ \frac{2}{3},\ \frac{2+2\sqrt{3}}{3}\right)$$

147 解答

O$(0,\ 0,\ 0)$ とする.

(1)

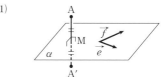

$$\overrightarrow{\text{CD}}=(-5,\ -5,\ 0),\quad \overrightarrow{\text{CE}}=(-5,\ 0,\ 10)$$

であるから

$$\vec{e}=(1,\ 1,\ 0),\quad \vec{f}=(1,\ 0,\ -2)$$

とすると，

$$\overrightarrow{\text{CD}}/\!/\vec{e},\quad \overrightarrow{\text{CE}}/\!/\vec{f}$$

線分 AA′ の中点を M とすると，M は α 上にあるから，$s,\ t$ を実数として

$$\overrightarrow{\text{CM}}=s\vec{e}+t\vec{f}$$

と表され，このとき

$$\overrightarrow{\text{AM}}=\overrightarrow{\text{CM}}-\overrightarrow{\text{CA}}$$

$$=s\vec{e}+t\vec{f}-\overrightarrow{\text{CA}}$$

$\overrightarrow{\text{AM}}\perp\alpha$ から

$$\overrightarrow{\text{AM}}\perp\vec{e},\quad \overrightarrow{\text{AM}}\perp\vec{f}$$

すなわち

$$\overrightarrow{\text{AM}}\cdot\vec{e}=0,\quad \overrightarrow{\text{AM}}\cdot\vec{f}=0$$

よって

$$\begin{cases}(s\vec{e}+t\vec{f}-\overrightarrow{\text{CA}})\cdot\vec{e}=0\\(s\vec{e}+t\vec{f}-\overrightarrow{\text{CA}})\cdot\vec{f}=0\end{cases}$$

$$\begin{cases}s|\vec{e}|^2+t\vec{e}\cdot\vec{f}-\overrightarrow{\text{CA}}\cdot\vec{e}=0\\s\vec{e}\cdot\vec{f}+t|\vec{f}|^2-\overrightarrow{\text{CA}}\cdot\vec{f}=0\end{cases}$$

ここで，

$$|\vec{e}|^2=2,\quad |\vec{f}|^2=5,\quad \vec{e}\cdot\vec{f}=1$$

$$\overrightarrow{\text{CA}}=(-4,\ 1,\ 1)$$

$$\overrightarrow{\text{CA}}\cdot\vec{e}=-3,\quad \overrightarrow{\text{CA}}\cdot\vec{f}=-6$$

であるから

$$\begin{cases}2s+t+3=0\\s+5t+6=0\end{cases}$$

よって

$$s=-1,\quad t=-1$$

となり

90

$$\overrightarrow{\mathrm{AM}}=-\vec{e}-\vec{f}-\overrightarrow{\mathrm{CA}}$$
$$=-(1,\ 1,\ 0)-(1,\ 0,\ -2)$$
$$-(-4,\ 1,\ 1)$$
$$=(2,\ -2,\ 1)$$

よって，
$$\overrightarrow{\mathrm{OA'}}=\overrightarrow{\mathrm{OA}}+\overrightarrow{\mathrm{AA'}}$$
$$=\overrightarrow{\mathrm{OA}}+2\overrightarrow{\mathrm{AM}}$$
$$=(1,\ 1,\ 1)+2(2,\ -2,\ 1)$$
$$=(5,\ -3,\ 3)$$

ゆえに

$$\mathbf{A'(5,\ -3,\ 3)}$$

[(1) の別解]
$$\overrightarrow{\mathrm{CD}}=(-5,\ -5,\ 0)=-5(1,\ 1,\ 0),$$
$$\overrightarrow{\mathrm{CE}}=(-5,\ 0,\ 10)=-5(1,\ 0,\ -2)$$
であるから
$$\vec{n}=(2,\ -2,\ 1)$$
とすると
$$\vec{n}\cdot\overrightarrow{\mathrm{CD}}=0,\quad \vec{n}\cdot\overrightarrow{\mathrm{CE}}=0$$

［注］ $\vec{n}=(x,\ y,\ z)$ が
$$\vec{n}\cdot\overrightarrow{\mathrm{CD}}=0,\quad \vec{n}\cdot\overrightarrow{\mathrm{CE}}=0$$
をみたすとすると
$$x+y=0,\quad x-2z=0$$
よって，
$$x=2z,\quad y=-2z$$
すなわち
$$\vec{n}=(2z,\ -2z,\ z)=z(2,\ -2,\ 1)$$
ここで，$z=1$ としたものを改めて $\vec{n}$ としたのである．

すなわち
$$\vec{n}\perp\overrightarrow{\mathrm{CD}},\quad \vec{n}\perp\overrightarrow{\mathrm{CE}}$$
であるから
$$\vec{n}\perp\alpha$$

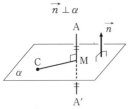

線分 AA' の中点を M とすると，
$$\overrightarrow{\mathrm{AM}}\perp\alpha$$
であるから $\overrightarrow{\mathrm{AM}}/\!/\vec{n}$ なので，k を実数として

$$\overrightarrow{\mathrm{AM}}=k\vec{n}$$

と表される．

このとき
$$\overrightarrow{\mathrm{CM}}=\overrightarrow{\mathrm{CA}}+\overrightarrow{\mathrm{AM}}=\overrightarrow{\mathrm{CA}}+k\vec{n}$$
$$\overrightarrow{\mathrm{CM}}\perp\vec{n}\ \text{から}$$
$$\overrightarrow{\mathrm{CM}}\cdot\vec{n}=0$$
なので
$$(\overrightarrow{\mathrm{CA}}+k\vec{n})\cdot\vec{n}=0$$
$$\overrightarrow{\mathrm{CA}}\cdot\vec{n}+k|\vec{n}|^2=0$$
ここで，
$$\overrightarrow{\mathrm{CA}}=(-4,\ 1,\ 1),\quad \overrightarrow{\mathrm{CA}}\cdot\vec{n}=-9$$
$$|\vec{n}|^2=9$$
であるから
$$-9+9k=0\ \text{すなわち}\ k=1$$
したがって
$$\overrightarrow{\mathrm{AM}}=\vec{n}=(2,\ -2,\ 1)$$
（以下，解答と同様）

(2)

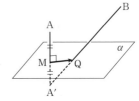

直線 A'B と α の交点を Q とする．u を実数として
$$\overrightarrow{\mathrm{A'Q}}=u\overrightarrow{\mathrm{A'B}}$$
と表され，このとき
$$\overrightarrow{\mathrm{MQ}}=\overrightarrow{\mathrm{MA'}}+\overrightarrow{\mathrm{A'Q}}$$
$$=\overrightarrow{\mathrm{AM}}+u\overrightarrow{\mathrm{A'B}}$$
Q は α 上にあるから
$$\overrightarrow{\mathrm{MQ}}\perp\overrightarrow{\mathrm{AM}}\ \text{すなわち}\ \overrightarrow{\mathrm{MQ}}\cdot\overrightarrow{\mathrm{AM}}=0$$
なので
$$(\overrightarrow{\mathrm{AM}}+u\overrightarrow{\mathrm{A'B}})\cdot\overrightarrow{\mathrm{AM}}=0$$
$$|\overrightarrow{\mathrm{AM}}|^2+u\overrightarrow{\mathrm{A'B}}\cdot\overrightarrow{\mathrm{AM}}=0$$
ここで
$$|\overrightarrow{\mathrm{AM}}|^2=9,\quad \overrightarrow{\mathrm{A'B}}=(0,\ 12,\ -3)$$
$$\overrightarrow{\mathrm{A'B}}\cdot\overrightarrow{\mathrm{AM}}=-27$$
であるから
$$9-27u=0\ \text{すなわち}\ u=\frac{1}{3}$$
ゆえに

$$\overrightarrow{\mathrm{A'Q}}=\frac{1}{3}\overrightarrow{\mathrm{A'B}}$$

であり

$$\overrightarrow{\mathrm{OQ}}=\overrightarrow{\mathrm{OA'}}+\overrightarrow{\mathrm{A'Q}}=\overrightarrow{\mathrm{OA'}}+\frac{1}{3}\overrightarrow{\mathrm{A'B}}$$

$$=(5,\,-3,\,3)+\frac{1}{3}(0,\,12,\,-3)$$

$$=(5,\,1,\,2)$$

すなわち

$$\mathrm{Q}(5,\,1,\,2)$$

また，

$$\overrightarrow{\mathrm{A'Q}}=\frac{1}{3}\overrightarrow{\mathrm{A'B}}$$

なので，Q は線分 A'B を $1:2$ に内分する点であることがわかるから，A' は α に関して B の反対側にある．

(3)

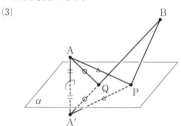

A と A' は α に関して対称な点であるから，平面上の任意の点 P に対して

$$\mathrm{AP}=\mathrm{A'P}$$

よって，

$$\mathrm{AP}+\mathrm{BP}=\mathrm{A'P}+\mathrm{BP}$$
$$\geqq\mathrm{A'B}$$
$$=\mathrm{A'Q}+\mathrm{BQ}$$

したがって，P が Q に一致したときに，AP+BP は最小となり，

〔AP+BP の最小値〕
$$=\mathrm{A'B}$$
$$=\sqrt{(5-5)^2+(9+3)^2+(-3)^2}$$
$$=\boldsymbol{3\sqrt{17}}$$

148 解答

(1) $\overrightarrow{\mathrm{AB}}=(2,\,2,\,1),\ \overrightarrow{\mathrm{AC}}=(1,\,-2,\,2)$

$$|\overrightarrow{\mathrm{AB}}|^2=2^2+2^2+1^2=9$$

から

$$|\overrightarrow{\mathrm{AB}}|=3 \qquad \cdots\text{①}$$
$$|\overrightarrow{\mathrm{AC}}|^2=1^2+(-2)^2+2^2=9$$

から

$$|\overrightarrow{\mathrm{AC}}|=3 \qquad \cdots\text{②}$$
$$\overrightarrow{\mathrm{AB}}\cdot\overrightarrow{\mathrm{AC}}=2\cdot1+2(-2)+1\cdot2=0 \quad\cdots\text{③}$$

(2) $\overrightarrow{\mathrm{AP}}=(\sin\theta)\overrightarrow{\mathrm{AB}}+(\cos\theta)\overrightarrow{\mathrm{AC}} \qquad \cdots\text{④}$

①，②，③，④ から

$$|\overrightarrow{\mathrm{AP}}|^2$$
$$=(\sin^2\theta)|\overrightarrow{\mathrm{AB}}|^2+(2\sin\theta\cos\theta)\overrightarrow{\mathrm{AB}}\cdot\overrightarrow{\mathrm{AC}}$$
$$\qquad\qquad\qquad\qquad+(\cos^2\theta)|\overrightarrow{\mathrm{AC}}|^2$$
$$=9\sin^2\theta+9\cos^2\theta$$
$$=9$$

ゆえに

$$|\overrightarrow{\mathrm{AP}}|=3 \qquad \cdots\text{⑤}$$

であるから，$|\overrightarrow{\mathrm{AP}}|$ は θ の値に関係なく一定である．

(3) ④ から P は平面 ABC 上の点であり，このことと ⑤ から，P は平面 ABC 上の A を中心とする半径 3 の円周上にある．この円周を K とする．

①，② から B，C も K 上にあるので，三角形 PBC の面積が最大になるのは，線分 BC を底辺とみたときの高さが最大，すなわち P と直線 BC の距離が最大のとき．

①，②，③ から三角形 ABC は AB＝AC の直角二等辺三角形なので，P と直線 BC の距離が最大になるのは，線分 BC の中点を M とすると，P が半直線 MA と K の交点のとき．

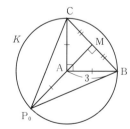

半直線 MA と K の交点を $\mathrm{P_0}$ とすると

$$\mathrm{MP_0}=\mathrm{MA}+\mathrm{AP_0}=\frac{3}{\sqrt{2}}+3$$

であるから

〔△PBC の最大値〕$=\triangle\mathrm{P_0BC}$

$$= \frac{1}{2} \text{BC} \cdot \text{MP}_0$$

$$= \frac{1}{2} \cdot 3\sqrt{2} \left(\frac{3}{\sqrt{2}} + 3 \right)$$

$$= \frac{9(1+\sqrt{2})}{2}$$

149 〔解答〕

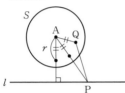

t を実数として

$$\text{P}(2+t,\ 3+t,\ -1+4t)$$

とおく.

球面 S の中心を A, 半径を r とすると,

$$\text{A}(0, 1, 0),\quad r=2$$

$$\text{AP}^2 = (2+t)^2 + \{(3+t)-1\}^2 + (-1+4t)^2$$

$$= 18t^2 + 9$$

であるから, AP は $t=0$ のとき最小値 3 をとる.

さらに,

$$\text{AP} \geqq 3 > r$$

であるから, l は S と共有点をもたないので, 線分 AP は S と交わる.

$$\text{AQ} + \text{PQ} = d$$

とすると

$$\text{AQ} = r = 2$$

であることから

$$\text{PQ} = d - \text{AQ} = d - 2 \quad \cdots ①$$

よって, PQ が最小になるのは d が最小のときである.

$$d \geqq \text{AP}$$

（等号が成り立つのは, A, Q, P が一直線上にあるとき）

であるから, P を固定し, Q を S 上で動かしたときの d の最小値は AP.

さらに, P が l 上を動くとき, AP は $t=0$ で最小値 3 をとる.

したがって, P, Q が動くとき, d は

$t=0$ で最小になり,

〔d の最小値〕=〔AP の最小値〕=3 $\cdots ②$

よって, PQ も $t=0$ のとき最小で, ①, ② から

〔**PQ の最小値**〕=3−2=**1**

このとき, $t=0$ から

$$\mathbf{P(2,\ 3,\ -1)}$$

また

$$\text{AP} = 3,\quad \text{AQ} = r = 2$$

なので, Q は線分 AP を 2:1 に内分する点であるから

$$\text{Q}\left(\frac{0+2 \cdot 2}{2+1},\ \frac{1+2 \cdot 3}{2+1},\ \frac{0+2(-1)}{2+1} \right)$$

すなわち

$$\mathbf{Q\left(\dfrac{4}{3},\ \dfrac{7}{3},\ -\dfrac{2}{3} \right)}$$

〔注〕 l と S が共有点をもつときは, 明らかに

〔PQ の最小値〕=0

〔解説〕

AP が最小になるのは AP⊥l のときであるから, 次のように考えるのもよい.

$$\overrightarrow{\text{AP}} = (2+t,\ 2+t,\ -1+4t)$$

であり

$$\vec{d} = (1, 1, 4)$$

とすると $l /\!/ \vec{d}$ であるから, $\overrightarrow{\text{AP}} \perp l$ のとき

$$\overrightarrow{\text{AP}} \perp \vec{d}$$

すなわち

$$\overrightarrow{\text{AP}} \cdot \vec{d} = 0$$

$$(2+t) \cdot 1 + (2+t) \cdot 1 + (-1+4t) \cdot 4 = 0$$

よって

$$t = 0$$

〔AP の最小値〕$= \sqrt{2^2 + 2^2 + (-1)^2} = 3$

150 〔考え方〕

内接する球面の中心と四面体の各面との距離が, 球面の半径に等しい.

解 答

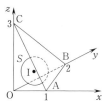

内接する球面を S とし，S の中心を I，半径を r とする．

S が，xy 平面，yz 平面，zx 平面に接し，領域 $x \geqq 0$，$y \geqq 0$，$z \geqq 0$ にあることから，
$$\mathrm{I}(r,\ r,\ r)$$
となる．

I から平面 ABC に下ろした垂線の足を H とする．
$$\overrightarrow{\mathrm{AB}} = (-1,\ 2,\ 0), \quad \overrightarrow{\mathrm{AC}} = (-1,\ 0,\ 3)$$
であり，s，t を実数として，
$$\overrightarrow{\mathrm{OH}} = \overrightarrow{\mathrm{OA}} + s\overrightarrow{\mathrm{AB}} + t\overrightarrow{\mathrm{AC}}$$
$$= (1-s-t,\ 2s,\ 3t)$$
と表せて，このとき，
$$\overrightarrow{\mathrm{IH}} = (1-s-t-r,\ 2s-r,\ 3t-r)$$
$\overrightarrow{\mathrm{IH}} \perp \overrightarrow{\mathrm{AB}}$，$\overrightarrow{\mathrm{IH}} \perp \overrightarrow{\mathrm{AC}}$ から
$$\begin{cases} -(1-s-t-r)+2(2s-r)=0 \\ -(1-s-t-r)+3(3t-r)=0 \end{cases}$$
よって，
$$\begin{cases} 5s+t=r+1 \\ s+10t=2r+1 \end{cases}$$
したがって
$$s = \frac{8r+9}{49}, \quad t = \frac{9r+4}{49}$$
となるので，
$$\overrightarrow{\mathrm{IH}} = \left(\frac{36-66r}{49},\ \frac{18-33r}{49},\ \frac{12-22r}{49} \right)$$
$$= \frac{6-11r}{49}(6,\ 3,\ 2)$$
ゆえに
$$|\overrightarrow{\mathrm{IH}}| = \frac{|6-11r|}{49}\sqrt{6^2+3^2+2^2}$$
$$= \frac{|6-11r|}{7}$$
S は平面 ABC に接するから
$$|\overrightarrow{\mathrm{IH}}| = r$$

であり，
$$\frac{|6-11r|}{7} = r$$
よって，
$$6-11r = \pm 7r$$
となり，
$$r = \frac{1}{3},\ \frac{3}{2}$$
ところが，$r < \mathrm{OA} = 1$ なので
$$r = \frac{1}{3}$$
であり，
$$\mathrm{I}\left(\frac{1}{3},\ \frac{1}{3},\ \frac{1}{3} \right)$$
したがって，S の方程式は
$$\left(x - \frac{1}{3} \right)^2 + \left(y - \frac{1}{3} \right)^2 + \left(z - \frac{1}{3} \right)^2 = \frac{1}{9}$$